高等职业教育计算机网络数据保密与安全类专业新形态教材

计算机网络数据保密与安全

郝丽萍　石坤泉　著

北京理工大学出版社
BEIJING INSTITUTE OF TECHNOLOGY PRESS

内 容 简 介

随着社会的进步与发展，计算机网络成为人们获取知识的重要途径，同时网络也使得各行各业的工作素质及管理水准有了显著提升。但是由于网络环境的特殊性，许多敏感信息和隐私数据难免会遭到不同种类的恶意攻击，导致信息数据的丢失及泄露。因此，笔者针对计算机网络数据保密与安全展开研究。

全书共分为 5 章。第一章是计算机网络数据基本内容，介绍计算机网络概念及网络数据管理现状。第二章对基于个人信息的网络数据保密与安全进行分析，包含地理空间数据的保密与安全及云计算中用户数据隐私保护两部分。第三章探究基于企业信息的网络数据保密与安全。第四章介绍基于教育信息的网络数据保密与安全相关内容，包含校园网络信息数据保密分析、校园网络数据安全防范路径、通用网络考试平台的数据保密与安全研究三部分。第五章探讨基于医疗信息的网络数据保密与安全，阐述医疗数据安全机制的设计与实现及远程医疗系统中数据加密与安全研究。

笔者编写此书的中心思想是为计算机相关领域研究提供一定的借鉴作用和理论支撑，适合相关专业的研究人员学习和参考。

版权专有　侵权必究

图书在版编目（CIP）数据

计算机网络数据保密与安全 / 郝丽萍，石坤泉著．—北京：北京理工大学出版社，2021.6（2022.4 重印）
ISBN 978-7-5682-9950-3

Ⅰ．①计⋯　Ⅱ．①郝⋯②石⋯　Ⅲ．①计算机网络-网络安全　Ⅳ．①TP393.08

中国版本图书馆 CIP 数据核字（2021）第 117773 号

出版发行 /	北京理工大学出版社有限责任公司
社　　址 /	北京市海淀区中关村南大街 5 号
邮　　编 /	100081
电　　话 /	（010）68914775（总编室）
	（010）82562903（教材售后服务热线）
	（010）68944723（其他图书服务热线）
网　　址 /	http://www.bitpress.com.cn
经　　销 /	全国各地新华书店
印　　刷 /	北京国马印刷厂
开　　本 /	787 毫米×1092 毫米　1/16
印　　张 /	10.75
字　　数 /	260 千字
版　　次 /	2021 年 6 月第 1 版　2022 年 4 月第 2 次印刷
定　　价 /	32.00 元

责任编辑 / 陈莉华
文案编辑 / 陈莉华
责任校对 / 刘亚男
责任印制 / 施胜娟

图书出现印装质量问题，请拨打售后服务热线，本社负责调换

前　言

伴随着物联网、人工智能和区块链等计算机技术高速发展，更多的信息在计算机网络中进行传输和处理，显著地提升了各行各业的工作素质及管理水准。同时由于计算机网络环境的特殊性，涉及国家、行业和个人的许多敏感信息和隐私数据难免会遭到不同种类的恶意攻击，导致信息数据的丢失及泄露，可见计算机网络的安全性至关重要。因此，笔者针对计算机网络数据保密与安全展开研究。

全书共分为 5 章。首先分析了计算机网络数据，其后从个人、企业、教育和医疗四个应用领域对计算机网络数据保密与安全展开了研究。

第一章计算机网络数据基本内容，阐述了计算机网络的概念、分析了网络数据管理的现状。

第二章基于个人信息的网络数据保密与安全分析，本章分了两部分：地理空间数据的保密与安全和云计算中用户数据隐私保护。第一部分阐述了网络地理信息的发展对地理空间数据保密的新要求，对比了传统的地理空间数据保密方法和采用地理空间数据保密技术的优势，分析了空间数据保密技术的研究现状，陈述了地理空间数据的相关概念，从不同的角度对地理数据进行了内容保密分析，提出了地理空间数据保密的技术设计；第二部分阐述了云计算中数据安全的主要技术和云计算数据保护相关研究与理论基础（包括访问控制技术、密文搜索技术、密钥管理技术），提出了云计算用户数据隐私保护技术方案和一种云计算下用户数据隐私保护系统框架，进行了原型系统的设计与实现，通过 Eucalyptus 云计算平台对访问控制服务器、安全代理服务器、密钥管理服务器和数据存储与检索服务器进行了测试。

第三章基于企业信息的网络数据保密与安全研究，对企业这个应用领域中的网络数据进行了保密与安全的研究。本章包含了三部分内容：网络销售系统的数据保密与安全、会计信息系统的数据保密与安全对策和会议材料保密与安全管理系统的构建。第一部分阐述了目前网络销售系统中常见的数据攻击方法、防止攻击方法、管理系统原理、保密与安全的实施和系统安全性能测试；第二部分阐述了会计信息系统安全研究的理论基础和网络环境下会计信息系统存在的安全问题，分析了网络环境下会计信息系统安全问题产生的因素，提出了网络环境下会计信息系统安全问题防范对策（内部控制和外部控制），并以湖南科技学院财务会计系统为例分析了会计信息系统安全防范措施对策；第三部分阐述了会议材料保密与安全管理系统的相关理论与技术，从软件工程技术角度进行了此管理系统的构建和软件测试。

第四章基于教育信息的网络数据保密与安全探索，对教育这个应用领域中的网络数据进行了保密与安全的研究。本章包含了三部分：校园网络信息数据保密分析、校园网络数据安全防范路径和通用网络考试平台的数据保密与安全研究。第一部分阐述了校园网络的特点，分析了校园网络泄密的主要途径；第二部分通过分析教育信息网络的安全威胁类别，设计了校园网络数据安全防范措施及其优化对策；第三部分通过对目前网络考试平台研究现状综述、安全问题分析和安全机制的研究设计，进行了基于教育领域中通用网络考试平台的数据保密与安全研究，设计了一个通用网络考试平台原型系统。

第五章基于医疗信息的网络数据保密与安全探究，对医疗这个应用领域中的网络数据进行了保密与安全的研究。本章包含了两部分：医疗数据安全机制的设计与实现和远程医疗系统中数据加密与安全研究。第一部分笔者利用网闸+Web 防火墙建立内、外网络数据安全传输通道，采用 Web Service 和数据加密技术对传输数据进行加密，利用双因子认证机制保证用户的合法性，三位一体，建立起基于移动互联网医疗的数据安全保障体系；第二部分阐述了国内外远程医学发展历程，设计了以 Internet 作为传输媒体，借助其空间的异地性、系统的异构性以及各种基于 Internet 的规范和协议的通用性，网络体系结构采用 Internet/Intranet 架构，由网上医师或专家、会诊请求方和网上中心三大部分构成的远程医疗系统，并对图像数据进行了加密。

　　笔者编写此书的中心思想是为相关领域研究提供一定的借鉴作用和理论支撑。由于笔者学术水准有限，研究结果还存在着一些不足，会在今后的工作中加以完善。

目 录

第一章 计算机网络数据基本内容 … 1
第一节 计算机网络概念 … 1
一、计算机网络基础知识 … 1
二、计算机网络技术发展模式探究 … 2
第二节 计算机网络数据管理现状 … 16
一、保密数据安全分析 … 16
二、互联网数据中心发展现状探究 … 23
三、计算机网络工程全面信息化管理的应用及发展 … 25
四、开放网络环境下数据管理探究 … 28

第二章 基于个人信息的网络数据保密与安全分析 … 35
第一节 地理空间数据的保密与安全 … 35
一、相关知识综述 … 35
二、地理空间数据 … 37
三、地理空间数据的保密分析 … 41
四、地理空间数据保密的技术设计 … 43
第二节 云计算中用户数据隐私的保护 … 45
一、数据安全主要技术 … 45
二、云计算数据保护相关研究与理论基础 … 50
三、云计算用户数据隐私保护关键技术研究 … 56
四、一种云计算下用户数据隐私保护系统框架 … 64
五、原型系统的设计与实现 … 67
六、实验结果及分析 … 77

第三章 基于企业信息的网络数据保密与安全研究 … 81
第一节 网络销售系统的数据保密与安全 … 81
一、网络中常见的攻击方法 … 81
二、防止攻击的常见方法 … 83
三、网络销售管理系统原理 … 86
四、网络销售系统保密与安全的实施 … 90
五、系统安全性能测试 … 93
第二节 会计信息系统的数据保密与安全对策 … 94
一、会计信息系统安全研究的理论基础 … 94
二、网络环境下会计信息系统存在的安全问题 … 99
三、网络环境下会计信息系统安全问题产生因素分析 … 102
四、网络环境下会计信息系统安全问题防范对策 … 105

五、会计信息系统安全防范分析——以湖南科技学院财务会计系统为例 ……… 113
　第三节　会议材料保密与安全管理系统的构建 ………………………………………… 117
　　　一、相关理论与技术 ……………………………………………………………… 117
　　　二、需求分析 ……………………………………………………………………… 122
　　　三、概要设计 ……………………………………………………………………… 126
　　　四、系统详细设计 ………………………………………………………………… 129
　　　五、软件测试 ……………………………………………………………………… 133

第四章　基于教育信息的网络数据保密与安全探索 ……………………………………… 136
　第一节　校园网络信息数据保密分析 …………………………………………………… 136
　　　一、校园网络的特点 ……………………………………………………………… 136
　　　二、校园网络泄密主要途径分析 ………………………………………………… 137
　第二节　校园网络数据安全防范路径 …………………………………………………… 138
　　　一、教育信息网络的安全威胁类别 ……………………………………………… 138
　　　二、防范措施及其优化对策 ……………………………………………………… 139
　第三节　通用网络考试平台的数据保密与安全研究 …………………………………… 141
　　　一、相关研究综述 ………………………………………………………………… 141
　　　二、网络考试的安全问题分析 …………………………………………………… 143
　　　三、网络考试安全机制的研究设计 ……………………………………………… 144
　　　四、通用网络考试平台原型系统的分析与设计 ………………………………… 147

第五章　基于医疗信息的网络数据保密与安全探究 ……………………………………… 150
　第一节　医疗数据安全机制的设计与实现 ……………………………………………… 150
　　　一、数据传输通道设计 …………………………………………………………… 150
　　　二、基于 Web Service 的后台消息处理机制的设计 …………………………… 150
　　　三、双因子认证机制 ……………………………………………………………… 151
　第二节　远程医疗系统中数据加密与安全研究 ………………………………………… 151
　　　一、相关知识综述 ………………………………………………………………… 151
　　　二、国外远程医学发展历程 ……………………………………………………… 152
　　　三、我国远程医学的开展及现状 ………………………………………………… 154
　　　四、远程医疗系统的设计 ………………………………………………………… 155
　　　五、数字图像加密技术探究 ……………………………………………………… 157
　　　六、数据在网络中的传输 ………………………………………………………… 161

参考文献 ……………………………………………………………………………………… 165

第一章
计算机网络数据基本内容

第一节 计算机网络概念

一、计算机网络基础知识

计算机网络就是通过通信线路相互连接起来的计算机的集合。它是计算机的一个群体，是由多台计算机组成的。计算机之间通过双绞线、同轴电缆、电话线、光纤等有形通信介质互相连接，或通过激光、微波、地球卫星通信信道等无形介质互连，彼此之间能够交换信息。计算机网络属于多机系统的范畴，是计算机和通信这两大现代技术相结合的产物。

在网络发展史上，最早出现的是分布在很大地理范围内的远程网络，如美国国防部高级研究计划局研制和建立的 AP-PA 网。20 世纪 70 年代中期，由于微型计算机和微处理技术的发展及对计算机间进行短距离高速通信的要求，另一种分布在有限地理范围内的计算机网络——局域地区计算机网络便应运而生。1975 年美国 Xerox 公司推出的实验性以太网络和 1974 年英国剑桥大学研制的剑桥环网都是局域网络的典型代表。

局域网络与远程网络不同，通信常被限制在中等规模的地理区域内，采用具有从中等到较高的数据传输速率和较低误码率的物理通信信道。

（一）局域网络特点分析

局域网络一般具有以下特点。

1. 有限的地理范围

通常网内的计算机限于一幢大楼或建筑群内，如一座办公大楼、一个仓库或一所学校等，涉及的距离一般只有几千米。

2. 较高的通信速度

远程网络通信距离比较远，一般信息传速率为 kbit/s 数量级；局域网络通信速率常为 Mbit/s 数量级，能更好地支持计算机间的高速通信。

3. 多种通信介质

局域网络根据设计指标、性能和价格要求，可选用不同的通信介质，既可利用现有的通信线路（如电话等），亦可铺设专线（如使用双绞线、同轴电缆或光纤等）。

4. 通常为一个部门所有

局域网一般仅被一个部门控制，这点与远程网有着明显的区别。

广义来说，局域网络系统事实上也是一种多用户数据处理系统，它是对"传统"多用户系统的一种合乎逻辑的变形。传统的多用户系统，一般由中央处理机，几个联机终端，以及运行一个多用户操作系统所组成。在多用户系统中，终端一般不具有单独的数据处理能力，它们靠 CPU 把系统主存的一部分分给终端用户,并且使用 CPU 为每个用户划的时间片来执行终端用户的应用程序。与此相反,在局域网中,每个用户使用的工作站都是具有独立功能的计算机,能够执行用户自己的应用程序。

(二)局域网络应用范围

1. 用于银行业务处理

在不断提高网络安全和保密性的前提下,用于银行方面的局域网的数量一直在不断增长。

2. 用于事业单位的管理

著名的贝尔实验室就采用了一个局域网络进行计划工作和实验室的管理工作。

3. 在办公室自动化方面的应用

计算机局域网络可以大大提高办公效率,节省办公经费和办公时间,从而提高企业领导者的决策水平。

(三)计算机网络的发展和特点

计算机网络从 20 世纪 80 年代开始发展到现在,无论其功能和规模,都发生了翻天覆地的变化。发展的过程主要经历了以下几个发展阶段:主机/终端(Mainframe/Terminal)模式;文件服务器/工作站(FileServer/Workstation)模式;客户机/服务器(Client/Server)模式;浏览器/服务器(Browser/Server)模式。

随着全球互联网用户的不断增加以及相关技术的高速发展,人类正朝着网络"无处不在"的社会前进。在不久的将来,网络将进一步影响到人们的生活和工作,其主要特点有以下几个方面:

1)个人可随时随地上网,目前利用手机上网已成时尚,支持无线上网的可携式电脑等多媒体智能终端已经实用化。

2)随着宽带的普及,网上流通的信息内容日趋丰富。宽带网对传播感性知识、对提高信息化知识化水平起着重要的作用,能高速传送大量知识。

3)实现家庭网络化,各种"网络家电"开始普及,外出的人们可利用上网手机对家里的各种家电进行联系和控制,网络家电之间也可保持相互联系而形成有机统一的系统。家庭网络化会改变人们的生活环境和生活方式。

4)数字电视成为家庭网络化的中心,数字电视具有可传送高质量的影像和声音、频道多、可与互联网连接等优点。

5)网络地址将无限供应,所有的人和重要物品都可根据需要"置身"于网络之中,相互联系,真正出现一个"无处不在"信息网络的社会。

二、计算机网络技术发展模式探究

20 世纪后期,我们的整个世界和社会正在被一种充满革命力量的新技术重新塑造。以光和硅为材料的计算机网络技术,使人类步入了网络信息革命时代。计算机网络技术成为了推动人类社会进步的强大动力,正在改变着我们的经济体制、政治体制、文化体制,改变着我们的思维方式和生活方式,改变着我们的娱乐、消费。我们的社会发展已无法离开计算机网络。

长期以来，人们有一种误解，以为计算机网络技术的快速发展主要是技术发明的结果，由此形成一种简单逻辑，只要投入足够多的资金和人力去开发新技术，就能保证计算机网络技术的快速发展。实际上，通过计算机网络技术的发展历史我们会发现，即使最有革命性的新技术，也不会很快自发地渗透到社会中去，只有通过断续的、艰难的甚至是缓慢的发展过程，以过去的社会组织形态为基础，不断实现组织形态的突破，建立起新的适合革命性新技术发展需要的社会组织形态，才是技术发展的决定性力量，才能从根本上促进经济社会的发展。计算机网络技术表面看来是技术不断进步的结果，实质上它是社会组织形态和技术共同不断适应和创新的结果。正如TCP/IP协议的产生到大规模应用的过程，就能够很好地说明这个问题。计算机网络技术的始祖兰德公司在技术上是成功的，它为人类发明了影响整个未来的计算机网络技术，但因这一技术没有成功建制化而最终破产。真正将这一技术建制化并使之成为社会组织形态的是由于美国国防部的大力推广——决定向全世界无条件地免费提供TCP/IP，即向全世界公布解决计算机网络之间通信的核心技术。由于他们率先将这种计算机网络的技术建制推向世界，使得他们在占领世界计算机网络市场上占得先机，使得美国计算机网络技术成为世界计算机网络经济的支配力量。所以，计算机网络技术不可思议的发展速度，不是单靠纯技术上的创新，而更依赖于在现有的生产技术条件下，建立起一套与计算机网络技术发展需要相适应的技术建制或组织制度模式。

当前，计算机网络技术给全世界经济社会带来了全新的环境，这种新环境是机遇也是挑战。在这种环境条件下，国家要发展、企业要生存，就必须面对现实，迅速改变自己的社会组织模式，建立起更有利于计算机网络技术发展的新的技术建制。

（一）计算机网络技术的发展模式内涵及其哲学思考

1. 计算机网络技术的概念

计算机网络技术是由通信技术和计算机技术结合后出现的新技术。计算机网络以网络协议为基础，是连接全球内独立且分散的计算机的集合。在连接过程中，双绞线、电缆、光纤、载波、微波或通信卫星都是其连接介质。计算机网络不仅可以实现软件、硬件及数据资源的共享，而且还能集中管理、处理和维护共享的数据资源。

2. 计算机网络技术发展模式内涵的界定

模式是作为标准的结构和样式。同时，它也是一种抽象和构思，突出事实的主干而舍弃杂多的琐碎，包含着事实的基本成分和主要架构、成分之间的作用机理和事实所蕴含的价值意义；是一种对普遍性和规律性的追问，也是一种对成功因子的解释和探索。

计算机网络技术发展模式是指通过对计算机网络技术发展的时空结构进行分析，从而找出其发展的主要构架和各结构间内在作用机理。即通过对计算机网络技术在发展过程中的影响因子、发展趋势与过程的分析总结得出计算机网络技术发展的结构状态轨迹的范式。计算机网络技术发展模式作为一种实践工具，旨在揭示计算机网络技术得以快速发展的成因。它形成于各种对计算机网络技术发展理念的探索和实践，立足于从哲学角度对计算机网络技术快速发展现象的研究和分析。计算机网络技术发展模式实质上提供了一种高新技术产业快速发展的有效的社会体制，它可以为未来计算机网络发展甚至为其他领域的技术发展提供样本和模式借鉴。

3. 计算机网络技术发展的动力因子
（1）个人需求是计算机网络技术发展的根本动力

人在社会中是作为主体的存在，是所有人类活动的出发与最终目标。因此，个人需求是计算机网络技术能够发展的根本动力。人的本质，并不是从人个体中所抽象出来的东西，它在现实性上是指个体人一切社会关系的总和。实践是人类的存在方式，人和世界由实践创造，人也通过实践创造出计算机网络，这是由于生存需要对自己肢体器官的延伸，对自己生存领域的扩展。以上论述是技术的本质，同时也是技术得以出现并发展的基础。从不同的视角分析计算机网络技术的发展会得出无数种不同的结果，然而在其根源上，计算机网络技术，乃至现今所有技术出现并发展的原因都是由于人类自身的需求。

（2）相关科学技术的发展是计算机网络技术发展的重要推动力

计算机网络技术本身不仅是由其内在要素构成的一定结构形式的有机整体，也是与其他科学技术密切相连而构成的具有立体网络结构的有机整体。研究计算机网络技术发展模式首先应从其宏观层次的科学技术基础与其群体技术的网络结构来探讨。从技术认识论中的方法论建构的角度上看，科学技术是一种符号性的活动和事业，科学技术的直接结果也应是产生秩序。技术是建构秩序的活动，科学是技术建立秩序的基础。对计算机网络技术的科学技术基础的梳理和分析即是对计算机网络技术的秩序意义上的技术建制进行的探讨。

1）理论基础为计算机网络技术发展提供理论上的可行性。

布尔代数、包交换理论是计算机网络技术诞生的重要理论准备和依据。计算机网络技术能安全、可靠和高效地在一种网状结构中传递计算机产生的数据信号，使不同计算机之间通过数据信号的传播而连接形成一个巨大的网络。其中"数据信号"是相对于传统电信中的"话音信号"和传统广播电视中的"视频信号"等模拟信号而言的。数字通信在与后来出现的包交换理论结合后便产生了真正意义上的现代计算机网络技术。数字化信号的取值是离散的，幅值被限制在有限个数值之内。现在计算机网络技术广泛使用的二进制码受到噪声影响小而且非常利于计算机网络终端的接收和使用。这个看起来简单的 0 和 1 对计算机网络的意义是不言而喻的，可以说没有布尔定律就没有数字化信号，就更不会产生现代意义上的计算机网络。数字化信号最早的理论依据可以追溯至 1854 年，当时英国数学家乔治·布尔发表的《思维规律研究》一文中，他设计了一套用以表示逻辑理论中一些基本概念的符号，并建立了应用这些符号进行运算的法则，成功地把形式逻辑归结为一种代数演算，从而建立了逻辑代数（布尔代数）。他规定的一条特殊运算规则是 $X^2=X$，其解只能取两个值：0 和 1。X=1，表示命题为真，X=2 表示命题为假。布尔代数自提出近一百年后的 20 世纪中叶才运用于计算机与计算机网络。这一理论系统从提出到实际运用经历的漫长的建制化过程，并不妨碍布尔代数成为计算机网络技术的理论基石。

在分组交换理论出现前的远程终端联机阶段还不能称为现代意义上的计算机网络，那时人们将彼此独立的计算机用通信技术结合起来形成了计算机网络前身。美国兰德公司的 PAUL BARAN，英国国家物理实验室的 DONALD DAVIS 从不同角度提出了目前被称为分组交换的网络技术。分组交换技术将用户传送的数据分成若干个比较短的、标准化的"分组"进行交换和传输，每个分组由用户数据以及必要的地址和控制信息组成，从而保证网络能够将数据传递到目的地。这种思想完全不同于不适合计算机网络技术的电话网所采用的电路交换技术：电话网用户通话前先建立连接，独占资源。分组交换理论提出后，各国纷纷将其利用在了他们的第一代计算机实验网络。正是这一理论为今后计算机网络技术提供了一个重要的技术秩序。

从计算机网络的前身远程终端联机阶段开始，计算机技术的发展就没能离开科技理论的指导。从早期以数学、材料学、逻辑学、电磁学、微电子学、量子力学及控制论为基础，到现在逐渐将光学、生物学及人工智能纳入自己的理论基础领域，说明科学技术理论是计算机网络技术发展的基础。

2）相关群体技术的进步为计算机网络技术创新提供了技术上的可能性。

计算机网络技术发展遵循连锁模式，这个单元技术与群体技术是一个系统整体。计算机网络技术本身不仅是由内在要素构成的一定结构形式的有机整体，而且它与其他技术如计算机技术与通信技术，密切相关联而构成具有立体网络结构的有机整体。在计算机技术和通信发展到一定阶段，计算机网络技术便有了存在的土壤。例如，随着世界第一台电子计算机ENIAC的诞生和之后的计算机技术发展才有了计算机对相互信息交流的需求，在计算机出现后不到十年的时间，计算机网络的前身远程终端联机系统应运而生。而远程终端联机阶段的数据通信技术便是直接由当时传统通信技术改进而来的。

由于每一种特定单元技术都有自己固有的内在矛盾，因而随着客观技术环境的变化，计算机技术和通信技术会不断地更新自身原有的技术构成，其中某项子技术的重大进步，都可能为计算机网络技术创新提供可能性，包括如软件技术、芯片技术、光纤技术、纳米加工技术等。另外，计算机网络技术的这种变化，由于打破了原有群体技术的内在平衡，也势必会引起其他相关的单元技术产生适应性调节，以达到群体技术自身的新的平衡，这样又会引起其他单元技术乃至整个群体技术的发展。计算机网络技术就是在这种平衡和不平衡的矛盾运动中得到不断发展的。

4. 计算机网络技术发展的哲学思考

任何技术都在主体和客体的矛盾运动中发展。计算机网络技术的发展也不例外。技术的进步是合着人类发展的步伐逐步发展的。

（1）计算机网络是人类大脑的外化和延伸

在人类社会不断前进的历史长河中，科学技术是人类将自己从自然中解放的强大武器，它是通过对人类各种器官的延伸或扩展来实现其功能的。按照技术的人类学解释，工具、机械等有形手段是介于人类和自然之间的，这些工具和机械实际上是对人体的内部组织和外部形态的模拟。起重机、枪、炮可以看作是人手的延伸，汽车、火车、飞机可以看作是人腿的延伸，各种光学仪器可以看作是人视力的延伸。而计算机网络技术则可以看作是人大脑功能的外化和延伸。例如，处理器和硬盘分别担任思考和记忆的功能；控制部分可以看作是效应器官的外化，担任控制功能；显示器和音箱可以看作是人的感觉器官的延伸；计算机网络中的通信线路可以看作是人的导入神经和导出神经的外化，担任交流功能。正是计算机网络技术的飞速发展，使得人类在信息的获取、传输、存储、显示、识别和处理，以及利用信息进行决策、控制、组织和协调等方面都取得了骄人的突破，并使得整个社会出现了"信息化"的潮流。

（2）计算机网络是具有第二性客体特征的人工自然

有人认为计算机技术中物理的东西实际上是由信息技术而建造的人工自然，它们不是虚拟世界，而是真实的物理实在，因此它们也成为"硅化世界"，这即是说明改造自然也是计算机网络技术的性质之一。而虚拟世界作为"硅化世界"的载体，是最能提现信息技术是如何建造人工自然的。作为实体的机器通过信息技术被建造成为一个有机系统，丰富的资源被汇集在这一系统中，成为一种与自然生态系统类似的结构。因此，虚拟世界可看作是信息技术的自然观，现实世界中系统间的联系由它通过技术转为数字形态，以技术中的物理实体作为基础，被建造成为一个特殊的自然界。

进一步地，计算机网络具有"第二性客体"的特征。它不同于其他技术的物理性实在的技术成果，它通过对人工自然中的信息要素进行改造，生产出以虚拟形态存在的技术成果，又加之现阶段的计算机网络技术没有完全解决其技术研发中的不确定性，因此由它创造出的世界就更加显得难以把握和随意，这样一来，便很容易让人认为它是"虚无"或者"虚幻"的。另外，人的意识是虚拟世界赖以生存的一个平台，人的计划、幻想、观念等更容易被计算机网络所物化，成为人内心意识的直接投影。因此，计算机网络是典型的"第二性客体"。

（3）计算机网络虚拟世界是符号化了的人类第二生存环境

由计算机网络延伸出的虚拟世界，汇集了成千上万形形色色人脑思维，所以虚拟世界在这个意义上超越与突破了现实世界。然而在"虚拟世界"中所进行的活动却是与现实生活紧密联系在一起的，它包含在现实物质生活的范围内。

首先，虚拟世界是以现实世界为基础建造起来的，它由现实世界所决定，所以说网络只能是人类的第二生存环境。虚拟世界的建立离不开信息化过程，信息化是指将具体实在的事物转化为符号、图像、文字等非实物的内容，再进一步将这些内容转化为数字形式。由此可见，现实世界是虚拟世界建立的基础，而虚拟世界又是对虚拟世界的延伸和扩展，它是由人、自然符号以及思维创造力所建立的属人的世界，是由人类文明以现实为基础建造出的一种抽象性实在。可是，虚拟的网络并不是虚幻的，网络关联着的内容即是它的主体——实在的人。人与人之间的关系通过数字化的信息而结成了一种新的联系方式。因此，现实世界的范畴包括了虚拟世界。

其次，虚拟世界并不是现实世界的影子，它是相对独立于现实世界的，是对现实世界的拓展与丰富。在现实世界中还未完成的事物在虚拟世界中可以成为"现实"，物质被抽象为虚拟的数字，起主导作用的将是原本寄宿在物质本身中的功能，其物质本身如何已是无足轻重。虚拟世界通过生产、分配、使用信息，使人与人之间交流完全不受时间与空间的限制，这带给人的是完全不同于现实世界中的生存体验。

（4）计算机网络技术发展已成为推动生产力发展的主导因素

20世纪80年代以来，在世界范围内蓬勃兴起的新技术革命对人类经济生活影响之广阔之深刻超过了历史上任何一次科技革命。这次科技革命的主要特点是信息技术、生物技术、新材料技术、新能源技术、航天与空间技术、海洋开发技术所形成的高科技群以及以其为基础的高新技术产业群迅速崛起，并带动了整个世界范围内的产业结构的调整和升级。新技术革命不仅深刻地改变了人们对于世界图景的认识，而且推动了一系列新生产领域的出现和经济规模的迅速扩大与内涵的加深，极大地促进了生产力的发展和社会的进步。在雨后春笋般不断涌现的高科技群体中，计算机网络技术的突破及迅猛发展处于最核心、最先导的地位，可以说计算机网络技术是现代科技革命浪潮的标志和核心。计算机网络技术已不仅仅是一门独立的技术，它更是一门渗透性极强并且囊括多种单元技术的综合性高科技。就目前阶段来看，其他高科技及其产业化，例如，生物技术、海洋技术、空间技术、航天技术的开发和应用，无不以先进的计算机网络技术为基础，依靠计算机网络技术对其进行改造和升级。实际上，许多高新技术及其产业发展所遇到的难以突破的障碍都是在计算机网络技术取得突破后才得以克服的。因此，计算机网络技术作为现代科学技术领域的先导，已成为推动生产力发展的主导因素。

（5）计算机网络技术发展以科学的技术建制为前提

技术建制——技术创新——技术建制化——新的技术建制，这是对技术发展模式演化的高度概括，这个模式演化同样适用于计算机网络技术发展：计算机网络技术建制是一种空间意义上的社会存在，是计算机网络技术的制度安排和社会安排。计算机网络技术的创新是当前技术阶段下的技术、科研人员、科研设备、相关从业者等之间链接的不断调节、破坏、重组的辩证过程。计算机网络新技术持续的建制化构成了技术本身的前进与发展，其技术建制化的模式中的前三个环节最终结合为新的技术建制，成为新一轮更高的计算机网络技术发展的起点。从这个技术发展模式演化链可以看出，计算机网络技术建制是计算机网络技术创新和发展的基础，计算机网络技术创新发生在一定的技术建制中，只有构建出与当前计算机网络技术相适应的技术建制才能进而谈技术创新和技术发展。

（二）计算机网络技术的发展过程

1. 技术准备阶段

20世纪50年代至70年代初，是计算机网络技术的准备阶段，它作为单元技术萌发于作为群体技术的计算机技术与通信技术共同作用的土壤之中。计算机技术与通信技术的首次结合出现在20世纪50年代初，在当时，美国的地面防空系统通过通信线路把测控仪器和远程雷达连接在了一台主控制电脑上，这为计算机网络技术的出现打下了基础。此后不久，美国航空公司将其分布在全美境内的2 000多台计算机连接到一台中央主控电脑上，这便是以计算机为中心的联机系统。真正意义上的计算机网络技术的诞生实际上是分组交换理论的出现。1969年，美国国防部基于分组交换理论，建立了举世闻名的"阿帕网"，这是计算机网络发展史上的一个里程碑式的标志。分组交换理论作为计算机网络技术在秩序意义上的重要技术建制，为其日后的发展起到了至关重要的作用。

2. 标准化形成与竞争加剧阶段

在每一项技术中，其技术标准都是该技术的重要组成部分，某一技术的标准化也是这一技术走向成熟和稳定的标志。同样地，对于计算机网络技术来说，其技术标准化也是在发展过程中不能缺少的重要环节。经过了几十年的发展，人类社会对网络标准化的需求越来越强烈。在这一阶段，各类科学研究团体都建立起了属于自己的网络体系，但这些体系之间的差别很大，无法融合成为一个整体的体系结构。此时，在世界范围内存在的两个矛盾日益严重，一个是各国都想夺取计算机网络技术发展先机的矛盾，另一个则是新型的计算机网络产业和传统的电信行业之间相竞争的矛盾。计算机网络技术的蓬勃发展，使欧洲的众多国家都意识到了它在军事、科学、经济等方面存在的不可估量的前景，于是各国为了在发展中取得先机，便加大了对计算机网络技术开发的投入。随着国家的投入，计算机网络技术得以快速发展，逐渐威胁到了传统的电信公司的发展与生存，于是各个电信公司加大了对电信数据网的投入力度，试图以自己的资源优势来压倒计算机网络。这种混乱且剧烈的竞争局面催生了计算机网络技术标准化的形成——TCP/IP传输协议的诞生。每一个可以进行传输数据分组的系统在

TCP/IP 协议中都被当作为一个独立的物理网络，它们在协议中的地位是平等的。这种对等的特性大大简化了对异构网的处理，为设计开发者提供了极大的方便。正是这种自由性和灵活性，使 TCP/IP 网络协议最终成为全球统一的网络标准。

在这一阶段，众多新技术在源源不断地涌现，彼此竞争，互联网正是在这种技术的相互竞争中出现与成长的，而最后统一确立的技术标准则为互联网络日后的发展提供了保障，也为计算机网络技术的飞速发展打下了坚实的基础。

3. 改变世界的万维网时代

随着计算机网络技术的全球标准化，它的技术建制不论在秩序上还是在制度上都实现了突破性的发展，万维网的道路由此展开，毫无疑问，此时的 IP 技术必然是该技术最核心的组成。美国走在了世界各国的前面，对计算机网络技术投入了大量的商业资本，于是 IP 技术的发展飞速前进，转入社会化应用时期。而该时期又具体地分为两个阶段：初级阶段与发展阶段。在初级阶段，互联网刚离开实验室走入社会商用，它以扩大网络、扩充用户和增加网站作为其发展的主要手段，在电子邮件的处理与网页的浏览方面被广泛应用。然而互联网刚被用于商业，还没有有效的盈利模式让各企业得以遵循，再加上投机行为的泛滥，导致了 20 世纪末与 21 世纪初的网络经济泡沫。社会化应用发展阶段是从 2001 年开始的，之前的网络经济泡沫并没有成为计算机网络技术发展的障碍，因为宽带、无线移动通信等技术的相继出现及发展，展现在互联网面前的是一条无限宽广的道路。用户群体和网络规模不断地扩大，在此基础上第二代万维网新技术出现了，它在现阶段主要以社交网络为代表，具有自组织的个性化特征。普通用户成为这种互联网新应用中的内容提供者，激发了公众参与的热情，同时因为拥有庞大数量的内容提供，网络内容必然日益繁荣，为互联网今后的进一步发展提供了巨大的空间；也是这个阶段让网络真正走进人们生活，成为人们日常生活中不可替代的一部分的重要原因。在这个阶段，其对社会、政治、经济、文化、科学、教育、军事都产生了巨大而深远的影响。"智能终端网络"的以人为本的先进技术理念，技术的标准性和开放性，各种开源软件的大力支持，以市场为驱动力支持的应用创新，美国政府的大力支持和资本市场的追捧都是这阶段网络技术迅速发展的原因。

4. 新形势下计算机网络技术的发展及展望

每一次国际金融危机都会带来一场科技革命，一场大的变革。2009 年的金融危机使其成为网络技术的转折年。在这一年，各国通过应对金融危机，更加深刻地认识到互联网的战略性地位。一方面，世界各国纷纷将网络基础设施建设纳入经济刺激计划之中，提供更多就业机会和工作的同时还大力提高网络覆盖率，推动网络基础设施升级。如美国奥巴马政府为支持国内宽带发展设立了 72 亿美元的专项资金，欧盟也拟提供 10 亿欧元来推动欧盟各国的宽带发展。另一方面，互联网与其他产业的深度融合导致的直接结果，就是新一轮产业革命的出现。如美国政府宣称要将美国打造成"世家宽带灯塔"，欧盟发布"数字红利"和未来物联网络发展战略；日本推出"i—janpan"计划，推动公共部门信息化应用等。在中国，信息网络产业已成为推动产业升级、迈向信息社会、推进两化融合的重要力量。网络信息产业将成为全球范围内未来战略性新兴产业之一。

计算机网络技术新形势下向未来演进的方式大致有三种：改良、革命、整合。在以改良为主的思路中，认为现阶段的互联网络存储内容巨大，将其全部推翻再重建是不现实的，而且其成本也是无法估算的，最合理的方式就是通过新技术对现有的网络进行修补。"革命"思路则认为，改良性的修补只会让互联网的发展负担更重，是缺乏远见的想法，必须要有一个长期目标，来对互联网做一次全新的设定。"改良"思路与"革命"思路的主要区别在于对当前的互联网体系结构持沿用态度还是舍弃态度。在"整合"思路中，零星地修补当前的互联网技术不能彻底解决问题，若要彻底地对其进行变革却又需要一个相当漫长的过程。它中和了之前两种思路，认为解决当前问题的最好方法是对互联网进行大范围系统性的修补。

（三）计算机网络技术的发展与技术建制

笔者力图突破纯技术研究的界限，把技术放入技术建制中去分析，从技术建制的角度考察和解释计算机网络技术快速发展的原因，进而提出一种系统构建计算机网络发展模式的理论基础。结论是：计算机网络技术与技术建制是互为前提条件的，计算机网络技术的创新发展是建立在已有的技术建制之上的；而计算机网络技术的发展变化了，技术建制也要随之发展变化。从国家到企业只有建立起了与计算机网络技术发展需要相适应的技术建制，才能够更好地促进计算机网络技术的创新发展。否则，不合时宜的、僵化的组织制度就会成为计算机网络技术创新发展的桎梏。当前计算机网络技术已经将世界带入了一个重大的技术转型时期，这个时期的特征，正如美国管理大师彼得·德鲁克所指出的："这种转型比任何狂热的预言家所想象的都要彻底，其冲击之大甚至超过了所谓的历史大趋势和未来的震撼。"计算机网络技术正是给全世界带来了全新的社会环境，这种新的环境是机遇也是挑战。在这种环境条件下，国家要发展、企业要生存，就必须面对现实，迅速改变自己的组织模式，建立起适应计算机网络技术发展的新的技术建制。

1. 技术发展模式的核心是技术建制

技术发展模式的核心是技术建制。技术建制是指一种有秩序、有物质内涵的社会结构，是大型组织和企业发展的基础。它包括物质内容和制度内容，物质内容由物化的技术和知识化的人力构成，制度内容由组织、行为规则、社会规范、习俗和传统构成。技术建制既不同于技术，也不同于制度，是技术和制度的有机组合。技术建制对于与之相关的社会活动和社会生产起着支配和基础性作用。从历史的角度看，所有生产性组织的制度安排都需要围绕技术和技术创新来进行，只有形成了完善的技术建制和不断地将技术创新成果建制化，才能形成有效率的社会组织，并支持经济和社会的发展。技术建制作为一种社会存在，是技术的制度安排和社会安排，所以，我们可以从秩序和制度的建构方式来理解技术建制的内涵。

（1）秩序意义上的技术建制

技术本身就是一种建构秩序的活动或过程，技术是按人的需求意志对科学标示的物的属性进行新的秩序组合，实现对人更有利的物的属性建构的过程，它的秩序化是以科学认识的物的秩序性为基础的。比如，电子管技术的设计思路最早源于爱迪生，爱迪生在研制灯泡时，将一块金属板与灯丝密封在灯泡内，当灯泡中的灯丝受热后，给金属板加一个正电压，灯丝和金属板之间就会出现电流，如果加负电压就没有电流通过，这一效应被称为爱迪生效应。金属板、灯丝、电三种物及属性按一定的顺序排列在灯泡中就出现一种检波功能，这种排列体现的就是秩序意义上的技术建制。再比如，分组交换技术是计算机网络技术发展史上最重要的技术发明之一，这一发明大大地推进计算机网络技术的发展。实际上，分组交换技术的发明就是传统通信技术秩序范式和排队论秩序范式结合的产物，它的创新过程是一种典型的技术秩序建构过程。分组交换技术的设计思路最早源于1964年欧洲兰德公司的保罗巴兰，当时保罗巴兰等人发表了一篇研究报告。这个报告工作的原理设想是：把送话人的话音分成数字化的"小片"然后打包，再通过不同通路将这些"包"独立地传输到目的节点，最后从包中卸载出"小片"组成原本的信号话音传给收话人。这样由于在每个线路只能收到一些零散的"小片"无法组成话音，因而安全性大大提高。"小片"还能从不同线路传送，所以这种网络拥有抗破坏与抗故障能力。于是世界上第一个采用分组交换的计算机网络——被后人称为网络之父的阿帕网诞生了。分组交换理论将作为计算机网络技术史上里程碑式的技术秩序为今后计算机网络技术大发展打下了坚实的基础。

（2）组织、制度意义上的计算机网络技术建制

技术的力量不是简单的发明就可以发挥出来的，技术的创新和发明是依靠一定的组织来实现的，它原创于技术已有的建制和结构，是技术制度化的结果，离开已制度化的技术，技术创新和发明都是不可能的。有了新的技术创新和技术发明，其作用也不可能直接发挥出来，它需要有相应的组织来规范技术，这样，技术的作用才能发挥出来。经济学家吴敬琏曾在其《制度重于技术》一书指出："企业的进一步组织创新、组织形式的升级换代，是高技术产业发展过程的必然现象。适应发展的需要，及时调整组织，是一个企业能不断保持技术创新的势头和保持活力的重要条件。"

2. 技术的建制化对计算机网络技术的发展起着决定性作用

新技术的不断诞生与发展推动着社会的前进，每一次社会的巨大变革都与当时新诞生的技术息息相关。现在，人类在计算机网络技术带领下，进入网络信息革命的全新时代。它改变了社会的结构、人类的思想，改变了世界的政治与经济制度，并且新一代的技术建制也在它的影响下即将孕育而出。计算机网络技术的诞生，是当前时代最具革命性的技术，但是在诞生之初，它并没有立刻被社会所接受，而是在经历了各种艰难的发展与突破之后才得到社会的认可与接纳。因此计算机网络技术在未来的发展中，必须以过去的组织为基础，不断地进行突破，以建立起适合下一代计算机网络技术发展与成长的建制，只有这样，其技术本身才会不断前进发展。从计算机网络技术的结构上看，是其原有技术的持续进步而产生了现有技术，但在实质上，现有技术的诞生是原有技术本身与当前制度一起适应与创新而达成的。计算机网络技术中的某项技术可能是具有革命性意义的，但它对整个计算机网络产业的发展并不立刻起决定性作用，真正起决定性作用的是该技术的建制化，计算机网络技术发展正是经由不断地技术建制化和技术制式化发展而来的。计算机网络现在能够如此快速地发展，是因为建立起了能够适应于现阶段生产技术的组织制度结构，而不仅仅是依赖技术上的创新。进一步地，计算机网络技术的创新与建制的相互影响与作用，也对其技术发展起到了重要作用。计算机网络技术建制是其技术创新的基础，而技术创新只有在一定的技术建制中才能出现，它也是技术建制能够继续发展的动力和力量。技术创新的成果通过建制化所建立起的新建制，有机地融合于旧建制，发挥其效用。

所以，计算机网络技术不可思议的发展速度，不是靠单纯的技术上的巨大创新，而是在现有的生产技术条件下，建立起一套与之相适应的组织制度结构。

3. 计算机网络技术的发展呼唤着建立与之相适应的技术建制

计算机网络技术发展到今天，组织和技术的结合更为密切，组织的功能比过去变得更为重要，技术需要更为复杂和灵活的组织支持才能发挥作用。复杂的技术当然要有复杂的组织来为之服务，这也是一般常识。当社会进入信息技术时代后，我们必须要积极适应计算机网

络技术发展的需要，对原有的技术建制进行重新构建。计算机网络技术的发展要求"建立灵活而快速变化的组织"，日益成熟的计算机网络技术在不断改变着传统的产业模式，要求重新组织技术和产业，它以高速度和知识量增长的方式改变着现代经济的格局。高速度意味着快速变化，这就要求从大到小的经济组织必须是灵活的，特别要求大型的变化缓慢的经济组织也要增加灵活性，现代企业必须要有敏锐的感觉，要有先人一步利用技术、组织技术的能力，要能够随时准备适应市场变化的方向。

计算机网络技术正在改变着传统的经济资源基础，知识信息已成为实实在在的第一资源。知识信息以文本信息的方式存在于各种数据库中，通过网络流向各种桌面管理系统。知识信息特别是某一组织的专门知识已成为组织成功的主要资本。知识资本在信息网络经济中比物质资本更重要，它是网络经济中市场价值的主要推动力量。对于各类组织来说，知识信息的价值是无法估量的，它可以是一种技术专利，可以是一种成功的产品，也可以是决策背后的智能。以知识信息为第一资源的信息网络经济要求现代企业具有更高的组织技术的能力，这样的企业才能有更高的效率。

硅谷作为计算机网络技术发展的企业集群园区，其公司组织及文化正是顺应了计算机网络技术发展的组织要求。硅谷最早的知名公司是由威廉·休利特和戴维·帕卡德创建的，他们"原先也不是伟大的科学家"，他们的成功在于在公司内部逐渐形成了一种新型的管理方式，一种新型的公司内部文化，一种技术与组织巧妙结合的人本主义方法。这种组织模式让硅谷取得了举世瞩目的发展成就，有力地拉动了计算机网络技术和产业的大发展。起初美国以高技术为特征的信息产业起源于 128 公路地区。128 公路地区有着比硅谷更为有利于信息产业的发展条件，然而到了 20 世纪 80 年代，128 公路地区衰落了，而硅谷却蒸蒸日上。这里的根源主要在于组织制度的差异。美国的许多学者认为：硅谷的兴盛是由于硅谷形成了一种不同寻常的合作与竞争的组合，这种组合与技术和制度等因素共同建构了一种组织制度环境，才带来了后来的辉煌。128 公路地区地处华盛顿地区，技术依托于麻省理工学院，它的技术产业在国家和大公司的主导下，建立了分散封闭、自成体系的组织结构，各个企业靠自己内部的力量进行技术改造，对市场和社会制度的环境缺乏整合，没有形成比较好的技术建制和建制化机制。硅谷改造了传统的企业模式，它远离美国的首都，以斯坦福大学为其技术支持的中心，支持小企业的发展，力图把众多的企业建成无差别的社会共同体，要求每一个企业把共同的目标转化为自己追求的目标，企业可以享受到非常宽松的政策，可以随意使用自己的灵活工作制度。硅谷的人彼此都互相认识，大门都敞开着，人们互相分享、借用、盗窃主意和人才，在这个资本主义的中心，合作是这个地方的一个主题。硅谷的成就不仅是创新了计算机及计算机网络技术，更重要的是建立了符合自己发展的组织制度。

4. 构建计算机网络技术创新发展模型

技术建制是一种围绕生产而建立连接人和物的秩序化、组织化、制度化的系统化结构，这种结构是通过物、人和知识这三种要素来建构的。这三种要素连接为一种具有生产功能的空间存在结构，它是一种技术的制度化结构，这种制度化的结构是一种社会的技术习惯，是各种层次和规模的具有人的创造特征的结构的存储和集成。计算机网络技术创新是在一定的技术建制基础上发生的，这里的技术建制包括了秩序意义上的技术建制和组织制度上的技术建制。计算机网络技术的创新成果需要不断的建制化为新的计算机网络技术建制与已有的技术建制有机融合在一起，为新的计算机网络技术创新打下基础。

计算机网络数据保密与安全

（四）计算机网络技术快速发展的模式分析

计算机网络技术自其出现之日起，其发展速度之快速，对人们工作、生活影响之深刻，在人类社会发展的历史上是前所未有的。计算机网络技术的快速发展有其历史的必然，更有促成其发展的内在因素和作用机理。认真分析研究网络技术快速发展现象的背后所蕴藏的具有普适性的规律，总结出一些对高技术产业特别是信息技术产业创新发展具有借鉴和指导意义的发展模式，对未来我国高技术产业特别是信息技术产业的发展具有很高的价值和意义。通过分析研究，感到从不同的层面和不同的角度，都可以总结出许多相应的计算机网络技术发展模式，但对计算机网络技术快速发展起决定作用的模式，则主要是体制创新、产学研互动、产权保护、风险投资、政府主导以及观念更新等。

1. 体制创新是促进技术创新和产业竞争力提高的根本

制度经济学的代表人物诺斯认为，对经济增长起决定性作用的是制度性因素而非技术性因素。有效率的经济组织是经济增长的关键。一个有效率的经济组织在西欧的发展正是西方兴起的原因所在。制度、体制和机制的安排对于一个国家、地区和社会组织的成长有着十分重要的意义。

政府要想发展高新技术产业，最好的办法不是自己去调配资源，而是把市场制度建立起来，让市场去引导企业。政府领导企业的制度安排已经过时，重要的是企业制度的建设。放权让利不是解决的有效办法，建立现代企业制度才是真招。硅谷的众多技术并不都是最新的，但硅谷能让这些技术通过一种新的方式很快地变成社会产品。我们现在需要的就是这种促使技术资源和产业资源快速整合，并转化为现实生产力的创新体制。

深圳的高科技产业成长历程就充分地显示了体制因素的作用。在几年以前，没有人会认为深圳会是我国未来的高技术产业重镇。在科技实力上，北京和上海遥遥领先于深圳。然而深圳是经济特区，在地理位置上远离政治中心，它充分利用了自己的这一优势，放手实施了一整套利于高技术创业的政策，该地区的创业积极性被极大地调动了起来。深圳市政府注意转换职能，为企业提供高效率的服务，同时又采取多种形式吸引各类高技术人才，使深圳成为一个"技术和资本密集"的移民城市。正是因为这种环境，一大批新兴高技术企业和各类研究型大学的"虚拟"研究机构在这里生根、成长。中国首届高新技术交易会在深圳召开就是对其在高技术产业领域地位的一种肯定。深圳的经验表明，营造研究型大学和高技术企业快速成长、互动合作的环境或"场"才是中国高科技产业发展的真招，才是中国创建产学创新体制的关键所在。

2. 产学研互动机制是高技术产业发展的"孵化器"

《国家中长期科学和技术发展规划纲要》指出："只有产学研结合，才能更有效配置科技资源，激发科研机构的创新活力，并使企业获得持续创新的能力。"通过产学研结合，科研院所和高校才能充分发挥科技优势，在市场需求的刺激下，进行高技术产业的关键技术和核心技术的突破，确立自主的知识产权，奠定发展高技术产业的技术基础。通过产学研结合，企业才可能吸收新的科研成果、吸收新的技术力量，具备强大的技术后盾，才可能不断增强技术创新能力，在市场开拓、基本建设、规模生产、质量控制等方面发挥更大的作用，在高技术产业化的征途上更好地发挥主体作用。产学研互动机制，在知识创新和产业创新之间架起了技术创新的桥梁，提供了技术创新的知识基础和一流创意，成为产学研创新可持续的源泉，培养了能够促使知识创新和产业创新合作对话的新型的技术创业家阶层。

产学研中"产"指的是产业;"学"指的是大学或学院;"研"指的是研究机构或科研院所。产学研合作创新机制具体是指,产业、院校与科研机构以"利益共享、风险共担、优势互补、共同发展"作为原作,在技术合约的基础上,根据它们自身的优势为不同阶段的技术创新提供资源,共同促进科技与经济的一体化过程。其具体形式有:合作研究与开发、体系内技术转让、人才共同的培训与交流、设备信息共享等。高科技园区的建立是实现产学研联合的重要途径,在这种背景下,院校与科研机构不仅在技术方面能够更快提供强有力的支持,在人才、产品和工艺方面更是可以成为坚实的后盾。这样,便实现了技术、工艺与贸易的一体化,成为高新技术及其产业的"孵化器"。硅谷高新科技苑就是以典型的成功范例,创建之初大量新兴企业在"斯坦福工业区"以租赁原校园区域的方式建立起来。斯坦福大学各院系师生也在学校的鼓励下与外部公司建立合作,这种以商业为导向的技术研究成为斯坦福大学的独特风气。据资料记载,硅谷内至少 60%的企业是由学校师生参与创办的。这种以大学为核心,产学研密切结合的发展模式使得新的科学技术成果快速转化为生产力。这种模式建构起硅谷特殊的区域优势并为硅谷今后的腾飞打下了坚实的基础。产学研合作可以有多种形式,既可以采取以项目为结点的网络形式,也可以是并购形式的组织一体化,还可以是各方合资组成新的经济联合体。但不论采取何种形式的"产学研共同体",都应该建立在利益机制的基础之上。

3. 明晰的产权制度是激励技术创新的根本性制度

技术创新的顺利进行一定要有制度性的保障,因此产权制度的制定与全力保障体系的完善是必不可少的组成部分。所有的创新活动都是以得到通过创新产生的高收益为经济目的的,而创新活动是否能够吸引创新主体的加入,决定于创新主体能够确切拿到这部分受益的保障如何。所以,产权制度必然是激发创新主体积极性的根本制度。

知识产权制度的完善,一方面为技术创新溢出创效应的外部性问题提供了有效的解决方案:它在一定时期内将技术垄断权授予创新者,使技术创新的外部性问题转为内部,达到个人收益率与社会收益率的平衡;另一个更重要的方面,知识产权制度为技术创新提供了源源不断的新机遇。拥有知识产权的人在利益制度的驱动下,为了使得到的收益最大化,会将其部分或全部产权进行转让,整个转让过程也是对技术创新成果的传播。而且,知识产权的保护与提醒作用可以使后续的技术创新者在避免重复开发的同时,在前人做出的成果上继续突破创新,进而使整个创新发展成为一种良性的前进机制。硅谷经济乃至美国经济的飞速发展都离不开知识产权制度。美国总统林肯曾大胆做出预言:天才之火只有加入了利益之油才能熊熊燃烧。硅谷人的创新精神正是以美国知识产权制度的保护和激励为基石,才能够长久不断地涌现出大批爱迪生般的天才发明家。

4. 有效的风险投资机制是技术创新的强大动力源

风险投资为计算机网络及其相关高新产业发展提供了强大动力。风险投资是指投资人将资本投向蕴藏着失败风险的高新技术及其产品的研究开发领域,旨在促使高新技术成果尽快商品化、产业化,以取得高资本收益的一种投资过程。高新技术产业因风险投资制度的存在而具有了强大的发展动力,而要保持风险投资的顺畅,就必须先保证资本流动的顺畅,这里主要包括资本的流入和退出两个方面。从资本流入来看,要使风险资本顺利地进入企业,其资本来源必须是充足的,只有这样才能为企业的发展提供强有力的资金支持。例如美国风险投资基金的一半几乎都投资在了硅谷,可以说没有风险投资这个高科技产业发展的强力助推器就没有硅谷后来的腾飞。再从资本退出方面来看,完善的资本退出机制也是风险投资得以继续发展的必要保障,它在对风险资本所承担风险的补偿、创业资本和风险投资活动的价值的准确评价、风险资本有效循环的促进等方面,都具有强力的保障和推进作用。

(五)计算机网络技术发展模式的启示

1. 加快计算机网络关键技术的研发

要使计算机网络乃至整个信息产业实现跨越式发展,走在世界前列,一方面要加强支撑信息技术发展的基础科学研究;另一方面也要加强制约计算机网络技术产业发展的关键技术,以及对国民经济发展具有较强引领和渗透作用的关键计算机网络技术的研发。计算机网络技术的核心是提供计算机网络技术设备与软件。与计算机网络技术关系最紧密的是计算机产业和通信业。而我国计算机的核心芯片基本上靠进口,软件特别是核心软件的开发也明显滞后并制约着我国计算机网络产业的快速发展。基于这样的现实,我们必须将核心电子器件、高端通用芯片及基础软件、极大规模集成电路、新一代宽带无线移动通信的研发应用作为我国信息产业发展的关键。一是注意研究开发现代服务业信息支撑技术及大型应用软件,重点是金融、物流、网络教育、传媒、医疗、旅游、电子政务和电子商务等现代服务业领域发展所需的高可信网络软件平台及大型应用支撑软件、中间件、嵌入式软件、网格计算平台与基础设施,软件系统集成等关键技术,提供整体解决方案。二是注意研究开发下一代网络关键技术与服务,重点是高性能的核心网络设备与传输设备、接入设备,以及在可扩展、安全、移动、服务质量、运营管理等方面的关键技术,建立可信的网络管理体系,开发智能终端和家庭网络等设备和系统,支持多媒体、网络计算等宽带、安全、泛在的多种新业务与应用。三是要重点研究开发高效能可信计算机、传感器网络及智能信息处理、数字媒体内容平台、高清晰度大屏幕平板显示等对国民经济能够产生重大影响的技术和产品。

计算机网络及整个信息产业的创新发展,需要完整的组织体系来保证。为此,我们首先要制定出拥有自主知识产权的关键技术和重要产品目录,出台和落实鼓励自主创新的相关政策措施。同时,对研究开发能力强的企业要重点扶持,要鼓励企业参与重大专项;要打破相互之间的封锁与条块分割的格局,推动各种形式的联合开发,加强上下游企业的合作与资源共享,争取在元器件、软件、集成电路、宽带无线移动通信等核心技术领域取得突破;还要重视科研成果的转化,提高我国计算机网络及整个信息产业的产业化能力。

2. 加强计算机网络相关产业链的建设

要把构建和完善计算机网络技术相关产业链建设放在突出位置,加快制定和出台促进计算机网络技术相关产业链发展的政策措施,推动形成包括基础信息、设备制造、系统集成、内容提供、应用服务等在内的更为紧密的计算机网络技术产业链,引导企业正确处理相互之间的利益关系,促进互利共赢和互动发展。要加强对增值企业的引导、支持和管理,制定适合增值业务和增值计算机网络企业特点的指标和办法,并将其纳入计算机网络产业统计体系;要引导企业加强对网络、技术演进和业务发展的前瞻性研究,加大业务开发投入,建立创新管理、研发和评价体系,促进我国计算机网络技术产业的健康发展。

3. 推进计算机网络技术标准的制定

要在未来激烈的国际竞争中争取主动,必须着力推进计算机网络技术标准的研究和制定,创建自有知识产权的业务品牌。必须把形成计算机网络技术标准作为信息产业发展规划的重要目标。行业协会要加强对重要计算机网络技术标准制定的指导与协调，抓好软件、集成电路、宽带无线移动通信、家庭网络等领域的技术标准的制定，促使标准制定与科研、开发、设计、制造相结合，保证标准的先进性和效能性。要完善以企业为主体制定计算机网络技术标准的工作体系，鼓励企业在掌握核心专利的基础上联合制定计算机网络技术标准。

4. **完善鼓励自主创新的知识产权保护利用制度**

保护知识产权，维护权利人利益，不仅是完善市场经济体制、促进计算机网络技术乃至其他一般性技术自主创新的需要，也是树立国际信用、开展国际合作的需要。要进一步完善国家知识产权制度，营造尊重和保护知识产权的法治环境，促进全社会知识产权意识和国家知识产权管理水平的提高。要加大知识产权保护力度，依法严厉打击侵犯知识产权的各种行为。要建立对企业并购、技术交易等重大经济活动知识产权特别审查机制，避免自主知识产权流失。要防止滥用知识产权而对正常的市场竞争机制造成不正当的限制，阻碍科技创新和科技成果的推广应用。要将知识产权管理纳入科技管理全过程，充分利用知识产权制度提高我国科技创新水平。强化科技人员和科技管理人员的知识产权意识，推动企业、科研院所、高等院校重视和加强知识产权管理。要充分发挥行业协会在保护知识产权方面的重要作用。建立健全有利于知识产权保护的社会信用制度。同时，要根据国民经济发展要求，以形成自主知识产权为目标，产生一批对经济、社会和科技等发展具有重大意义的发明创造。还要注意组织好以企业为主体的产学研联合攻关，并在专利申请、标准制定、国际贸易和合作等方面予以支持。

5. **拓展风险投资等多种有利于技术创新的融资渠道**

计算机网络技术产业是高投入的产业，又是一项高风险的产业。应进一步加大计算机网络技术科研的投入，以保障计算机网络产业快速发展，推动核心技术的突破。计算机网络研发需要较高的资金投入，发达国家和地区都非常重视这一领域的投入。这方面我国与发达国家有着明显的差距。所以，应加大投入，大力支持计算机网络技术研究，让更多的计算机网络技术科研成果转化为效益。目前，我国计算机网络及整个信息产业还是以财政支持、银行信贷为主，风险投资水平很低，少量的风险资金大部分还带有政府色彩，企业以及个人在风险投资机制所发挥的作用远远不够。因此，必须加快我国投融资体制改革步伐，拓宽融资渠道，提高企业直接融资比重，扩大发行企业债券和长期发展债券，促进投资主体多元化，要鼓励和培育国内风险投资，鼓励境内企业海外上市，建立起以政府为主导，财政部分出资、银行适量贷款等多元资金注入的政策性风险投资基金。同时，应鼓励支持建立风险投资公司，进而形成以商业性为主、政策性为辅的风险投资基金分布格局。

6. **培养建立具有较高研发创新能力的信息产业人才队伍**

计算机网络产业的发展需要全民信息意识的提高和充分的人才保证。经济竞争、资源竞争、信息竞争其焦点是人才竞争，人才的整体水平与质量直接影响着信息产业的发展。人才数量不足、质量不尽人意、结构不合理等是影响计算机网络技术发展的突出问题。政府和企业在尊重知识、尊重人才的前提下，要从信息教育抓起，培养掌握计算机网络知识并能从事计算机网络软硬件产品开发、设计的专门人才；要引进激励机制，吸引人才，培养人才，留住人才。同时，要遵循人才成长的规律，抓好计算机网络技术学术带头人队伍的建设，形成人才梯队，使我国在计算机网络科技前沿领域储备一定的力量，保持一定的优势，以促进计算机网络产业的快速发展。

第二节 计算机网络数据管理现状

一、保密数据安全分析

(一) 网络安全概述

1. 人群简介

（1）黑客

黑客一词，源于英文 Hacker，原指热心于计算机技术、水平高超的计算机专家，尤其是程序设计人员。

黑客是建设者，其主要目的是为了维护网络安全，但是由于其专业技术的特殊性可能被不同目的的人予以利用。传统的黑客一般都进行如下分类。

1) 编程：程序员，一般对网络并不熟悉。但拥有扎实的计算机功底和过硬的编程技术，是很棒的计算机人才。他们会利用自身的优势编写许多有用的软件出来，使我们的网络世界更加丰富，也可以使我们的入侵变得更加简单。

2) 破解：主要工作是破解软件的加密部分，从而使这个软件成为真正意义上的免费软件。这些人对编程应该非常熟悉，而且对程序的底层语言有很深刻的了解，例如汇编或者机器语言。

3) 入侵：好多人把黑客理解为入侵的人，殊不知入侵只是黑客团体中一种分工。黑客们的入侵是为了更加了解网络，他们不断地入侵，发现漏洞，解决它。

4) 维护：这类人是专门研究网络维护方面的专家。他们对黑客的攻击手段很了解，修补漏洞是他们的家常便饭。可以说他们比入侵者更强，更了解我们的网络。因为，入侵者可以用一种方法进攻不同的站点和主机。有一个成功了，他的入侵就算成功。而维护人员要防许多黑客的进攻，有一次失败，就是失败。

（2）骇客

骇客是"cracker"的音译，就是"破解者"的意思。骇客的特点是在利用黑客研发的技术成果上做出一些违法行为。骇客可能并不是黑客本身，而只是一个利用黑客工具的人，他们也许是出于某种个人的兴趣爱好，或者其他目的。

2. 技术简介

（1）概要

由于很多部门都喜欢使用 B/S 结构的程序，特别是政府部门大量采用了某些商业公司提供的 B/S 结构的系统。由于这种网页模式的程序为软件维护人员带来了某些安装维护的方便，于是这种程序模式在 20 世纪 90 年代末开始逐渐流行。而这种模式正是网络攻击者非常喜爱的一种模型，一旦攻击成功，在篡改某些特殊网页后，加入自身的某些实现特殊功能的代码，就可以在很短时间内，在用户没有察觉的情况下，把所有的系统用户进行感染。

如果有敌对特务分子采取此类技术手段，那么我们的一些安全保密部门的数据将没有安全可言，系统已经被植入某种间谍程序，如果考虑某些技术的先进性，那么这些程序可能还存在不同的任务分工，组织非常严密。

（2）传播

传统的病毒传播方式是通过文件的复制进行传播的，这种模式相较于挂码这种技术手段，其感染速度太慢、数量太少。比如一个中等网站被骇客攻击后，植入有关代码一天就可以成功感染几十万的机器。也就是说如果某些政府部门的内部信息系统，如果采用 B/S 结构，一旦被攻破，那么一天就可以把所有的相关使用人员和相关查询人员全部感染了，在系统漏洞没有补上之前，中码率可以达百分之百。

1）挂码：挂码就是攻击者将自己编写的网页木马嵌入目标网站的主页中，利用被黑网站的流量将自己的网页木马传播开去，以达到自己不可告人的目的。

2）漏洞：操作系统漏洞是指操作系统本身存在的技术问题或缺陷。黑客可以利用这些漏洞对计算机进行攻击，进行非法操作。

（3）木马

木马是一段程序，其与病毒的最大特点是不具备感染与传播，但是木马拥有隐藏性、独立性和网络资源占用等特点。间谍程序是在木马基础上发展的一种程序，具备木马的特色，同时在后台非法搜集用户的各种数据，包括一些用户口令等键盘录入信息、硬盘存在的数据文件等，因此对于保密部门的数据安全有着非常严重的威胁。

3. 僵尸网络系统架构

（1）木马系统架构

现代的木马软件已经不是当初一个爱好者凭借自身兴趣而开发的一段小程序了，其背后是一个庞大的利益链条，木马程序的开发者们其目的是控制庞大僵尸网络而达到自身目的。

（2）服务器程序

一个大型的僵尸网络需要控制百万级的用户数量，而一个最初级的僵尸网络都需要控制近十万数量的用户。这么庞大的用户与传统软件行业比较，已经是一个非常庞大的用户群，而且这些用户都是需要经常保持在线连接的用户，因此僵尸网络的服务器端要承载其任务和总控系统是有一定难度的。

难点一：工作计划的制订与发布以及任务效果评估。其主要原因是由于僵尸网络用户的数量巨大，分布地域广，且上网时间不定。对于控制这些网络的用户，达成其目的控制，其计划执行评估有相当大的难度。

难点二：用户数量大对服务器的压力太大，如何对监控和业务数据的分流也有一定的难度。

（3）客户端程序

由于市面上存在着众多的商业杀毒程序，以及很多专业的防御病毒的工作小组，前台客户端程序是僵尸网络最重要的部分。这些客户端不是一个程序，实质上是一组程序。

以驱动的模式抢占系统的最高控制权限，有的驱动甚至可以直接操作硬盘读写，可以还原精灵等保护模式。

监控和下载系统主要是对其自身保护的一种系统，有些客户端甚至有多层监控保护系统，环环相扣。监控系统主要保证其整个系统的完整性，在系统被杀毒软件发现删除后能够根据其自身安全策略进行系统恢复。

作业系统是根据不同的僵尸网络拥有者目的而言，开发定制的不同作业的系统。这些系统理论上都将接受监控系统的管理,也得到其驱动程序的保护。诸如进程隐藏、防删除等功能。

另外,僵尸还有其安装程序和下载安装渠道,其构成也是较为复杂的。一个僵尸网络最重要的应该是客户端程序,其危害也是最大的。

(二)黑客技术详解

1. 挂码

挂码技术是一段 JavaScript 或者是 VBScript 脚本,通过服务器端下载到客户端本机上,在浏览器下通过 WSH 执行脚本,触发有关系统漏洞,下载攻击者的目标程序并突破机器权限限制,并在本地运行。

WSH 是 Windows Scripting Host(Windows 脚本宿主)的缩写。WSH 最早出现于 Windows 98 操作系统,是一个基于 32 位 Windows 平台并独立于语言的脚本运行环境,是一种批语言/自动执行工具。比如,你自己编写了一个脚本文件,如后缀名为.vbs 或.js 的文件,然后在 Windows 下双击它,这时,系统就会自动调用一个适当的程序来对它进行解释执行,而这个程序就是 WSH,程序执行文件名为 WSCript.exe,在 System32 目录下。

WSCript.exe 使得脚本可以被执行,就像执行批处理一样。在 WSH 脚本环境里预定义了一些对象,通过这些内置对象,可以实现获取环境变量、创建快捷方式、加载程序、读写注册表等功能。

WSH 架构于 ActiveX 之上,通过充当 ActiveX 的脚本引擎控制器,为 Windows 用户充分利用威力强大的脚本指令语言扫清了障碍。当然,也为黑客"挂码"提供了基本运行平台。

2. RootKit 技术

(1)RootKit 介绍

RootKit 出现于 20 世纪 90 年代初,在 1994 年 2 月的一篇安全咨询报告中首先使用了 RootKit 这个名词。这篇安全咨询就是 CERT-CC 的 CA-994-01,题目是"Ongoing Network Monitoring Attacks",最新的修订时间是 1997 年 9 月 19 日。从出现至今,RootKit 的技术发展非常迅速,应用越来越广泛,检测难度也越来越大。

RootKit 是指其主要功能为隐藏其他程式进程的软件,可能是一个或一个以上的软件组合。从技术的角度来看,RootKit 是一种技术,只是这种技术被一些人出于各种目的而加以利用,例如电脑病毒、间谍软件等也常使用 RootKit 来隐藏踪迹,因此 RootKit 已被大多数的防毒软件归类为具有危害性的恶意软件。而一些例如游戏或者其他杀毒防毒软件也同样不同程度地使用此类技术。

(2)Windows 内核介绍

操作系统是由内核(Kernel)和外壳(Shell)两部分组成的,内核负责一切实际的工作,包括 CPU 任务调度、内存分配管理、设备管理、文件操作等,外壳是基于内核提供的交互功能而存在的界面,它负责指令传递和解释。由于内核和外壳负责的任务不同,它们的处理环境也不同,因此处理器提供了多个不同的处理环境,把它们称为运行级别(Ring),Ring 让程序指令能访问的计算机资源依次逐级递减,目的在于保护计算机遭受意外损害——内核运行于 Ring0 级别,拥有最完全最底层的管理功能,而到了外壳部分,它只能拥有 Ring3 级别,这个级别能操作的功能极少,几乎所有指令都需要传递给内核来决定能否执行,一旦发现有可能对系统造成破坏的指令传递（例如超越指定范围的内存读写），内核便返回一个"非法越权"标志，发送这个指令的程序就有可能被终止运行，这就是大部分常见的"非法操作"的由来，这样做的目的是为了保护计算机免遭破坏，如果外壳和内核的运行级别一样，用户一个不经意的点击都有可能破坏整个系统。

事实上 Ring0 层次最重要的是其对内存的操作权限，在 XP 提供的 SP2 补丁之前，普通程序通过一些特殊操作都可以操作 32 位操作系统的 4G 内存空间，在补丁之后则只能限制在 2G 的用户模式范围以内。过去一些程序可以直接在用户模式下直接操作较大的内存范围，现在由于系统权限原因则不能再操作相关内存，于是进入 Ring0 是很多 RootKit 程序的核心手段。RootKit 实质是一种"越权执行"的应用程序，它设法让自己达到和内核一样的运行级别，甚至进入内核空间，这样它就拥有了和内核一样的访问权限，因而可以对内核指令进行修改，最常见的是修改内核枚举进程的 API，让它们返回的数据始终"遗漏"RootKit 自身进程的信息，一般的进程工具自然就"看"不到 RootKit 了。更高级的 RootKit 还能篡改更多 API，这样，用户就看不到进程（进程 API 被拦截），看不到文件（文件读写 API 被拦截），看不到被打开的端口（网络组件 Sock API 被拦截），更拦截不到相关的网络数据包（网络组件 NDIS API 被拦截）了，幸好网络设备的数据指示不受内核控制，否则恐怕 RootKit 要让它无法实现对系统内核的控制。我们使用的系统是在内核功能支持下运作的，如果内核变得不可信任了，依赖它运行的程序也不能信任，因此正确对系统内核的控制权限是攻防双方的核心技术手段。

（3）Windows 内核 Hook

Hook 在英文中是钩子的意思，Hook 的原理就是每一个 Hook 都有一个与之相关联的指针列表，称之为钩子链表，由系统来维护。这个列表的指针指向指定的、应用程序定义的、被 Hook 子程调用的回调函数，也就是该钩子的各个处理子程。当与指定的 Hook 类型关联的消息发生时，系统就把这个消息传递到 Hook 子程。一些 Hook 子程可以只监视消息，或者修改消息，或者停止消息的前进，避免这些消息传递到下一个 Hook 子程或者目的窗口。最近安装的钩子放在链的开始，而最早安装的钩子放在最后，也就是后加入的先获得控制权。内核 Hook 则是针对系统内核对象使用的某种钩子，当然在内核中的钩子其采用的方法是多种多样的。

3. SSDT Hook 技术

Windows 作为一个规范的系统，就必须在原生 API 和用户层 API 之间存在一个标准的接口来实现数据传递，并限制用户使用其他不知名的操作来达到目的，这个接口由一个名为"ntdll.dll"的动态链接库文件负责，所有用户层 API 的处理都是调用这个 DLL 文件中的相关 API 入口实现的，但它只是一个提供从用户层跳转到内核层的接口，它并不是最终执行体。当 API 调用被转换为 ntdll 内的相关 API 函数后，系统就会在一个被称为"SSDT"（System Service Descriptor Table，系统服务描述符表）的数据表里查找这个 API 的位置，然后真正地调用它，这时候执行的 API 就是真正的原生 API 了，它们是位于 NT 系统真正内核程序 ntoskrnl.exe 里的函数。SSDT 记录了一个庞大的地址索引，内容为几百个原生 API 在内核中导出的地址位置，除此之外还有一些有用的其他信息，在这个例子里，系统根据 SSDT 里记录的服务号与函数对应关系来确认我们要使用什么函数，以及这个函数在内核中的位置信息，最终实现功能调用，函数执行完毕后再把结果通过 ntdll 接口一层层传递回去，直到发出请求的程序收到一个表示处理结果的状态代码为止。

4. Inline Hook 技术

普通的 Hook 技术仅仅是对一个函数地址的钩取实现函数地址的跳转，而 Inline Hook 是一种高级的 Hook 技术。Inline 在 C/C++中是一种内联函数的定义。内联函数是用户定义的比较小的一段函数，当程序员在操作内联函数时，不是像普通的函数调用，即一个 CALL 地址调用，而是直接在原有调用处把函数整个移植到使用函数位置里面，这样操作使调用非常快。

Inline Hook 就是这样的，它不是地址的操作，而是对函数中具体代码的修改实现程序跳转，其操作的技术非常高级，难度非常大。因为这样的操作实际已经造成了部分内存在堆栈上面的某些混乱，在底层操作时稍不注意就会出现 BSOD 的局面。

Inline Hook 作为一种高级的 Hook 技术，很早就对存在于用户层上的一些特殊程序如游戏外挂等，为了获得最完整可靠的数据，它们都不再采用错误指路牌的方法来将数据转移了，因为这样很可能会触发程序编写者针对此问题而设置的处理程序，最终功亏一篑。那么，怎样才能让这个处理程序不能达到触发条件，那就是千万别去钩这个程序，但是如果不钩住程序，又该如何取得相关数据？在这样的思考模式下，一种新的钩子技术诞生了：它虽然也在玩钩子，但是它却不是来钩目标程序的，而是将系统里相应的 API 函数给废了去，由于任何普通程序，作者对系统 API 都是绝对信任的，于是，当他们的程序请求调用相关 API 并将参数一同发送过去时，由于提供这个 API 的相应模块被钩住了，它的"先知"——布施钩子者就抢先一步得到了数据内容，接下来就得看作者的编程功底来决定程序的生死了，因为作者并不能自己写出相应的系统函数，他就必须得设法将数据送回原函数执行模块里去，这一步稍有差错，就会导致调用这个 API 的程序崩溃退出。

当所有检测工具都在关注 SSDT 这个关口时，就催生了 Inline Hook 技术在系统内核的使用。在 Ring0 的层次上 Inline Hook 是十分隐蔽的，除非研究者对系统了解较深，否则他想破了头也不能找出原因所在，更别提连杀个进程的概念都很迷茫的普通用户了。但是使用 Inline Hook 是必须付出代价的，由于内核的复杂性，尤其因为位于这一层的函数是所有程序都必须频繁调用的，很多时候如果设钩者没考虑周全，导致某个已经 Inline Hook 的函数被意外地直接调用，就会导致严重后果。所以，使用 Inline Hook 的 RootKit 能否正常稳定地工作，是与制作者的水平连接得十分紧密的，一个不成熟的用户层 Inline Hook 程序大不了就是跟着它要监控的程序一起引发内存错误导致非法操作异常退出，仅此而已，但是到了系统核心层，这里可没有任何错误检测模块来保证你的程序在做出会导致内核崩溃的事情之前就赶紧将它终止，一个错误的内存读写都会直接引发内核级别的崩溃。

5. IDT Hook 技术

IDT（Interrupt Descriptor Table）即中断描述表的含义。IDT 是一个有 256 个入口的线形表，每个 IDT 的入口是个 8 字节的描述符，所以整个 IDT 表的大小为 $256×8=2\,048$ B，每个中断向量关联了一个中断处理过程。所谓的中断向量就是把每个中断或者异常用一个 0~255 的数字识别。Intel 称这个数字为向量（Vector）。

对于中断描述表，操作系统使用 IDTR 寄存器来记录 IDT 位置和大小。IDTR 寄存器是 48 位寄存器，用于保存 IDT 信息。其中低 16 位代表 IDT 的大小，大小为 7FFH，高 32 位代表 IDT 的基地址。我所使用的计算机，其基地址是 8003F400H。我们可以利用指令 sigt 读出 IDTR 寄存器中的信息，从而找到 IDT 在内存中的位置。

中断就是停下现在的活动，去完成新的任务。一个中断可以起源于软件或硬件。比如，出现页错误，调用 IDT 中的 0x0E。或用户进程请求系统服务（SSDT）时，调用 IDT 中的 0x2E。而系统服务的调用是经常的，这个中断就能触发。我们现在就想办法，先在系统中找到 IDT，然后确定 0x2E 在 IDT 中的地址，最后用我们的函数地址去取代它，这样一来，用户的进程（可以特定设置）一调用系统服务，hook 函数即被激发。

IDT 获取通过 SIDT 指令可以办到，它可以在内存中找到 IDT，返回一个 IDTINFO 结构的地址。这个结构中就含有 IDT 的高半地址和低半地址。为了方便把这两个半地址合在一起，用一个宏来定义。

6. IRP Hook 技术

IRP（I/O Requst Packet）即 I/O 请求包，一个客户软件一般都通过 I/O 请求包来要求数据传送。然后，或者等待，或者当传送完成后被通知。IRP 的细节是由操作系统来指定的。客户软件提出与设备上的端点建立某个方向的数据传送的请求，就可简单地理解为 IRP 请求。一个客户软件可以要求一个通道回送所有的 IRP。当关于 IRP 的总线传送结束时，无论它是成功地完成，还是出现错误，客户软件都将获得通知说 IRP 完成了。

一般 IRP Hook 常用的是钩取 IofCallDriver 函数，一些间谍软件通过在底层进行 IRP 拦截从实现对用户键盘的数据跟踪，来达到盗号盗取密码的目的等。

7. SYSENTER Hook 技术

SYSENTER 是一条汇编指令，它是在 PentiumⅡ处理器及以上处理器中提供的，是快速系统调用的一部分。SYSENTER/SYSEXIT 这对指令专门用于实现快速调用。在这之前是采用 INT 0x2E 来实现的。INT 0x2E 在系统调用的时候，需要进行栈切换的工作。由于 Interrupt/Exception Handler 的调用都是通过 call/trap/task 这一类的 gate 来实现的，这种方式会进行栈切换，并且系统栈的地址等信息由 TSS 提供。这种方式可能会引起多次内存访问（来获取这些切换信息），因此，从 PentiumⅡ开始，IA—32 引入了新指令：SYSENTER/SYSEXIT。有了这两条指令，从用户级到特权级的堆栈以及指令指针的转换，可以通过这一条指令来实现，并且，需要切换到的新堆栈的地址，以及相应过程的第一条指令的位置，都有一组特殊寄存器来实现，这类特殊寄存器在 IA—32 中称为 MSR（Model Specific Register）。

8. IAT Hook 技术

IAT（Import Address Table）即导入地址表，由于导入函数就是被程序调用但其执行代码又不在程序中的函数，这些函数的代码位于一个或者多个 DLL 中。当 PE 文件被装入内存的时候，Windows 装载器才将 DLL 装入，并将调用导入函数的指令和函数实际所处的地址联系起来（动态连接），这操作就需要导入表完成，其中导入地址表就指示函数实际地址。一些黑客用 IAT Hook 来做 DLL 注入，可以盗取用户进入系统的权限密码。

（三）安全防范系统

1. 设计原则

（1）综合性、整体性原则

即应用系统工程的观点、方法，分析网络的安全及具体措施。安全措施主要包括：行政法律手段、各种管理制度（人员审查、工作流程、维护保障制度等）以及专业措施（识别技术、存取控制、密码、低辐射、容错、防病毒、采用高安全产品等）。一个较好的安全措施往往是多种方法适当综合的应用结果。一个计算机网络，包括个人、设备、软件、数据等。这些环节在网络中的地位和影响作用，也只有从系统综合整体的角度去看待、分析，才能取得有效、可行的措施。即计算机网络安全应遵循整体安全性原则，根据规定的安全策略制定出合理的网络安全体系结构。

（2）需求、风险、代价平衡的原则

对任一网络，绝对安全难以达到，也不一定是必要的。因此，应对一个网络进行实际研究（包括任务、性能、结构、可靠性、可维护性等），并对网络面临的威胁及可能承担的风险进行定性与定量相结合的分析，然后制定规范和措施，确定本系统的安全策略。

（3）一致性原则

一致性原则主要是指网络安全问题应与整个网络的工作周期（或生命周期）同时存在，制定的安全体系结构必须与网络的安全需求相一致。安全的网络系统设计（包括初步或详细设计）及实施计划、网络验证、验收、运行等，都要有安全的对策及措施，实际上，在网络建设的开始就考虑网络安全对策，比在网络建设好后再考虑安全措施，不但容易，且花费也小得多。

（4）易操作性原则

安全措施需要人为去完成，如果措施过于复杂，对人的要求过高，本身就降低了安全性。其次，措施的采用不能影响系统的正常运行。

（5）分步实施原则

由于网络系统及其应用扩展范围广阔，随着网络规模的扩大及应用的增加，网络脆弱性也会不断增加。一劳永逸地解决网络安全问题是不现实的。同时由于实施信息安全措施需要相当的费用支出。因此分步实施，即可满足网络系统及信息安全的基本需求，亦可节省费用开支。

（6）多重保护原则

任何安全措施都不是绝对安全的，都可能被攻破。但是建立一个多重保护系统，各层保护相互补充，当一层保护被攻破时，其他层保护仍可保护信息的安全。

（7）可评价性原则

如何预先评价一个安全设计并验证其网络的安全性，这需要通过国家有关网络信息安全测评认证机构的评估来实现。

2. 监控工作目标

（1）文件读写运行的监控

凡是读取申请保密的文件都需要得到相应的权限才行，否则就不能操作。

（2）文件操作的权限分配

文件操作包括复制和删除都需要监督。

（3）外来文件的审核

这里的外来文件主要是可执行的应用程序和要求上网的程序，对这些程序的操作都需要进行后台管理人员的许可。凡是安装为指定的程序都需要报请审批。

（4）文件加密申请

某些文档数据文件在制作设计完成后，可以请求申请加密。凡是请求加密的数据将得到集中管理和控制，只能在指定环境才能操作。

（5）监控自我更新

客户端监控系统要求能够自我更新和保持更新。

（6）特定条件下系统自销毁

基于某种原因，要求根据要求删除某些数据或者整个系统。要求系统重要数据的销毁是不能被第三方硬盘数据恢复的，数据销毁要求是对磁道对应数据的清零。

（7）特定条件下系统文件锁定

凡是安装了监控客户端的程序都要接管某些屏幕保护程序，且在系统验证时要求能够与后台控制数据库关联。不仅可以对系统锁定，还可以对某些文件夹锁定。某些重要的文件其锁定的级别可能要考虑即使通过第三方系统重启计算机后，在未经授权的情况下，仍然不能找到该文件夹和文件。

二、互联网数据中心发展现状探究

随着我国互联网经济复苏后的快速发展，尤其是以网络音视频业务、Web2.0、P2P 技术为代表的发展，引起了新一轮互联网发展的高峰，互联网数据中心（IDC）业务迅速升温。与此同时，国家信息化建设步伐的加快，为互联网网络服务的提供者带来了新的发展契机，国内大型网站整体垂直的布局需求显著，越来越多的商企也愿意将企业的数据中心（EDC）放在运营商 IDC 机房，业界对企业数据存储和容灾备份的需求也快速增长。中国电信和中国网通两大固网运营商巨头，凭借拥有充足的网络资源和庞大的客户群，在 IDC 市场独占鳌头，处于垄断地位。

（一）中国互联网产业继续保持快速发展

根据中国互联网络发展统计报告，我国网民总人数已达 1.23 亿，宽带上网网民达 7 700 万，同比增长 45.3%。上网计算机总数约 5 450 万台，同比增长 19.5%。中国网站总数达到了 788 400 个，增长率 16.4%。网民集中在 30 岁以下，其中 18～24 岁网民占到 38.9%，文化程度大多为高中以上。网民经常使用的网络服务集中在浏览新闻、搜索引擎、收发邮件、论坛 BBS 博客、即时通信、在线影视音乐、网络游戏、网上购物等。

可以看出，我国互联网在网民人数、上网计算机数、域名数、网站数、网络国际出口带宽、IP 地址数等方面呈快速增长态势，随着国家信息化建设步伐的加快和信息社会的发展，各项基础设施不断完备，网络应用服务不断向多样化和实用化发展。青少年网民普及率最高，占据绝对优势。从内部发展看，城乡之间，东中西部地区之间存在很大差异，城镇互联网渗透率是农村的 6 倍。

（二）新发展时期的互联网数据中心定义

互联网数据中心业务（IDC）是指以 IDC 平台的各级节点机房设施、相关网络资源和技术支撑能力为依托，为政府、企业、互联网服务提供商 ISP、互联网内容提供商 ICP 等客户提供的包括主机托管、虚拟主机等资源出租类基础业务，以及客户设备代维、内容分发服务、缓存加速、负载均衡、网络系统安全、数据存储备份、用户访问统计分析、远程维护及应用外包类（主要指与 ASP 相关的）、网站镜像、应用平台共享服务、服务品质保证（SLA）等增值服务类业务，和向其他 ISP 提供的互联网拨号端口批发业务、IP—TRANSIT 业务。

按 IDC 业务属性特点，主要可划分为基础业务和增值业务两类。

IDC 基础业务是指客户为使用 IDC 资源需要购买的最基础业务，主要包括主机托管、虚拟主机等。

IDC 增值业务是指客户根据自己的需求，在 IDC 基础业务之外选购的附加服务，主要包括客户设备代维、内容分发服务、缓存加速、负载均衡、网络系统安全、数据存储备份、用户访问统计分析、远程维护及应用外包类（主要指与 ASP 相关的）、网站镜像、应用平台共享服务、服务品质保证（SLA）等。

（三）运营商发展 IDC 业务的途径

1. 要进一步细化 IDC 客户分类，实施精细化营销

IDC 业务具有明显的地区分布不均衡特征，与经济发达程度和互联网产业活跃程度有着密切的关系。按 IDC 客户的特点，可以划分为全国性大客户、省内高端客户、本地低端客户三类。

全国性大客户：主要包括面向全国互联网用户提供服务的大型 SP/CP、有影响力的知名网站、大中型企业集团等，此类客户经济实力雄厚，关注全网用户对其信息资源的访问质量。该类客户如全国性知名门户网站公司（例如新浪、搜狐等）、网络游戏运营商（例如盛大、腾讯等）、电子商务提供商（例如阿里巴巴）、大型 IT 企业总部，主要集中在北京、上海、广州和互联网产业活跃区域的中心大城市。

省内高端客户：主要包括面向本省互联网用户提供服务的 SP/CP、地区性知名网站、省内大中型企业等，此类客户经济实力比较雄厚，主要关注本省用户对其信息资源的访问质量。省会城市通常是省内 IDC 业务需求量最大的城市，面向本省开展业务的企业和 SP/CP 通常将公司设置在省会城市。少数规模较大的经济发达地市（如大连、青岛等）IDC 业务量也很大。

本地低端客户：主要包括一些规模较小的 ICP、网站和企业，此类客户经济实力较弱，对资费敏感，对服务质量要求相对不高。普通的地市 IDC 业务量通常较小。

2. 整合运营商资源优势，不断增强服务质量

形成网络资源合力，统一业务管理和分配调度，以统一品牌和规模效应吸引大客户和高端客户；锁定重点客户如政府、企业、ISP、ICP 等全网性客户提供的包括主机托管、虚拟主机等资源出租类基础业务，及增值服务类业务。

运营商的网络应满足高带宽、高可靠性、高安全性的要求，在网络具备 QoS 区分保障能力后，应对大客户流量提供一定的质量保障。不断提高客户服务质量，推出多样化的产品套餐，分别针对不同客户群，提供不同服务等级的 SLA 保障。其中，网络游戏运营企业需要大量架设服务器，对出口带宽要求比较高，对电信级网络依赖程度比较大，可以通过提高服务质量来争取更高的价格。

3. 充分体现信息化建设主力军作用

借助重要客户营销渠道及发展企业信息化、政务信息化、电子商务的有利时机，积极推动 IDC 业务快速发展。通过为政企客户提供电子政（商）务综合解决方案、发展信息化业务的同时，捆绑 IDC 业务。同时，通过与其他产品的捆绑实现客户价值的提升与黏性，提升产品竞争力。

（四）未来 IDC 业务的发展方向

IDC 未来市场竞争的焦点就在于如何为政府、企业提供优质的个性化服务。对于大中型政府、企业等对网站性能要求相对较高的客户，结合基础网络应用优势，将主机租用整合到客户信息化综合解决方案中，为客户提供综合信息化服务。发展方向定位在 IDC+EIC（企业信息服务中心）+EAC（企业应用服务中心）。

1. 强化增值服务

独立主机的增值服务将成为独立主机业务拓展的重要手段。要积极提供包括软硬件安装、数据容灾备份、安全设置和系统升级、应用开发等增值服务。

2. 规模化发展

逐步降低 IDC 基础设施建设投资和成本，提升运营商资源的利用率，为客户提供更有保障的发展空间。

3. 专业化经营

从传统的资源出租型向设备租赁、维护外包、CDN、KVM、网络监控等一系列增值服务延伸，整合相关产品包，面向客户提供包括系统集成、主机存储、容灾备份、应用开发等一揽子信息化解决方案，通过专业化开发为客户量身定做个性化业务和"一站式服务"。

4. 多元化合作

加强与基础设施服务商、软硬件提供商和系统集成商的合作力度，理顺业务模式，打造 IDC 产业链条，创建"主导运营、合作共赢"的新型 IDC 运营模式，从而更好地促进中国互联网产业经济的蓬勃发展。

互联网数据中心的新发展无疑昭示了中国互联网更为巨大的发展空间和信息化产业对互联网基础建设的新需求。面临着新的发展机遇和不断增长的市场份额，固网运营商应加快建设和发展 IDC，抓住这颗难得的"幸运草"。

三、计算机网络工程全面信息化管理的应用及发展

（一）计算机网络工程全面信息化管理概述

1. 计算机网络工程全面信息化管理的内涵

工程项目的全面管理主要是指在计算机网络系统的支持下针对企业内部建立起来的一套以工程项目工作流为基础的全面信息化管理软件。这种软件涉及的内容涵盖工程项目的多个方面，能够为企业的发展提供便利，促进企业效益的实现。在现阶段，企业的管理人员能够利用计算机对工程项目的全部执行状态进行了解，比如项目的谈判状态、工程的竣工状态以及工程的建设发展状态等。企业管理人员也能够利用不同的颜色对项目完成的状态进行标识，比如绿色代表项目的竣工、蓝色代表项目的洽谈阶段。这种颜色标注的方式能够让相关工作人员直观地了解工程的进展情况。另外，在计算机网络工程全面信息化的高度完善阶段，企业管理人员能够对企业员工的工作分配情况和施工进度进行随时查看，因此可见，这套软件的设计符合企业领导对工程项目和员工发展的监督管理。

2. 计算机网络工程全面信息化管理的意义

通过计算机网络工程全面信息化管理和应用，企业管理者能够将一些关联不密切的业务

计算机网络数据保密与安全

实现分离，对业务进行重组，从而提升企业的应变能力，促进企业的全面可持续发展。同时，计算机网络工程全面信息化管理是一种系统性、高效性的组织系统，能够帮助企业组织管理者对员工进行指导，提升企业高层管理的控制力，还能够促进企业内部资源的优化管理，根据市场的发展需求对企业人员结构进行有效的调整。在计算机网络工程全面信息化管理的支持下，企业的经济部门以及技术管理部门之间能够实现对数字化信息的协调运用，从而实现对项目成本和项目发展进度的优化处理。

（二）工程项目中计算机网络工程全面信息化管理的应用

1. 形成网络化的信息交流平台

工程项目的发展会随着项目启动、策划、实施等过程的进行而不断增加工作量，具体工作中需要的合同、图纸以及报表等信息都会增加。这些信息之中一部分是对外公关，一部分是在内部进行流通，一般涉及工程项目的组织、管理、经济和技术等多个方面。工程项目的信息化开展目的是对信息的有效传输进行保障，工程项目中的信息传输和管理主要是对不同系统、工作以及数据的科学化管理，进而实现对信息的有效传输和存储，工程项目发展的信息化水平对整个项目的实现效果具有重要的影响意义。但是现阶段的工程项目信息化全过程管理一般是指简单地利用人工操作计算机来进行知识的传播，没有达到信息化项目管理发展的深层次要求。针对工程项目信息化管理发展对计算机网络技术的深层次运用要求，有关人员应该利用计算机网络，将各种信息进行充分整合，从而使得工程项目的不同参与方都能在第一时间获得相关的数据信息。

在一般情况下，计算机网络的网页一般是利用超文本的形式制作的，这种超文本的格式能够将不同的文本之间进行转换和连接，并在网站的作用下通过计算机网络对网页信息进行传播。当计算机网络使用者打开网页时，只需要点击相关的链接就能对各种不同文本形式的信息进行查阅和读取。项目网站能够对不同的信息进行设置，将不同的板块分别代表不同的项目管理目标。

2. 实现各种ASP交互式平台的建设

ASP交互式平台主要是各种论坛的统称，是网站的重要模块之一。但是它一般和普通的模块存在区别，它能够实现彼此之间的交互，并利用ASP语言编制一种计算机网络服务管理系统，让每一名用户都能在这个平台上发表自己的信息和意见，具有广泛的内容和自由的特点，同时使用者能够在各种论坛中获得多种形式的信息，并能够根据某一种信息进行深入的讨论，加强不同项目参与者之间的交流合作，进而打破传统工程项目交流中的束缚。

计算机网络工程全面信息化技术和生活中的黑板报有很多相似的特点，都是通过某种介质将信息发布上去，让不同的使用者获得信息。另外，在论坛中还能够根据不同的板块设置项目管理中的不同内容，根据项目工程管理的实际发展及时调整板块的内容。在网站开通之后，项目工程单位能够从网站中获得更多和工程项目有关的信息，从而利于高校开展自己的工作，并通过论坛及时将最新的反馈信息传达给管理部门，进而实现对项目工程分包动态管理，及时发布有关的技术问题、进度计划等信息，在很大程度上提升了项目信息传递的速度。

3. 多媒体技术在工程项目全面化管理中的应用

多媒体技术是计算机网络技术发展中的重要组成部门，在企业工程项目管理中具有广泛的应用范围。伴随我国计算机网络技术的快速发展，多媒体技术的应用水平不断提升，越来越多的企业会将工程项目制作成一些实物图片和食品,进而实现项目管理的形象化和具体化发展,提升客户总体对项目工程的印象,进而不断为企业的发展创造业绩。

4. 软件系统在工程项目全面化管理中的应用

企业工程项目的全面化管理涉及很多方面,在信息逐渐增多的情况下,如果仍然采用传统的数据采集方式会对工作效率带来影响,甚至导致出现各种错误,浪费企业发展大量的人力、物力资源。因此,计算机网络工程全面化信息技术能够为工程项目管理提供不同的项目管理软件,从而帮助工作人员制定更合理的施工方案、提升工作人员对数据处理的精确度,提升工人绘制图纸的速度。

(三)计算机网络工程全面信息化管理获得的效果

1. 为企业信息资源的全面共享方面提供基础

随着经济的发展和科技的进步,计算机技术在全球范围内得到广泛的推广,利用互联网能够对项目工程的信息化进行全面的管理和监控,从而实现工程系统和外部动态发展之间的联系,为使用者提供更为全面的信息,为资源的共享利用提供便利的条件,互联网技术打破了传统企业项目工程信息化管理的时间和空间上的束缚,实现对信息的快速整合利用。

2. 为企业的科学化决策提供了依据

项目工程发展自身会涉及多方面的信息资源,在对这些资源进行系统整合的过程中会消耗大量的精力、物力和财力,在这种情况下,如果仍使用传统的方式来对数据信息进行处理,就会带来一些不必要的麻烦,为企业信息的安全使用留下隐患。但是项目工程的全面信息化管理能够有效减少甚至避免这种安全隐患问题,提升项目工程对信息处理的效率和安全性。

3. 实现了工作的高效化发展

项目工程一般是在一定发展规律下进行的,其获得信息会随着时间不断增多,而计算机网络工程全面化信息管理能够对这些不断增多的信息进行处理,从而实现信息使用和处理的科学化、合理化,为各种项目的合作提供良好的基础支持,为企业的发展营造积极的环境。

(四)计算机网络工程全面信息化管理存在的问题及对策

1. 计算机网络工程全面信息化管理存在的问题

第一,计算机项目组织的地点和时间一般都是临时决定的,一些项目受到网络通信条件的影响,很难对项目工程的信息化进行充分的运用。另外,计算机网络工程的信息化是在计算机硬件和软件的发展基础上进行的,会受当地网络条件的影响,进而导致计算机网络工程的全面管理存在处理难度。

第二,在我国信息技术的快速发展下,信息化管理标准的更新跟不上信息技术的发展速度,在缺乏有序化、统一化的信息化发展环境下,很多企业对信息化管理软件的开发比较着重于自身的发展软件,进而很容易造成不同企业软件交流交互性差的问题,无法保障项目信息资源的有效共享。

第三,企业在对工程软件进行处理时,会从自身的发展利益进行考虑,从而忽视了计算机平台公平性发展的意义,在具体的工程全面信息化管理中,企业的普及发展上存在差距。

2. 解决计算机网络工程全面信息化管理存在问题的解决策略

第一,提升有关项目管理人员的信息化意识。项目管理人员的信息化意识和个人素质对

计算机网络数据保密与安全

项目工程信息化技术的最终应用效果具有重要影响，因此应该加强对相关项目人员的教育培训，提升有关人员的网络技术素养，从而在真正意义上实现项目工程的信息化管理。

第二，加强对项目工程信息化基础设施的完善。信息化的建设需要完善的信息网络平台，因此要求项目工程企业加强对互联网平台的完善，促进企业办公的信息化发展，加强企业内部信息的共享程度，不断为企业内部信息的传播和交流提供方便的条件。

第三，在项目工程管理内部制定统一的规范标准。计算机网络工程全面信息化技术在我国很多企业发展中都得到了充分的利用，但存在很多各自为政的问题，为此要求企业之间要进一步加强彼此的交流合作，通过制定统一的规范实现软件管理系统的管理，在最大程度上减少企业的恶性竞争。

（五）计算机网络工程全面信息化管理的发展趋势

伴随我国电子科技的发展和网络技术的完善，计算机网络工程全民信息化管理系统得到了进步发展，信息成为网络时代发展的重要战略资源。计算机网络工程全面信息化管理对企业项目工程的有效运行具有重要意义，能够为项目工程的有效运行提供技术及安全支持。从现阶段我国计算机网络工程全面信息化管理的发展趋势上看，全面信息化管理能够促进企业管理发展，丰富和完善企业信息库。企业建立良好的信息化管理系统会逐渐提升自身的管理水平，为自身在市场的竞争发展提供保障和支持。

网络技术的快速发展，为项目工程网络安全开发研究提供了技术的支持，提升了项目工程全面信息化管理的安全性能，为实现项目工程的统一化管理提供了保障。项目工程全面信息化管理在内部形成了自己的行业标准，包括统一的数据标准平台、统一的网络标准平台以及统一的开发运行标准等，这些行业标准和平台的建立能够促进信息管理系统之间的交互性发展，实现对信息资源的共享。PM—ASP模式的全民化信息管理将会成为未来工程项目信息化管理发展的必然趋势，是专家对工程预测的信息化管理发展方向，通过对这种模式的运用，能够实现对社会经济发展管理的细化，促进专业化的项目信息管理服务商出现，在工程建设发展中在最大限度上降低管理成本，充分发挥出计算机网络工程全面信息化管理的作用。

伴随互联网技术的全球化普及发展，计算机网络技术被应用在企业发展的方方面面，为人们的生产生活带来了巨大的便利，促进了各个领域的信息化发展，提升了企业的管理经营效率。在现阶段，我国很多企业的项目工程加强了对计算机网络信息化全面管理的重视，但是在具体应用方式、应用人员素质以及应用进度等方面存在一些局限，没有实现真正意义上的普及，为此仍需要有关人员不断加强对计算机网络工程全面信息化管理的认识和应用，从而在充分利用计算机全面信息化技术的同时促进其发展。

四、开放网络环境下数据管理探究

信息技术跨越发展的今天，网络技术、通信技术、数字多媒体技术得到了重大突破，数字化信息已经渗透到政治、经济、军事、社会、文化等各个方面，成为一个影响巨大的新型大众媒介，使得人们的生活方式和交往方式得到了巨大的改变。在全球数字化变革当中，传统的纸质办公文档逐步被电子文档所取代，无纸化办公成为低碳、环保生活所发展的一种主流趋势。相比于传统的纸质办公文档，电子文档提高了信息处理的速度和效率，同时便于存储易于管理，方便了人们的工作和生活。然而，电子文档的广泛使用也存在着许多安全隐患，易复制、易传递、易修改的特点导致各种信息时刻受到潜在的泄密风险。

信息安全已经成为当今网络应用中最敏感的问题之一，数据泄密不仅关系着一个企业的生存和发展，更可能影响到国家大局和长远利益。例如：军队的绝密涉密电子文档泄露，会给国家安全带来威胁；政府的重大决策、经济数据一旦泄露，将会影响社会秩序和社会稳定；企业技术知识产权、技术图纸、软件源代码等资料泄露，会给竞争对手以可乘之机，关系到企业的生存；个人隐私信息泄露，将给个人的工作和家庭生活带来困扰。因此，敏感数据的安全防护引起了社会的高度重视，如何对敏感数据进行安全管理与防泄密已经成为学者们研究的热点问题之一。

（一）敏感数据安全与防泄密保护技术相关研究

开放网络环境下敏感数据与电子文档的安全与防泄密涉及文件创建者、文件发送方、文件接收方等多个用户实体，同时为了对敏感数据实现在其生成、存储、转发的瞬态执行自动化的前置性强制保护，首要问题是建立一个公平、对等的安全可信模型来进行全方位的安全架构规范，实现对敏感数据实时动态加密、细粒度的权限控制（细化到打开次数、权限有效时间等）、多层密钥管理、在线/离线敏感数据保护、同域资源共享、外域安全分发等安全需求，防止非法用户访问敏感数据文件以及合法用户对敏感数据的非法授权操作，避免敏感数据外泄，同时使得各方的利益、安全都得到保证，从而更加全面更加安全地管理敏感数据。

1. 敏感数据安全与防泄密保护系统模型

（1）敏感数据威胁模型

敏感数据面临着严重的威胁，主要受到通信威胁、存储、身份认证、访问控制、数据发布、审计、法律制度和内部人员八大因素的影响。

1）通信威胁。通信威胁指敏感数据在网络通信和传输过程中所面临的威胁因素，主要包括敏感数据被截获篡改、盗窃和监听、蠕虫和拒绝服务攻击。

2）存储因素。存储因素是指敏感数据在存储过程中由于物理安全所面临的威胁，包括自然因素或者人为因素导致的敏感数据破坏、盗窃或者丢失。

3）身份认证因素。身份认证因素是指敏感数据面临的各种与身份认证有关的威胁，包括外部认证服务遭受攻击、通过非法方式（如使用特洛伊木马、网络嗅探等）获取用户认证信息、身份抵赖。

4）访问控制因素。访问控制因素是指敏感数据面临的所有对用户授权和访问控制的威胁因素，主要包括未经授权的数据访问、用户错误操作或滥用权限、通过推理通道获取一些无权获取的信息。

5）数据发布因素。数据发布因素是指在开放式环境下，敏感数据发布过程中所遭受的隐私侵犯、数据盗版等威胁因素。

6）审计因素。审计因素是指在审计过程中所面临的威胁因素，如审计记录无法分析、审计记录不全面、审计功能被攻击者或管理员恶意关闭。

7）法律制度因素。法律制度因素是指由于法律制度相关原因而使敏感数据面临威胁，主要原因包括信息安全保障法律制度不健全、对攻击者的法律责任追究不够。

8）内部人员因素。内部人员因素是指因为内部人员的疏忽或其他因素导致敏感数据面临威胁，如管理员滥用权力、用户滥用权限、管理员的安全意识不强等。

（2）敏感数据安全管理与防泄密技术关键问题

敏感数据安全与防泄密可信模型是为了确保目标数据对象在其生命周期内，任何用户即使是数字内容的当前创建主体，在无授权情况下也不能对被保护对象进行非法的复制、传送、泄密和扩散操作，使得目标数据对象具有自我防护和自我版权侵犯防范属性。一个完善的敏感数据安全与防泄密可信模型必须兼顾数据文件创建者和使用者双方的需求，具备以下功能：

1）提供管理、保护和跟踪敏感数据的功能，只有合法的用户才可以使用敏感数据文件，支持对各种形式使用权利的描述、保护、监控和跟踪。

2）提供数据自保护安全执行环境，保护数据创建者和用户的合法权限和隐私。文件创建者和使用者客户端可以对特定进程产生的数据在写入时加密存储，在读取到内存时进行自动解密，并在被保护数据存储、传输、调用过程对非授权访问主体实施访问许可控制。

3）支持时空约束机制，在合法的范围内，用户可以不受时间、地点、网络状况的限制使用敏感数据，可以转发、分发或者共享拥有的数据文件，支持用户变更敏感数据文件使用设备。

2. 敏感数据安全与防泄密系统模型形式化描述

一个安全的敏感数据防泄密可信模型包括主体、客体、权限许可状态管理三部分。

（1）主体

敏感数据安全与防泄密可信模型中主体是指敏感数据使用主体、分发主体、创建主体、管理主体。其中，前两者是敏感数据用户，而后两者是用于管理敏感数据的主体。

（2）客体

客体是指授权主体执行权限的对象，包括一切形式的电子数据作品。

（3）权限许可状态管理

权限许可状态管理模型通过不同的授权方式（比如用户授权、使用时间、设备授权、环境授权、文件授权等）对文件设置不同的操作权限，细化到阅读次数、使用有效期限、使用地点等权限，防止用户非法、复制、打印、下载文件，通过电子邮件、移动硬盘等传输介质泄密。

3. 开放网络环境下敏感数据安全管理与防泄密系统模型

为了抵抗敏感数据安全威胁模型，开放网络环境下敏感数据安全管理与防泄密可信模型以 C/S（客户端/服务端）架构构建，服务端对用户客户端和敏感数据进行授权、管理，客户端通过透明加解密驱动在内核态对敏感数据进行前向安全加解密，并通过使用控制监视器对用户的访问请求进行判断和执行。该模型适应于个人终端、瘦终端、移动终端等多样异构的终端设备，在安全策略控制下，支持开放网络环境下具有同等权限的合法用户正常访问敏感数据文档，而非授权用户的数据访问失效。

客户端包括文档保护核心引擎、使用控制监视器和身份认证引擎等核心组件。身份认证引擎根据用户请求的环境采取对应的认证模式，分为在线认证、离线认证和域认证三种模式。文档保护核心引擎采用透明加解密技术在内核态对敏感数据进行前向安全加解密操作，使得敏感数据在生成、存储、转发的瞬态执行自动化、前置性强制保护。使用控制监视器通过使用决策设施对客户端对敏感数据的访问请求进行判断，当请求通过后，使用执行设施对用户的请求执行相应的操作。

服务端主要包括内容服务器、密钥管理服务器、认证服务器、策略服务器和数据库。内容服务器采用对称加密算法、代理重加密算法、属性基加密算法、数据签名算法确保敏感数据的传输安全；密钥管理服务器用于生成各种密钥，采用密钥分发算法对用户进行密钥分发，并对密钥进行更新；认证服务器主要对用户进行身份认证，包括在线身份认证、离线认证审核、域认证管理；策略服务器对各种安全策略（如加密模式策略、许可控制策略、权限管理策略、域管理策略）进行管理。

4．敏感数据安全管理与防泄密系统可信执行

敏感数据安全管理与防泄密系统模型中，敏感数据的加解密使用、使用权利的解析验证都是由客户端应用程序负责。对 PC 等通用设备而言，客户端应用程序的运行环境是不安全的，必须采取一定的篡改机制（Tamper Resistance Mechanism）保证应用程序的安全性，确保敏感数据的合法使用。

目前，防篡改机制主要包括两种：① 基于软件技术的防篡改机制，主要包括篡改检验（Tamper-Proofing）机制、代码加密（Code Encryption）机制和代码模糊（Code Obfuscation）机制。② 基于硬件的防篡改机制，借助安全的硬件设备，保证程序在可信环境中执行，防止非法程序访问受保护的敏感数据。前者采用软件技术手段来增加恶意用户剖析、修改、破坏程序源代码的难度，减少程序被破解的可能性，后者则通过专用的安全硬件设备提供的可信空间，保证相关程序的安全运行，防止外部非法程序的攻击。

敏感数据安全管理与防泄密系统采用基于软件技术的防篡改机制来保护应用程序。另外，采用升级机制，不断修补系统以增强系统的安全性。

5．敏感数据安全管理与防泄密系统模型优势

开放网络环境下敏感数据安全管理与防泄密以内容加密与封装、多层密钥管理、使用控制、安全审计等核心组件为基础，实现敏感数据安全管理、同域资源共享、外域安全分发以及离线解密保护等安全应用，防止非法用户访问敏感数据文件以及合法用户对敏感数据的非法授权操作，避免敏感数据外泄，从而更加全面更加安全地管理敏感数据。

与普通的敏感数据安全模型相比，基于时空的敏感数据防泄密安全信任模型具有以下优势：

1）采用双重加密机制。首先发送方采用透明加解密技术在敏感数据生成、存储、传输等瞬态对文档进行实时加密，其次对内容加密密钥采用代理重加密机制（第四章介绍）进行二次加密分发给接收方。一般模型中对内容加密密钥采用接收方的公钥进行加密，不利用敏感数据二次分发，且易受攻击。

2）支持密文访问控制。为了适应开放网络环境的要求，本模型通过基于角色的访问控制、使用控制以及属性基密文访问控制技术联合对敏感数据密文进行控制，基于角色的访问控制技术用于对用户进行灵活的授权，使用控制技术用于实现接收方对敏感数据的细粒度权限控制，属性基密文访问控制技术则用于对服务端密文进行操作控制。已有的敏感数据安全模型大多数不支持密文访问控制技术，有学者提出一种基于 DRM 的文档安全流转模型仅仅能对解密后的敏感数据明文进行访问控制。

3）具备数据隐私保护。本模型采用代理重加密机制对敏感数据进行加密，加密后的密文采用属性基密文访问控制技术进行控制。该方案由于支持服务端对密文进行加密、操作处理，因此该模型不需要可信的服务端管理员来保护数据隐私，增强了服务端的可靠性与安全性。有学者提出了一种基于客户端的隐私管理工具，提供以用户为中心的信任模型，帮助用户控

制自己的敏感信息在服务端的存储和使用，但是无法抵抗服务端与攻击者的合谋攻击。本模型采用属性基密文访问控制技术，控制敏感信息在服务端的存储，即使受到攻击，攻击者也无法获得任何数据信息。

4）时间空间约束相关联。笔者所提模型引入共享域的概念，实现移动终端与本地终端对敏感数据的资源共享，且支持敏感数据在线/离线保护，不受时间空间的约束。另外，在客户端和服务端之间采用动态实时的密钥协商协议实现会话密钥的更新，域用户采用基于身份的域密钥分发算法实现域的扩展性，支持在线/离线的敏感数据保护。

5）基于客户端自保护模式。当前大多数敏感数据安全模型基于 DRM 构建，而已有的 DRM 安全模型均是通过对被保护的敏感数据进行后处理的方式实现版权管理。笔者所提的安全模型通过客户端自保护加密机制实现对敏感数据的前置性保护，防止敏感数据对象被文档创建者、源代码开发者、图纸设计者等用户前置性复制、传播扩散而造成的信息泄露和版权威胁。

（二）敏感数据加密与封装技术

数据加密作为保障敏感数据及其电子文档安全的基本技术之一，得到了广泛的应用。目前，大多数敏感数据及电子文档安全管理方案中，采用透明加解密技术对文档进行实时加解密，文档拥有者将文件明文做加密处理，生成密文文件，通过公用的计算机或其他辅助工具（如 U 盘等）传送给接收方，由接收方向服务端提出解密申请。服务端解密后，将明文采用接收方的密钥加密，发送给接收方。该方案中服务端可以解密获得文档明文，并对文档明文进行存储备份。数据加、解密操作在文件传输的发送方和接收方进行，数据在整个过程都以密文的形式进行传输，保证了只有指定的接收方才能解密文件，得到原始的明文信息。

数据加密主要包括对原始数据明文进行加密，并按照规定的格式对加密后的数据文件进行打包，然后发送给接收方，由接收方解密得出原始文件。

1. 敏感数据加密保护机制

敏感数据加密保护基于如下机制：

1）过滤驱动文件透明加/解密：采用系统指定的加解密策略（如加解密算法、密钥和文件类型等），在敏感数据创建、存储、传输的瞬态进行自动加密，整个过程完全不需要用户的参与，用户无法干预敏感数据在创建、存储、传输、分发过程中的安全状态和安全属性。

2）内容加密：系统对敏感数据使用对称加密密钥加密，然后按照 CPSec E—documents Manabement 格式打包封装。敏感数据可以在分发前预先加密打包存储，也可以在分发时即时加密打包。

3）内容完整性：内容发送方向接收方发送敏感数据时，数据包包含敏感数据的 Hash 值，接收方收到数据包解密后获得敏感数据明文，计算 Hash 值，并与对应数据包中携带的 Hash 值做比较，两者相同表示该敏感数据信息未在传输过程中被修改。

4）身份认证：所有的用户都各自拥有自己唯一的数字证书和公私钥对，发送方和接收方通过 PKI 证书认证机制，相互确认对方身份的合法性。

5）可靠性与完整性：为保证数据包的可靠性和完整性，数据包中携带的重要信息（如内容加密密钥）采用接收方的公钥进行加密封装，从而将数据包绑定到该接收方，确保仅有指定的接收方才能正确解密该数据包，使用其私钥提取内容加密密钥。另外，发送方向接收方发送敏感数据包前，先用其私钥对封装后的数据包进行数字签名。接收方对收到的数据包采用发送方的公钥对数字签名进行验证，从而确认数据包是否来自发送方，且在传输过程中未被修改。

2. 敏感数据加密策略

敏感数据加解密系统采用系统指定的加解密策略（如加解密算法、密钥和文件类型等）自动地对敏感数据进行加解密操作，从而对敏感数据安全方便有效地进行保护。针对不同的文件类型，系统将自动采用不同的密钥以及算法对敏感数据文件进行加密，实时动态地对数据进行保护。数据加密策略主要包括加解密算法、密钥生成算法、密钥保护算法、密钥类型以及文件类型等。

3. 数据加密与封装标识

为了安全地存储以及分发敏感数据文件，文档创建者需要将电子文档进行加密并打包封装。敏感数据经加密封装后打包成具有保护安全格式的数据内容。其数据内容主要包括：

1）敏感数据文件加密标识，该标识将受保护的敏感数据文件与其加密信息关联起来，如静态标识 CPSec、文件类型、文件版本号以及加密算法相关信息。

2）数据文件创建者对文件设置的操作权限信息，如操作权限、操作次数、权限有效期限。

3）数据文件的相关附属信息，如文件创建者的 ID 号、文件格式、文件长度等。

4）受保护的敏感数据文件。

4. 过滤驱动文件透明加解密技术

传统加解密系统加解密程序运行在操作系统的用户态，如 Word、Excel 等，访问文件时需要用户手动输入密码。合法用户对敏感数据进行加密处理后，即使攻击者非法获得机密数据，由于无法正常地解密，有效地避免了对数据文件进行非法窃取。然而，采用这种方式，每次用户访问数据文件时，需要手动对数据进行加解密操作，不仅操作烦琐，而且由于人为疏忽有时会破坏数据或者导致机密数据的泄露。另外，用户正常使用数据文件过程中，文件以明文形式存储在硬盘中，极有可能造成机密信息的泄露。针对上述问题，最有效的方法是在操作系统的内核态对数据进行透明加解密处理。

透明加解密技术指采用系统指定的加解密策略（如加解密算法、密钥和文件类型等）自动地对敏感数据进行加解密操作，从而对敏感数据安全方便有效地进行保护。用户在使用数据文件过程中，不需要改变任何使用习惯和数据文件格式。另外，被保护数据一旦离开使用环境，由于不能自动解密而无法正常使用。因此，透明加解密技术可以更好地对敏感数据文件进行实时动态的保护，并且可以方便地控制加解密文件的粒度，对加密范围进行灵活控制。

透明加解密系统主要工作在操作系统的内核态，采用过滤驱动技术，基于文件系统驱动技术，在文件系统驱动层与应用层之间添加过滤驱动层，截获上层驱动发往下层驱动的 IRP（I/O Request Package），对驱动之间的数据进行相应的加解密处理。

位于应用层的管理端负责指定数据文件加密策略，并向驱动程序发送命令。

1）当用户对敏感数据执行任何操作时，用户层管理端应用程序向 I/O 管理器（I/O Manager）发送请求。

2）I/O 管理器将操作请求转化成内核驱动可以识别的 IRP（I/O 请求包），并将此 IRP 发送到过滤驱动层，在内核态执行透明加解密操作。

3）系统初始化时，过滤驱动进行加载，并读取策略文件。

4）过滤驱动对该 IRP 进行判断，如果符合策略，则进行相应的数据处理流程（如读操作解密，写操作加密），然后发往文件系统驱动进行进一步处理，并将结果返回给上层驱动。如果不符合策略，则直接发往底层磁盘驱动处理，将结果返回给上层驱动。

5）I/O 管理器将请求的数据结果返回给用户层应用程序。

根据敏感数据策略文件，用户发出对敏感文件进行创建、打开、读、写、关闭等操作请求时，由 I/O 管理器发送给文件系统驱动进行相应的操作处理。

5. 敏感数据加密保护流程

开放网络环境下敏感数据加密保护流程包括：

1）敏感数据创建者创建电子文档，客户端采用过滤驱动透明加解密技术对电子文档进行加密，数据以密文形式存储在终端中。

2）创建者设置敏感数据消息安全属性 Level（如密级）以及相关权限信息 Metedata，不同的等级对应不同的权限操作。

3）创建者将内容加密密钥以服务端的公钥进行加密。

4）创建者将数据明文作 Hash 计算，并将数据密文、明文 Hash 值、密钥加密密钥以及权限信息进行打包封装。

5）创建者通过私钥对数据包进行签名以保证数据包的可靠性和完整性，发送给服务端备份存储。

6）服务端收到数据包后，用创建者的公钥验证数据签名以确认数据包的可靠性和完整性，并利用自己的私钥提取内容加密密钥以及敏感数据的相关安全属性。

第二章

基于个人信息的网络数据保密与安全分析

第一节 地理空间数据的保密与安全

一、相关知识综述

随着网络地理信息系统技术的发展和人们对地理信息系统（GIS）的需求，利用 Internet 发布和出版空间数据，为用户提供空间数据浏览、查询和获取所需的空间数据乃至进行更复杂的 GIS 应用已经成为 GIS 发展的必然趋势。但是出于对国家安全和公共安全的考虑，我国对基础地理数据保密进行了一系列规定，使得现阶段在互联网上只能使用小比例尺、内容简略的地理空间数据，这无疑使 GIS 应用受到了极大的限制。为了使用内容丰富、详细的地理空间数据，就需要对这些数据进行保密处理，使它们能更好地为公众服务，实现网络共享。

（一）网络地理信息的发展对地理空间数据保密的新要求

地理信息系统（Geographical Information System，GIS）从产生到现在，已经经历 40 多年，通过 40 多年的发展，GIS 在理论体系完善、技术研究和应用产业拓展与普及等方面都有长足的进步。作为"数字地球""数字区域"和"数字城市"的信息基础设备，它逐步和其他 IT 技术融合，其应用几乎渗透到国民经济的各个部门，影响和改变着我们的生产、生活和工作方式。从早期庞大而专有的 GIS 系统到如今轻便而大众化的嵌入式移动地理信息系统，GIS 紧随计算机技术、网络技术、数据库技术和软件技术等的发展，在数据模型、数据的组织与存储、体系结构、计算模式和地理服务等方面正在或已经发生了巨大的变化。在这众多的变化中，"网络化"是 GIS 在发展历程和今后发展中的最重要的特点，可以说网络的发展深深地影响和改变着 GIS，网络 GIS 的时代已经到来了。网络 GIS 到来的必然结果是使专业化的 GIS 应用走向大众化，服务于社会和更多的用户；使宝贵的空间数据在更大范围内得到共享；同时其效益也将推动整个地理信息产业的发展。

众所周知，基础地理信息是国民经济发展中各经济部门基本建设和设计规划的基础要件，同时也需要较强的保密性。为了在安全的前提下使用地理空间数据，国家对空间数据保密进行了一系列规定。例如我国《测绘管理工作国家秘密范围的规定》中规定：凡不能向社会公开提供的数据，不能存储在与 Internet 连接的环境下。这极大地限制了宝贵的地理空间数据资源的共享程度和网络化服务水平，也阻碍了地理信息产业的发展。如何能在保证地理空间数据安全的前提下，在网上实现空间数据的共享便成为对空间数据保密的新要求。

因此，我国测绘科技发展"十五"规划中曾指出，地理空间数据的安全保密技术缺乏，制约了测绘信息服务的能力和水平，并且把地理信息数据安全保密技术研究作为一项研究的重点内容；在"十一五"规划中又指出要完善地理信息数据安全保密的技术、方法，为实现地理信息共享等提供技术支撑。国家测绘局国务院信息化办公室《关于加强数字中国地理空间框架建设与应用服务的指导意见》中也把加强信息安全技术的开发应用作为"十一五"计划的一项保障措施。

（二）传统的地理空间数据保密方法和采用地理空间数据保密技术的优势

传统的地理空间数据保密方法主要是依据《中华人民共和国测绘法》《关于对外提供我国测绘资料的若干规定》《中华人民共和国测绘成果管理规定》《国家基础地理信息数据使用许可管理规定》对地理空间数据进行管理的，而对地理空间数据的安全保密进行技术研究还很少。

传统的地理空间数据保密方法针对测绘成果资料的特殊产品形式，把测绘成果资料分为涉密和非涉密两大类。在保护国家安全、严守国家秘密的前提下，充分利用测绘成果资料发展国民经济，其主要管理模式是分级管理，上级管理部门负责对下一级管理部门人员进行保密知识、保密法规的培训，提高管理人员素质；监督下一级管理部门制定落实保密管理措施。对测绘成果资料实行归口管理，对归口管理人员加强保密教育，提高涉密人员的保密意识，涉密人员要经过专门的培训与考核后才能上岗。

如果有合适的地理空间数据保密技术来对这些地理空间数据进行处理，使得这些海量的地理空间数据能够在保证国家和公共安全的前提下在互联网上发布，为用户提供这些地理空间数据的在线浏览、查询和获取乃至进行更复杂的GIS应用，这将极大地促进基础地理信息资源的共享程度和网络化服务水平；更好地满足国家机关决策、社会公益性事业和地理信息产业发展的需求；更多地服务于社会和更多的用户；使宝贵的地理空间数据在更大范围内得到共享；同时也将推动网络地理信息产业的发展。

就我国的经济发展而言，经济快速发展的同时凸显出我国在地理空间技术应用的不足，和发达国家相比，虽然我们具有一定的GIS研究开发经验，但GIS还没有广泛地为广大人民所有，其主要原因之一就是受到数据保密要求的限制，如能使更多公开地理空间数据在互联网上共享，加以积极地引导，将使我国更多的投资优势为人所知，也方便外商在国内的生活和工作，不仅有助于吸引IT业界的国际公司来华，而且有利于吸引各种产业潜在的投资者来我国投资，促进我国的经济进一步发展。提供一个高效的公众信息服务平台对提升我国的国际形象至关重要。如能有充足的数据源，加上我国发达的GIS研究开发经验，实现像日本、欧美这些国家通过个人数码设备（PDA）提供给用户的GIS导航服务并不困难，而这类服务对初到我国的外国运动员、会议参加者、旅游者等人员来说非常重要。同时，提供这类服务本身对我国的GIS业界也蕴含着大量的商机和无限的发展前景。

（三）空间数据保密技术的研究现状

1. 空间数据保密技术的研究现状

随着数字技术和因特网的飞速发展，空间数据的保密和安全越来越受到人们的重视，目前在这方面的研究主要有两大类：

一类是为了防止恶意窃取空间数据的企图，对空间数据进行加密以保证网络上从发送者到接收者传输过程中的信息安全。加密过程就是把数据通过一定的算法和密钥结合变成密码，如果不知道密钥，即使截获数据也无法使用。但是，密码技术仅能在数据从发送者到接收者传输过程中进行数据保密，当数据被接收并进行解密后，所有加密的文件就与普通文件一样，将不再受到保护。

另一类是基于信息隐藏与伪装思想的方法，将需要保密图像隐藏于另一不需要保护图像中的图像隐藏和以版权保护为主要目的的数字水印技术。数字水印（指纹）技术能提供著作权版权保护和认证等功能，将特制的不可见的数字标记隐藏在数字产品中，用以证明原创作者对作品的所有权，并作为起诉非法侵权者的证据，从而保护作者的合法权益。

2. 地理空间数据保密面临的几个问题

地理空间数据保密的研究与解决，给地理空间数据的应用带来新的思路，使得地理空间数据可以通过互联网为更多的用户提供服务成为可能，从而适应和推动国民经济的发展，同时它也面临着几个方面的问题：

首先，还没有统一的地理空间数据保密标准，通过地理空间数据的保密处理把地理空间数据通过互联网提供给更多用户的服务仍然处于研究阶段。

其次，基于互联网的 GIS 要非常注意数据的保密性。GIS 中庞大的数据要逐一核实对外发布是否符合国家安全是一件很困难的事，一旦出了问题，可能造成严重后果。

最后，从技术上看，地理空间数据要素的多样化给地理空间数据保密技术带来了复杂性，必须对地理空间数据的所有要素进行分析研究，来达到保密要求，做到保密性方面万无一失，同时对不同的要素可能需要采用不同的保密技术。

二、地理空间数据

（一）地理空间数据概述

地理空间数据指以地球表面空间位置为参照，描述自然、社会和人文经济景观的数据。这些数据可以是图形、图像、文字、表格和数字等，由系统建立者通过数字化仪、扫描仪、键盘、磁带机或其他系统通信输入 GIS，是 GIS 所表达的现实世界经过模型抽象的实质性内容。

在 GIS 中人们将复杂的地表现象抽象，用数学表达分为四大类：数字线划数据、影像数据、数字高程模型和地物的属性数据。

数字线划数据是将空间地物直接抽象为点、线、面的实体，用坐标描述它的位置和形状。这种抽象的概念直接来源于地形测图的思想。一条道路虽然有一定的宽度，并且弯弯曲曲，但是测量时，测量员首先把它看作是一条线，并在一些关键的转折点上测量它的坐标，这一串坐标描述出它的位置和形状。当要清绘地图时，根据道路等级给予它配赋一定宽度、线型和颜色。这种描述也非常适用于计算机表达，即用抽象图形表达地理空间实体。实际上大多数 GIS 都是以数字线划数据为核心。

影像数据包括遥感影像和航空影像，它可以是彩色影像，也可以是灰度影像。影像数据在现代 GIS 中起着越来越重要的作用。其主要原因：一是数据源丰富，二是生产效率高，三是它直观而又详细地记录了地表的自然现象，人们使用它可以加工出各种信息，如进一步采集数字线划数据。在 GIS 中影像数据一般经过几何和灰度加工处理，使它变成具有定位信息的数字正射影像。

数字高程模型实际上是地表物体的高程信息。但是由于高程数据的采集、处理以及管理和应用都比较特殊,所以在 GIS 中往往作为一种专门的空间数据来讨论。数字高程模型可以由数字摄影测量方法直接采集得到,也可由其他测量方法,如野外测量或扫描数字化之后,经过数据处理得到。

属性数据是 GIS 的重要特征。正因为 GIS 中存储了图形和属性数据,才使 GIS 如此丰富,应用如此广泛。属性数据包含两方面的含义:一是它是什么,即它有什么样的特性,划分为地物的哪一类,这种属性一般可以通过判读,考察它的形状和其他空间实体的关系而确定;第二类属性是实体的详细描述信息,例如一栋房子的建造年限、房主、住户等,这些属性必须经过详细的调查。所以,有些 GIS 中的属性数据采集工作量比图形数据还要大。

(二)基础地理信息要素的分类

基础地理信息所描述的地理要素,包括水系、居民地及设施、交通、管线、境界与政区、地貌、植被与土质、地名以及空间定位基础等。要素类型按从属关系依次分为四级:大类、中类、小类、子类。大类包括:定位基础、水系、居民地及设施、交通、管线、境界与政区、地貌、土质与植被 8 类;中类在上述各大类基础上划分出共 46 类。

(三)地理空间数据研究

由于笔者是对 1:250 000 DLG(数字线划地图)数据作保密技术研究,下面具体介绍 1:250 000 DLG 数据。

1. 1:250 000 DLG 数据简述

全国 1:250 000 DLG 数据是将国家 1:250 000 基本比例尺地形图上各类要素(包括水系、境界、交通、居民地、地形、土地覆盖等)按照一定的规则分层,按照标准分类编码,对各要素的空间位置、附属特征信息及相互间空间关系等数据进行采集、编辑、处理,以优化的矢量数据结构存储,共分水系、居民地、铁路、公路、境界、地形、其他要素、辅助要素、坐标网以及数据质量等数据层。各层包括一个或多个属性表,以 ARC/INFO 格式分区分层存放。

2. 1:250 000 DLG 数据的数据模型

1:250 000 DLG 数据采用的存储格式为 ARC/INFO COVERAGE 格式。ARC/INFO 采用双元数据模型实现空间实体的空间数据和非空间数据的统一管理,即分别建立空间数据库和属性数据库,并依靠关键字建立空间数据和非空间数据的关联关系。ARC/INFO 中的 COVERAGE 将空间坐标数据存储于空间数据库中,拓扑属性和其他属性存储在关系数据库中。它是以"结点—弧段—多边形"拓扑关系为基础,存储了空间对象的拓扑关系。

在 ARC/INFO 中,采用的是 DIME(链状双重独立式)编码方式。其特点有:

1)以弧段为主的记录方式:弧段是用首点、末点及相邻左多边形和右多边形为基础构成的拓扑关系。弧段的空间位置记录在弧段坐标文件中。

2)具有拓扑功能编码:多边形编码建立在拓扑关系的基础上,自动生成由多边形标识点和边界弧段号构成的多边形文件,这样可避免公共边界重复录入和存储。

(四)ARC/INFO 及其数据组织

由于 1:250 000 DLG 数据的存储格式是 ARC/INFO COVERAGE 格式,采用矢量数据结构,接下来介绍 ARC/INFO 及其矢量数据结构的数据组织。

1. ARC/INFO

ARC/INFO 软件是美国环境系统研究所（ESRI）开发的地理信息系统软件，在当前众多的 GIS 软件中，其功能最强、市场占有率最高，影响最大，对 GIS 技术的发展都有一定的影响。ARC/INFO 采用模块化设计的方法将整个软件系统按照功能化分成许多子模块。其主要模块有：

（1）ARC 模块

ARC 模块是 ARC/INFO 的主要程序环境，它不但提供了启动其他子模块的命令，而且还可实现工作区管理、数据管理（Coverage、TIN、GRID、LATTICE、INFO 等）、数据转换、投影转换、坐标转换、建立拓扑关系、修改属性表结构以及进行地理分析等。

（2）ARCEDIT 模块

ARCEDIT 模块具有交互式的图形编辑环境。它可建立 Coverage、数字化、编辑空间和属性数据、输入和编辑标注、Coverage 接边。

（3）ARCPLOT 模块

ARCPLOT 模块具有交互式图形显示和制图环境。它负责空间数据的显示、查询、分析、制图等。

（4）TABLES 模块

TABLES 模块是进行 INFO 数据文件管理和维护的数据库管理系统。

（5）LIBRARIAN 模块

LIBRARIAN 模块是地图数据库管理系统。

此外 ARC/INFO 还有以下几个主要扩展模块：

（1）TIN

TIN 是基于不规则三角网的地表模型生成、显示和分析模块，可以根据等高线、高程点、地性线生成 DEM，并进行通视分析、剖面分析、填挖方计算等。

（2）GRID

GRID 是栅格分析处理模块，可以对栅格数据进行输入、编辑、显示、分析、输出，其分析模型包括基于栅格的市场分析、走廊分析、扩散模型等。

（3）NETWORK

NETWORK 是网络分析模块，提供了最短路径选择、资源分配、辖区规划、网络流量等功能，可以应用于交通、市政、电力等领域的管理和规划。

（4）ARCSCAN

ARCSCAN 是扫描图预处理及矢量化模块。

（5）ARCSTORM

ARCSTORM 是基于客户机/服务器机制建立的数据库管理模块，可以管理大量的图库数据。

（6）COGO

COGO 侧重于处理一些空间要素的几何关系，用于数字测量和工程制图。

（7）ArcPress

ArcPress 是图形输出模块，可以将制图数据转换为 PostScript 格式，可分色制版。

（8）ArcSDE

SDE 指空间数据引擎（Spatial Database Engine），它是一个连续的空间数据模型，通过它可以将空间数据加入关系数据库管理系统中去，并基于客户机/服务器机制提供了对数据进行操作的访问接口，支持多用户、事物处理和版本管理。用户可以以 ArcSDE 作为服务器，定制开发具体的应用系统。

2. 数据组织

在 ARC/INFO 中空间实体可以采用矢量和栅格两种数据结构来描述，由于笔者的研究只涉及矢量数据结构，所以接下来只介绍矢量数据的数据组织。

ARC/INFO 中空间实体数据是以覆盖层（Coverage）的形式来组织的。覆盖层是指地图的一个数字化层，一个工作区最多可以存放 999 个覆盖层。在覆盖层中，空间实体作为描述覆盖层特征（Coverage Features）的基本单元来存储。覆盖层特征的名称、符号、类型以及其他描述属性的信息都存储在特征属性表中。每个实体的空间数据与相应的属性数据之间通过内码和用户标识码（user_ID）来实现其关联，从而实现两种数据的统一管理。因此，覆盖层包括特征的空间数据和属性数据。覆盖层的主要特征如下：

（1）弧段（Arc）

弧段用来表示线实体、面实体边界或两者的组合（如学校周围的围墙）。线实体可以由一条或多条弧段组成，每个弧段都配有一个用户标识码，它的位置和形状是由一系列有序的 x、y 坐标来定义的。描述弧段的属性数据存储在弧段属性表（AAT）中。

（2）结点（Nodes）

结点用来表示弧段的起点、终点及线特征连接点。结点的位置是由坐标对表示的。

（3）标识点（Label Points）

标识点用来标识点实体或面实体。标识点表示点实体时用一对 x、y 坐标描述其位置；标识点用来标识面实体时，可由多边形内部任意位置的一对 x、y 坐标标识。标识点的属性数据存储在点属性表或面属性表（PAT）中。因为 ARC/INFO 软件不能自动区别点实体或面实体的标识点，而且它们的属性表结构一致，因此两类覆盖层特征不能存储在同一个覆盖层中。

（4）多边形（Polygons）

多边形用来表示面实体。一个多边形由一组构成其边界的弧段及位于多边形边界内的一个标识点来定义。标识点 ID 用来给多边形指定一个用户标识号，多边形的属性数据存储在它的属性表（PAT）中。

（5）配准控制点（Tic）

配准控制点是指覆盖层的定位或地理控制点。它们通过指定地图上的已知坐标来定位覆盖层。

（6）覆盖范围（BND）

覆盖范围用来表示覆盖层描述的地理信息范围。该范围是一个矩形，由覆盖层特征的最大最小坐标来定义。

（7）注记（Annotation）

注记用来标注覆盖层特征的文字说明。注记与其他任何特征没有拓扑关系，它仅用于显示说明信息。

三、地理空间数据的保密分析

（一）地理空间数据的保密依据

地理空间数据全面系统地反映了区域自然地理条件、经济、社会、文化等多方面内容，因此，地理空间数据在使用时，首先应遵守国家相关保密法律和规定。其次，测绘行业在提供服务时也有自己的法律和规定。另外，地理空间数据包含自然、经济、社会、文化等多方面内容，涉及其他行业相关保密要求，受行业保密规定制约。因此地理空间数据的保密依据主要是与地理信息相关的涉及国家保密、安全的各项法律和规定，包括国家级保密安全法规、测绘部门与基础地理信息有关的各项法规，以及专业部门颁布的安全保密规定。

（二）地理空间数据保密的研究方法

通过对所收集到的各种法律条文的分析，发现与基础地理信息有关的保密法规有国家的法律、测绘行业法规，以及其他相关专业部门法规。测绘行业对地理空间数据共享与发布有保密要求，各个行业的法规也会影响地理空间数据的保密，例如《建设工作中国家秘密及其密级具体范围的规定》《水利工作中国家秘密及其密级具体范围的规定》《气象工作中国家秘密及其密级具体范围的规定》《国家地震局科学技术保密细则（试行）》《中华人民共和国军事设施保护法》《环境保护工作中国家秘密及其密级具体范围的规定》等都有条例或规定涉及地理空间数据的保密要求。

在与基础地理信息有关的保密法规中，对与地理空间数据保密有关的约束条文进行提取，并从以下几个方面分析这些条文中所涉及的地理信息要素：

1）要求保密的地理信息要素是因为什么因素而需要保密；
2）哪些因素是严格规定不能公开表示的；
3）哪些是有条件性约束的，在这些约束条件中，哪些条件是在一定的范围内限制性使用的。

通过对这些条文中所涉及的地理信息要素的分析，发现可以从以下几个方面考虑对地理空间数据进行保密研究：

1）数学基础的保密内容；
2）位置精度及范围的保密内容；
3）要素的保密内容。

（三）数学基础的保密内容分析

数学基础涉密的内容主要包括：国家大地坐标系、地心坐标系以及独立坐标系之间的相互转换参数、地形图保密处理技术参数及算法、全国性高精度重力异常成果、国家等级控制点坐标成果以及其他精度相当的坐标成果、图上经纬线及其注记、参考椭球体及其参数、经纬网和公里网、测量控制点等。

在这些保密内容中，包含区域高精度重力异常成果、大地椭球参数、大地参考面等应严格保密内容、不能公开的信息。这些信息对于国家安全和国防建设有至关重要的作用，而且这些信息除非实地量测，通过其他技术方法是很难获取的。因此，此类信息属严格保密内容，不能在网络上发布。

(四) 位置精度及保密范围分析

1. 保密精度

地形图的保密级别与比例尺关系密切,但并不是比例尺越大,保密级别越高,在规定中,1:25 000、1:50 000 和 1:100 000 国家基本比例尺地图及其数字化成果保密级别最高,然后随着比例尺增大或者减小,保密级别降低。比例尺决定着地图图幅范围大小、地图测制精度以及地图内容的详细程度。比例尺越大,图幅范围越小,地图测制精度越高,地图内容越详细。从以上保密规定可以看出,造成不同比例尺地形图之间保密级别不同的原因是:地图精度、涉及要素与范围不同,即地图测制精度、地图内容详细程度以及地图图幅范围的大小。不同比例尺的地图精度、涉及的要素内容与范围,决定了其适用目的不同。1:10 000、1:25 000 地形图被称作设计图或战斗图,1:50 000 和 1:100 000 地形图被称作规划设计图或战术图,1:250 000、1:500 000 被称作规划图或战役图,1:1 000 000 地形图被称作战略图。不同适用目的决定了不同比例尺地形图保密等级不同。

按《测绘管理工作国家秘密范围的规定》的要求,"1:500 000、1:250 000、1:10 000 国家基本比例尺地图及其数字化成果,以及空间精度及涉及要素和范围相当于上述基础测绘成果的非基础测绘成果"是秘密内容,需要保密,而地图精度随比例尺减小而降低,因此,可将 1:500 000 国家基本比例尺地形图的精度作为保密限值。

基础测绘成果的各比例尺地形图平面精度要求如下:

1:5 000~1:100 000 比例尺地形图平地、丘陵地不大于 0.5 毫米,山地、高山地不大于 0.75 毫米。对于编绘法生产的 1:25 000~1:1 000 000 比例尺的地形图,在编绘法生产过程中,地图经过多种编绘技术处理,成图精度比编绘原图更低。按表中精度要求递推,比例尺为 1:500 000 的地形图,其平面位置精度最低为图面 0.5 毫米,地面 250 米。

2. 地图保密范围的大小

比例尺越大,图幅范围越小。非军事禁区 1:5 000 国家基本比例尺地形图,或多张连续的、覆盖范围超过 6 平方千米的大于 1:5 000 的国家基本比例尺地形图及其数字化成果,是秘密内容,可以近似地认为每个纬度之间的距离是不变的 111 千米,每分间 1.85 千米,每秒间 31.8 米。经度间的距离随纬度增高逐渐减小,在北京附近,可以近似地认为经度每度间为 85 千米,每分间 1.42 千米,每秒间 23.7 米,则我国 1:5 000 比例尺地形图的图幅范围大概为 6 平方千米。因此,如单从范围考虑,范围大于 6 平方千米地图属保密内容。

(五) 要素内容保密分析

在所有与地理信息要素保密有关的法规中,明确规定了以下地理信息要素内容需要保密,具体情况如下。

1. 包含数学基础的地图要素

此类信息为测绘信息,对国家安全意义重大,应严格保密。但是可通过技术处理方法隐藏这些信息,而且不影响基础地理信息数据共享。这些信息包括:参考椭球体及其参数、经纬网和方里网;测量控制点;重力数据;高程点、等高线及数字高程模型;其他测绘成果等。

2. 某些属性受限的要素

此类要素可将某些保密属性信息删除,然后提供数据共享。例如未经公开的港湾、港口、沿海潮浸地带的详细性质,火车站内站线的具体线路配置状况;航道水深、船闸尺度、水库库容、输电线路电压等精确数据,桥梁、渡口、隧道的结构形式和河底性质等。

3. 地名信息

某些特殊地区地名资料,以及带有位置信息的地名是法律规定需保密的内容。例如集中的、大量的并注有较准确经纬度的边境省、自治区地名档案资料;军事部署、未公布的国家重要自然资源和经济建设基地;利用各种地形图标绘的地名图及其草图;带经纬度的地名资料等。

4. 其他保密信息

此类信息要针对特殊情况作较为完整的考量。例如限定在一定范围以内的要素、地理要素的位置和某些属性、特殊地区地形地貌和矿产资料;放射性、稀有金属等矿产;土地资源详查、城镇村庄地籍调查、土地利用详查成果、林业资源清查数据;争议国界线内气象台站;特殊地区的供水情况、海洋的潮流速、水文资料等。

四、地理空间数据保密的技术设计

(一) 总体设计

要素空间位置的精度是影响地理空间数据不能在网络上共享的最重要原因,此外,还与涉密要素的内容、属性和名称等因素有关。因此,可分两个部分对地理空间数据的保密技术进行研究:一是对要素空间位置的精度进行研究,通过数学方法使要素空间位置的精度有所降低;二是对涉密要素的内容、属性和名称等进行研究,研究单个要素的保密处理,和单个要素经过保密处理后,要素组合起来时所表达的信息是否达到国家各项法规的保密要求。

(二) 关于要素位置精度的保密技术设计

1. 设计原则

通过对地理空间数据位置精度的保密分析,可知要使 1:250 000 地理空间数据实现共享,一定要设法使平面位置精度降到 250 米以下,又由于现在某些技术可以使测图精度达到水平方向 100 米以内,因此,精度限制可适当放宽。

降低数据精度的方法之一是对数据加入误差,加入的误差应该达到什么样的要求,归纳起来有以下几点:

1) 加入的误差必须在一定的范围内,不能太小,也不能太大。如果加入的误差过小,则起不到保密作用;如果加入的误差过大,会影响保密处理后数据的使用,不能很好地为公共服务。

2) 为了确保地物相对关系基本正确,误差的产生必须使用线性变换的方法。

3) 加入误差后,空间数据相对位置关系变化不大,至少在视觉上保持基本不变。

4) 加入误差的变换函数在一定范围内采用一个连续函数,以保持保密处理后地理空间数据的连续性和相对误差在不影响工程需要的误差范围内。

5) 变换过程是不可逆的。为了达到保密效果,要求保密技术的实施不可逆,即对所有的变换过程做逆变换后，数据也无法恢复。

此外，尽可能使保密技术可以对地理空间数据实现快速批量的保密处理。

2. 技术原理——仿射变换

笔者采用坐标变换的方法实现对地理空间数据误差的加入，常用的变换方式有三种，分别为：投影变换（Projective）、仿射变换（Affine）和相似变换（Similarity）。

投影变换精度较高，在做坐标转换时，数据变形不明显，很难达到数据保密的要求；相似变换的精度较低，做坐标变换时变形过大，整体数据形状极易改变，也不适用做保密数据转换；而仿射变换的精度既不过高，又不至于偏低，所以选用仿射变换。

仿射变换是图形几何变换的主要形式之一，笔者主要通过仿射变换实现对地理空间数据误差的加入。

（三）关于要素内容的保密处理

1. 单要素内容的保密处理

地理空间数据经过位置精度的保密处理后，其精度已经降低，位置精度上已经符合了保密要求，同时也使得涉密要素的精度有所降低，经过对 1:250 000 DLG 数据中涉密要素涉密原因的研究，可以从以下几个方面对涉密要素进行处理。

1）部分涉密要素的涉密原因只与精度有关，其精度在经过保密处理之后，已经低于相关法规保密的坐标精度要求，因此这部分要素不再需要保密，可直接实现共享。例如海岸线、干出线、火车隧道等在精度降到 100 米以下可以公开。

2）部分涉密要素涉及国家大地坐标和重力成果，例如独立天文点、三角点、导线点、水准点、卫星定位连续运行站点、卫星定位等级点、重力点等。这些要素保密的主要原因是涉及国家大地坐标、平面坐标和地心坐标，要素的位置精度（平面、高程）危及国家安全，所以互联网上不表示。

3）涉密原因只与内容和属性有关的部分涉密要素，其属性和内容在不表示之后，可以公开。例如水库在不表示库容量之后，可以公开。

4）部分涉密要素的涉密原因与内容和属性有关，但在人们日常使用中不需要关注，这一部分要素可不公开。例如，重要设防海区的等深线、水深点的深度值要求被保密，其在人们日常使用中不需要关注，可以不表示；部分涉密的运河、干渠、支渠、坎儿井、输水渡槽、输水隧道等不表示。

5）涉密原因与位置或其他某些属性有关，其精度在经过保密处理之后，仍然需要保密的涉密要素，不公开。例如部分涉密的气象站，水文台，地震台，天文台，灯桩，海底光缆，油管道，天然气主管道，水主管道，自然、文化保护区等。

此外，由于国家基本比例尺地形图不采集军事禁区，因此基础地理信息要素保密研究仅涉及了普通区域的地理信息要素。

2. 组合要素内容的保密处理

人们往往不能仅从某一独立对象来认识和了解感兴趣的地理世界，必须通过多个地理对象的综合信息来判断和了解相关信息内容，从而达到认识和利用信息的目的。为了研究要素组合后产生的信息是否涉及国家安全保密法规，笔者对要素进行了组合试验，通过若干具有一定意义的要素组合，解译各类要素组合时能够反映和表达的信息内容，并综合分析是否与相关法律、法规以及各项的规定标准存在约束关系。组合试验通过选取有一定代表性地区1:250 000 图幅进行试验。试验过程如下：

第一步：从 1:250 000 DLG 数据库中选取具有典型意义的图幅，按八大类进行分幅表示，对有一定意义的要素按中类和大类进行组合试验（由于要素太多，按小类进行组合无法进行分析），要素组合存在多级间组合，包括两两之间的组合、三个之间组合和多项组合等组合关系，这些组合关系在试验研究过程中都应包含其中。在试验中，选用的组合方法有 2 组合、3 组合、4 组合、5 组合、6 组合、7 组合、8 组合。

第二步：根据要素组合，分析其组合后与单独要素表达信息时的差异及其关系，并与其相关的各项法律法规、规定标准对照分析，以确定各类要素在组合表达时是否符合保密规定。

为此进行了 50 组要素组合试验，通过试验发现要素组合后会出现以下几种状况：

1）要素不在同一空间上，二者不发生空间关系，无法通过组合判断出新信息。例如海洋要素和等高线。

2）要素处于同一空间，但要素之间联系不密切，它们之间组合意义不大，判断不出新信息。例如等高线和水利及附属设施、等高线和居民地。

3）要素之间关系密切，组合后可以反映和表达出新的信息内容，但新信息所表达的内容不违反各项法律法规、规定标准的保密规定。例如：水系和等高线；水库和高程注记点。

4）组合后，新信息所表达的内容可能违反各项法律法规、规定标准的保密规定。例如等高线和高程注记点组合。

在试验中，发现组合后可能违反各项法律法规、规定标准的保密规定的有 1 组，是等高线与高程注记点之间的组合。等高线主要有两种采集方法，一种是由高程点内插采集而来，一种是由航测立体模型采集，精度不是很高，所以仅依据等高线不能生成高精度 DEM。另一方面，高程注记点尽管精度高，但由于没有等高线辅助，不能显示地形特点，也不能生成高精度 DEM。但这二者组合则会准确表达地形信息，制作高精度 DEM，尤其是山区。其余要素虽然通过不同组合可以帮助识别和分析出更多信息，但与各项法律法规、规定标准的保密规定关系不大。并且国外提供的地理信息咨询数据实际就是多种地理信息要素的组合，已经公开使用。

因此，结合研究结果，认为要素组合在不标注涉密要素名称前提下基本不违反各项法律法规、规定标准的保密规定，但是，由于要素组合的复杂性以及不同人分析、认识方法的未知性和不确定性，这一结论仍有待进一步验证。

第二节　云计算中用户数据隐私的保护

一、数据安全主要技术

数据安全保护的工作需要综合各方面知识，是一项巨大的复杂工程。在数据加密的基础上，需要防止解密技术的突破以及用户使用的方便性等，在兼顾效率和安全的基础上，对数据进行加密保护，同时在软硬件的有效配合上进行适当处理，能够提出有效的解决方案，在设计系统中需要进行关键技术的应用，同时在集成和整合中实现整体性管理和应用。

计算机网络数据保密与安全

（一）数据安全的界定

笔者所讲的数据安全是指计算机系统中的数据安全，对于它的定义，一直以来都有着不同的定义，在百度或 Google 上搜索一下，可以找到上万条相关的定义，仁者见仁，智者见智。一般来说我们对计算机网络安全是这样理解的：通过采用各种技术和管理措施，使网络系统正常运行，从而确保网络数据的可用性、完整性和保密性。所以，建立网络安全保护措施的目的是确保经过网络传输和交换的数据不会发生增加、修改、丢失和泄露等。

我们所讲的数据安全有两方面的意思：一是数据本身的安全，这个可以通过使用复杂的加密算法对数据进行加密，主动地对数据进行保护，防止数据被破解；二是对数据进行安全防护。这个可以通过使用一些先进的信息存储手段来对数据进行防护，目前的手段有很多，比如使用磁盘阵列、对数据进行异地备份以及异地容灾等许多手段都可以对数据进行安全保护。一般情况下，我们为了有效保护数据安全，会同时使用以上两种方法，不仅对数据本身进行安全加密，还通过光盘或磁盘对数据进行异地备份。

数据处理的安全也是数据安全的一种，数据处理的安全是指数据在录入、分析处理、进行统计或打印时由于一些突发因素（比如硬件故障、电脑断电、电脑死机、操作员的误操作、不具备资格的人越权操作、病毒入侵、黑客攻击等）而造成的数据的损失或丢失现象。

数据存储的安全也是数据安全的一种，它是指数据库在运行之外的可操作性。举例来说，一个 SQL 数据库，懂得数据库的基本理论和一些简单的 SQL 语句的人员都可以很方便地读取或修改数据库里面的内容。这样一旦数据库被盗，懂得数据库理论的人都可以对数据库的内容进行查看和修改，可见数据库中的数据不加密也是不安全的，很容易造成商业秘密泄露，这同样也涉及了计算机网络通信的安全以及软件保护问题。

数据安全的基本特点如下。

1. 机密性

机密性，又称保密性，是指个人或团体的信息不为其他不应获得者获得。在电脑中，许多软件包括邮件软件、网络浏览器等，都有保密性相关的设定，用以维护用户资讯的保密性，另外间谍档案或黑客有可能会造成保密性的问题。

2. 完整性

数据完整性是数据安全的三个基本要点之一，指在传输、存储信息或数据的过程中，确保信息或数据不被未授权的篡改或在篡改后能够被迅速发现。在数据安全领域使用过程中，数据完整性常常和保密性边界混淆。以普通 RSA 对数值信息加密为例，黑客或恶意用户在没有获得密钥破解密文的情况下，可以通过对密文进行线性运算，相应改变数值信息的值。例如交易金额为 X 元，通过对密文乘 2，可以使交易金额成为 $2X$，也称为可延展性。为解决以上问题，通常使用数字签名或散列函数对密文进行保护。

3. 可用性

数据可用性是一种以使用者为中心的设计概念，可用性设计的重点在于让产品的设计能够符合使用者的习惯与需求。以互联网网站的设计为例，希望让使用者在浏览的过程中不会产生压力或感到挫折，并能让使用者在使用网站功能时，能用最少的努力发挥最大的效能。基于这个原因，任何有违信息的"可用性"都算是违反数据安全的规定。

（二）加密技术

在常规密码中，收发信双方使用的是相同的密钥，意思就是加密密钥和解密密钥是等价值的或者是相同的。

在运用常规密码时，密钥管理是系统安全的重要因素。因为，虽然常规密码具有较强的保密强度，同时能够经受得起时间的检验与攻击，但是密钥必须通过安全的途径进行传送，这个就必须保证密钥管理的安全性要到位。在公钥密码中，收发信双方使用的密钥都不一样，几乎不可能从加密密钥推导出解密密钥。最具影响力的公钥密码算法当属 RSA，目前所有已知的密码攻击它都可以抵抗。

公钥密码的优缺点也是极其明显的，它首先可以适应现代网络的开放性需求，同时它的密钥管理问题也是比较简单的，尤其方便的是可以实现数字签名和数字验证。同样地，在密钥管理简单化的同时，它的算法就较为复杂，且加密的速度和效率较为低下。但是，尽管如此，随着现代电子技术的发展与密码技术的不断更新进步，公钥密码算法将会是一种非常有前途的网络安全加密技术。

当然，在实际应用中，为了更加安全和便捷，人们常常将常规与公钥密码结合在一起使用。如果按照每次加密所处理的比特来分类，可以将加密算法分为：序列密码与分组密码。序列密码每次只加密一个比特；而分组密码则是先将信息序列分组，每次处理一个组。

密码技术是确保网络安全最为有效的技术之一。一个经过密码加密的网络，不但可以防止非法用户的搭线入网及窃听，同时也是对付恶意软件的一种有效方法。

通常，数据加密可以在通信的三个层次来实现：链路加密、节点加密和端到端加密。

1. 链路加密

链路加密，又称在线加密。全部的消息在被进行传输之前首先进行加密，在每一个节点将接收到的消息先行解密，然后由下一个链路的密钥对消息进行加密，再传输出去。这样对于在两个节点之间的某一次通信链路，能够起到很好的安全保证，在到达目的地前，一条消息可能会经过很多通信链路进行传输，最大限度地保证数据的安全。

因为在每个节点消息都是解密后重新加密，所以包含路由信息在内的所有数据都是以密文的形式出现。因此，链路加密就掩盖了所有消息的源点与终点，使消息的频率和长度特性被掩盖，防止对信息进行分析。

同样地，凡事都有好的一面，但不可避免地还有不好的一面。链路加密一般是用在点对点的同步上，要求链路两端的加密设备先同步，然后再使用相应的模式对数据加密，如果设备之间需要频繁地同步，可能会造成数据丢失或者重传。另外，它的加密是整体的，也就是说即使是只有一小部分内容需要加密，它也会使整个内容被加密，而且消息是以明文的形式存在，因此所有的节点都要求在物理上都是安全的，如若不然，就会泄露明文内容，这就会考验网络的性能，同时在可管理性方面带来了副作用。

2. 节点加密

节点加密跟链路加密在操作上是相似的，都是在节点对消息进行解密然后加密，因为要对所有数据进行加密，所以整个过程对用户是透明的。

虽然操作方式类似，但是它与链路加密不同的是，一是在节点加密与解密过程中不允许消息以明文的形式存在，先把收到的消息解密，然后使用另一个不用的密钥加密，这个过程是在节点上一个安全模块中进行的；二是报头与路由信息要以明文的形式传输，方便中间节点处理信息，因此节点加密不利于防止攻击者分析信息。

3. 端到端加密

端到端加密是让数据在传输过程中，始终不加密消息的目的地地址，以便每一个消息所经过的节点都能用此地址来确定如何传输消息，数据的传输始终是以密文的形式存在的，整个传输过程始终受到保护，在到达目的地址之前不解密，即使个别节点损坏也不影响消息的泄露，这样只要源点和目的地址保密即可达到数据的保密，但也因为如此，无法在传输上掩盖源点与终点，无法有效地防止攻击者的分析。

（三）序列号保护

密码加密的核心一向都是数学算法，但是在一般的软件加密中，人们对它的关注度似乎不是很高，那是因为大部分的软件加密本身就是在实现一种编程上的技巧。但是，随着近几年来序列号加密程序在业界中的普及，数学算法在软件加密中的比重似乎也越来越大了。

我们先来了解一下现在流行的序列号加密的原理。当用户下载某个共享软件后，大多数软件都有时间上的限制（即试用期），当试用期过了后，用户必须注册才能继续使用。注册一般是用户将自己的信息（如姓名、用于支付费用的卡号）告知软件开发公司，然后软件公司会运用计算，根据用户的信息得出序列号，用户将这个序列号输入到共享软件中，软件会验证用户输入信息的合法性，一旦验证被通过，软件就会取消相关的限制，可以正常使用。

这种加密实现起来比较简单，只需要简单的资料，成本较小，操作方便，现在的软件基本上使用这种方式来进行自我保护。验证序列号的合法性过程，直接一点就是验证用户信息和序列号之间的换算关系是否正确的过程，如果正确即是合法，反之则无法完全使用软件。

（四）时间限制

一些程序的试用版每次运行都有时间限制，例如运行 10 分钟或 20 分钟就停止工作，必须重新运行该程序才能正常工作。这些程序里面是有定时器来统计程序运行时间的。但是，这种方法一般来讲使用得比较少。

（五）Key File 保护

Key File，是一种利用文件来注册软件的保护方式。Key File 一般是一个小文件，可以是纯文本文件或者是包含不可显示字符的二进制文件，内容是一些加密过或未加密的数据，其中可以是一些用户名或者是注册码等信息。文件格式一般由软件作者自己来定义。试用版软件没有注册文件，当用户向作者付费注册后，作者将注册文件发给用户，其中可能会包含用户的个人信息等资料，用户只要将此文件放入指定的目录（一般是放在软件的安装目录或系统目录下）即可。软件每次启动时，从该文件中读取数据，然后利用某种算法进行处理，根据处理的结果判断是否为正确的注册文件，如果正确则以注册版模式来运行。这种保护方法使用也不多。

（六）CD-check

CD-check 即光盘保护技术。程序在启动时判断光驱中的光盘上是否存在特定的文件，如果不存在则认为用户没有注册文件，启动保护机制，拒绝运行。在程序运行的过程中一般不再检查光盘的存在与否。

Windows 下 CD-check 的具体实现一般是这样的：先用 GetLogicalDriveStrings 或 GetLogicalDrives 得到系统中安装的所有驱动器的列表，然后再用 GetDriveType 检查每一个驱动器，如果是光驱则用 CreateFileA 或 FindFirstFileA 等函数检查特定的文件存在与否，并可能进一步地检查文件的属性、大小、内容等。

（七）软件狗

软件狗是一种智能型加密工具。它是一个安装在并口、串口等接口上的硬件电路，同时有一套使用于各种语言的接口和工具软件。当被它保护的软件运行时，程序会向插在计算机上的软件狗发出查询命令，软件狗迅速计算查询并给出响应，正确的响应保证软件继续运行。如果没有软件狗，程序将不能运行。真正有商业价值的软件一般都会采用软件狗来进行保护。

（八）将软件与机器硬件信息结合

用户得到软件后，安装时软件从用户的机器上取得该机器的一些硬件信息，如硬盘序列号、BOIS 序列号等，然后把这些信息和用户的序列号、用户名等进行计算，从而在一定程度上将软件和硬件的一部分进行绑定。用户需要把这一序列号用 E-mail、电话或邮寄等方法寄给软件提供商或开发商，软件开发商利用注册机产生该软件的注册号寄给用户即可进行注册。软件加密虽然其加密强度比硬件方法弱，但它具有非常廉价的成本、方便的使用方法等优点，非常适合作为采用光盘（CDROM）等方式发授软件的加密方案。

此种加密算法的优点：不同设备有不同的注册码。用户获得一个密码后只能在一台机器上注册使用软件。不同于目前大多数软件采用的注册方法，即只要知道注册码，可在任何机器上安装注册。

1）不需要任何硬件或软盘。

2）可以选择控制软件运行在什么机器、运行多长时间或次数等。

3）可让软件在不注册前的功能为演示软件，只能运行一段时间或部分功能。注册后就立即变为正式软件采用特别技术，解密者很难找到产生注册号码的规律。

4）在使用注册号产生软件（注册机）时可采用密码、密钥盘、总次数限制等方法。

5）方便易用，价格低廉。

这种加密还有以下特点：

1）注册加密的软件，只能在一台机器上安装使用。把软件复制到其他机器上不能运行。

2）若用户想在另一机器上安装运行，必须把软件在这一机器上运行时的序列号，寄给软件出版商换取注册密码。当然应再交一份软件费用。

3）此加密方法特别适应在因特网上发布的软件及用光盘发布的软件。

二、云计算数据保护相关研究与理论基础

（一）访问控制技术

1. 访问控制技术的理论基础

访问控制是一种保证信息不被非法访问并保证能被正确使用的主要措施，与数据保密性、数据完整性、身份认证以及不可否认性一起被称为安全服务的五大功能。通过一个系统的访问控制策略，来明确不同的主体所能够访问的系统中的信息，并规定主体对这些信息所能做的操作，从而防止主体对客体的不合法访问。通常一个访问控制系统主要由主体、客体、访问控制规律三个部分组成。

1) 主体：一个系统中的访问请求的发起者，通常是系统中的用户或者是系统中的各类服务进程。

2) 客体：系统中被访问的实体，也就是受到访问控制保护的部分，主要是系统中存储的各类信息。

3) 访问控制规则：系统中主体访问客体时需要符合的规则，用以判断访问操作是否是合法的。

一般来说适应于云计算的访问控制系统中，以下三项功能必须具备。

1) 进行授权：指访问控制系统可以将对于客体的访问权限授权给主体使用。这里必须始终遵循最小特权原则来赋予的访问权限，即在进行授权操作时，只赋予云计算中的主体完成该操作时必须具有的权限，而不能赋予该主体其他非必需的权限。

2) 回收权限：访问控制系统还应该具备将主体的权限收回的功能，这样才能防止在撤销了赋予主体的权限后，主体再对客体进行非法访问的情况。

3) 权限判断：访问控制系统需要通过权限判断功能模块来实施对于整个系统的访问控制，从而允许合法的访问，判断并阻止非法的访问，进行授权和权限收回。

2. 传统的访问控制技术

（1）自主访问控制

在自主访问控制中，主体对于客体的访问权限由拥有者来确定。所谓的自主也就是说由客体的拥有者进行自主的管理。这种范围控制方式，赋予拥有者极大的灵活性，在云计算中数据的拥有者与使用者分离，但是数据明确属于用户，因此云计算中的访问控制技术多借鉴此项技术。

访问控制矩阵、访问控制表和能力表是自主访问控制的三种主要实现方式。

1) 访问控制矩阵，英文简称为 ACM。使用访问控制矩阵的形式，来表示主体与客体间的访问控制方式。在访问控制矩阵中，第一行表示被访问的客体，第一列则表示作为访问者的主体。因此客体所在的列，与主体所在的行交叉的内容就是该主体对该客体的访问控制权限。例如使用小写字母 r 来表示主体对客体有读取的权限，使用小写字母 w 表示主体对客体的写的权限，而 x 则表示执行的权限。

访问控制矩阵的主要问题在于，在实际应用中主体和客体的数量巨大，使用访问控制矩阵的方式必然导致存储空间的浪费，因此往往使用的是访问控制表和能力表。

2) 访问控制表，英文简称为 ACL。其原理是对于每个客体，提供一个所有能够访问它

的主体的列表，用以实现访问控制。

3）能力表，英文简称为CL。其实现原理跟访问控制表相反，是对每个主体提供一个其能够访问的所有客体的列表来实现访问控制。

（2）强制访问控制

强制访问控制，英文简称为MAC。它为每个主体和每个客体都强制设定一定的安全级别，强制访问控制使用主体和客体的安全级别来控制主体对客体的访问。所谓的强制性指的是主体不能实现对自己或者客体安全级别的改变，所有主体、客体的安全级别都是由系统管理员强制设定的。强制访问控制的思想是，通过对实体标注安全等级，使得信息只能实现安全级别上的由低到高的传递。强制访问控制的安全级别一般由低到高分为：无级别、机密、秘密和绝密。客体和主体的安全级别分别称为安全等级和安全许可。强制访问控制方式通过信息的固定流向，实现对系统安全的访问控制。

Bell–LaPadula（简称BLP）模型是一种被人们经常使用的强制访问控制模型。该模型是一种状态模型，主要使用两种规则来保护信息的保密性，这两种规则可以有效地防止信息从高安全级别流向低安全级别：

1）无上读（no read up）：该规则指的是低安全级别的主体无法读取高安全级别的信息。

2）无下写（no write down）：该规则指的是高安全级别的主体无法将信息写入低安全级别的客体中。

（3）基于角色的访问控制

基于角色的访问控制英文简称为RBAC，即为每个用户赋予了一些角色，然后将访问控制中的各种权限分配给角色，从而实现用户对客体的访问控制。

在角色分配的过程中，用户所拥有的往往不止一个角色，而角色也往往拥有多种权限。该访问控制机制的核心思想是：将用户和角色关联起来，再将角色与许可进行关联，最终实现用户与许可的关联，即当用户拥有某角色的同时也就应用了该角色所拥有的许可；用户权限的授予和收回是通过角色的赋予和收回实现的。

在RBAC机制中，用户、角色、许可三者之间的关系如下：

1）用户与角色通过角色分配实现关联。

2）角色和许可通过权限分配来实现关联。

通过角色这一概念的引入，RBAC通过其实现了主体和客体的沟通，而由于角色的许可通常很少发生变化，因此使得RBAC这种授权机制具有了很大的实用性，所以在目前的操作系统中被大量使用。

3. 云计算中的访问控制技术

云计算环境被划为了三个安全域：

1）用户域：指云计算中的最终用户所组成的域。

2）云服务提供商域：提供各种计算资源与服务的提供商所组成的域。

3）云平台基础设施提供商域：为云计算服务提供商提供所需要的基础设施的提供商所组成的域。

在上述三个安全域中，访问控制权限一般不能跨域，每个安全域只能对自己域中的主体进行访问控制。然而基于云计算资源共享的目的，用户往往必须要进行跨域的资源访问，这就导致了跨域的访问控制，例如用户需要访问在某项云服务时，就需要在进入云服务提供商域之前进行身份认证，只有通过了云服务提供商域的身份认证，其才能获得授权，继而访问该域中的各种资源。由于多个域的存在也就导致了多个访问控制中心的存在，降低了云平台中认证服务的效率。为了解决平台上认证效率的问题，相关学者提出一种层次化的用户身份管理方法，简称 HIBC。该方法的思想是，将云计算的认证过程分为两层进行：由一个可信的认证中心作为核心认证中心，其作用是作为第一次的认证，对其他各个域中的认证中心进行认证；第二层则是各个安全域中的认证中心，其只对本域中的主体进行认证。

云中不同安全域有不同的安全需求，这就导致了各个安全域必须有符合自己要求的访问控制策略，而用户又必须要跨域对资源进行访问，因此各安全域中必然要存在一个合成的策略来保证这种跨域访问。这种合成的访问控制策略需要满足云计算中各个安全域的要求，才能保证用户的跨域操作在各个域中是合法的。为了解决该问题，Gong、Qian 提出了自治合成原则和安全合成原则来实现不同安全域中的访问控制策略合成。除此之外，还有一些其他研究人员提出了一些其他的方法来实现此类策略的合成：张阳提出了一种基于信息流分析的扩展访问控制架构，该架构在通用访问控制架构的基础上，加入了信息流模型控制，将所有流模型合并成一个统一的访问控制策略；林莉等人则提出了一种基于属性的安全域访问控制策略合成。

在云计算中，用户的数据保存在云计算基础设施提供商处，数据的使用者一般是其他的云服务提供商，例如各种第三方应用，这就导致了云计算中数据的拥有者（用户）、数据保存者（基础设施提供商）和数据使用者（云服务提供商）分离的状况。在云计算中的用户，即使在将自己的数据传输到云端进行保存后仍然需要对数据拥有控制的权限，也就是说用户必须享有能对自己拥有的云端数据进行访问控制的权限。反观目前存在的几种经典访问控制机制：基于角色的访问控制、强制访问控制并不能提供给用户上述的权限，只能通过系统安全管理员来进行访问控制的调配，不能满足云计算环境中用户自主访问控制的需求，也不适合云计算中需要经常改变访问控制配置的需求。而通常的自主访问控制也因为访问控制力度过粗的问题，不能使用在云计算环境中。为了解决访问控制模型粒度过粗而不能使用在云计算中的问题，Denning 提出了信息流控制模型。该控制模型通过跟踪数据在系统中的流动来实施访问控制，信息流动控制模型系统中虽然普通进程可以对机密数据进行访问，但是由于该访问控制模型的监控，这些不安全的进程仍然无法将机密数据泄露出去。然而当前多数的信息流动控制模型，仍然与强制访问控制、基于身份的访问控制模型一样，是由系统安全管理员来进行访问控制策略的配置，不能满足用户进行自主访问控制的要求。为了解决信息流控制模型不能自主访问控制的问题，Myers、Liskov 提出了分布式标签模型，在该模型中，用户可以设置数据的访问控制权限，从而实现了自主授权的同时也具有细致的控制粒度。

云计算中的云服务提供商在部署自己的访问控制模型时，通常假设用户对自己是信任的；但是实际上，用户往往无法信任云服务提供商。因此许多的研究者以此为背景，研究并提出了多种访问控制模型，来实现在这种不可信环境下用户跨安全域的访问控制。其中，很多研究人员使用密码学的方法来实现跨安全域的访问控制。例如 Crampton 等人提出的基于层次密钥生成的访问控制策略；Goyal 等提出的基于属性密钥生成的数据加密保护，Bethencourt 等人提出的基于属性的密文生成规则来实施数据加密，洪澄等人提出的一种基于属性的密文访问控制方法，之后他们又提出了一种云端重加密方法来将密钥重加密工作转移到云端进行。

从上述的研究成果可见，在云计算中的访问控制方法的主要研究目标是实现用户的自主访问控制与策略的细粒度化。而上述的访问控制模型大多都需要依赖于证书和 PKI 系统，而这在云计算中对于普通用户是十分不便的，且大量的访问控制模型不能实现云计算中用户离线时的授权工作。因此下文将提出一种适用于云计算系统，不依赖于证书并实现用户自主的细粒度访问控制策略，并解决了用户的离线授权问题。

（二）密文搜索技术

在现代密码学中，密码体制的设计有两个基本的方式，分别是扩散和混淆。混淆主要用于将密文和密钥的关系尽可能复杂化，而扩散的作用则是将每一位的明文尽可能地影响很多位密文，这样生成的密文是不可分辨的。但是这样也会带来一个问题，有时用户希望在不对密文进行解密的情况下，能够对密文的内容进行检索，这样可以在保证数据安全性的同时提高检索效率。在云计算的时代，上述要求就变得更加迫切，用户存储在云端的数据，其存储者和使用者都不是用户本身，当用户无法完全信任存储者时，就会将数据加密存储在存储者处，使用者获得用户授权后可以从存储者处获得用户的数据，但是很多情况下，使用者希望对用户的所有数据进行检索，从而获得自己最需要的文件被传输回本地并解密，这样可以节省网络流量和本地计算能力。这就需要拥有一种密文搜索算法，可以在不解密的情况下对密文进行检索，检索过程中用户数据的隐私不会泄露给存储者，如何在云端用户海量的数据中，准确且高效地获取到检索结果，这就为云计算的密文搜索技术提出了要求。

密文搜索技术的研究开始于 2000 年，Song 等人第一次提出了密文搜索技术，开始了密文搜索技术研究的序幕。2004 年，Boneh 等人首次提出了基于关键词的可搜索公钥加密算法，由此开启了密文搜索技术研究的新篇章。之后相关技术的研究越来越受人关注，Park 等人提出了安全索引搜索算法及多关键词的可搜索公钥加密研究；Bellovin、Cheswick 提出了一种基于布隆过滤器的密文搜索方法；Liu 等人提出了一种基于对称加密算法的密文搜索算法；Wang 等人提出了一种基于保序加密算法 OPSE 的支持单关键词的密文排序搜索算法；Cao 等人提出了一种多关键词的排序搜索算法。

在目前的密文搜索算法研究中，主流的技术包括：安全索引算法、排序的加密搜索算法、基于关键词的公钥搜索算法等。

1. 安全索引技术

2004 年，Park 等人提出了一种全新的安全索引可搜索加密算法。该算法机制的主要思想是，对于要搜索的文件分别建立索引，只对索引进行加密和检索。在文件的索引加密时，首先生成一组逆 Hash 序列；然后使用上述的序列作为加密密钥对索引进行加密；最后使用布隆过滤器对加密后的索引进行处理。在对密文进行检索时，首先使用加密阶段的密钥，通过算法得到一组陷门，然后对上述陷门和加密的索引进行布隆搜索检测，从而得到目标结果。

简单的索引算法，往往会导致密文极其容易被统计攻击，从而产生用户隐私的泄露，上述算法克服了这个问题。但是该算法也有其不足之处，在加密和检索过程中会产生大量的逆 Hash 序列作为密钥保存，随着检索数目的增加，其总数也将大幅增加，严重消耗系统的计算和存储资源，难以在现实中被采用。

2. 排序搜索技术

Swaminathan 等人提出了一种实现隐私保护的关键词排序搜索算法。该类算法可以使用关键词对多个密文文档进行检索，并获得密文文档与关键词相关程度的排序结果。该算法主要分为两个阶段，分别是安全索引创建阶段和检索排序阶段。

安全索引创建阶段：用户对每篇文档进行处理，根据词频等信息建立文档的索引，将关键词的词频信息采用保序加密算法进行加密，然后对文档采用其他的对称或非对称的加密算法加密。最后将加密后的文档和安全检索一起存储在服务器中。

检索排序阶段：使用者提交检索的关键词后，服务器根据该关键词获取相关的文档的密文，然后根据密文信息的排序结果，获取到与关键词相关度最高的文档，并将其发送给用户，用户自行对密文进行解密。

Swaminathan 提出的关键词安全排序搜索算法可以对密文进行单个关键词的排序搜索，对于搜索有很大的现实意义。但是该排序搜索算法有很大的局限性，首先该算法只能对单关键词进行搜索，不适合多关键词的搜索；其次该算法返回的是可能性最大的加密文档，因此具有一定的不确定性；最后该算法在生成安全索引时只考虑了词频，没有考虑逆文档频率，因此生成的索引准确性不高。

Cao 等人提出了一种多关键词的排序搜索算法，该算法利用了空间向量模型来计算文档与查询之间的相关度，然后返回排序搜索的结果。算法对文档的特征向量和查询向量做了加密处理，使得文档与查询的隐私得到了保护；但是该算法没有考虑关键词的 TF 值以及 IDF 值，也没有考虑查询的权重，因此查询的排序结果准确度较差。

3. 基于关键词的公钥检索技术

基于关键词的公钥加密搜索技术，是由 Boneh 等人首次提出的。自从被提出之后，众多的学者开始投入到这项技术的研究中来，基于伪随机函数、基于双线性对、基于双线性对的共有信道等方法的公钥可搜索加密逐渐被学者所提出。对于云计算环境，公钥可搜索加密算法是一种相对合适的算法，它将检索等大计算量的工作放在云计算服务器中，由于云计算服务的性能较好，可以以较快的时间完成这些大计算量的工作，从而减轻了用户端的计算压力，符合云计算的初衷。

目前主要的密文搜索算法往往不支持对动态数据进行密文搜索，这主要是因为：基于空间向量算法的密文排序检索算法，大多采用了 TF-IDF 框架；而该框架由于其本身的原因，不适合对动态数据进行索引计算，这就导致了大量的密文搜索算法同样不适合对动态数据进行计算。笔者将在前人研究的基础上，提出一种支持动态数据的多关键词安全排序搜索算法，可以在实现用户隐私保护的基础上，对密文进行多关键排序检索，搜索结果按照与查询请求的相似度进行排序，且检索结果接近于标准的 TF-IDF 框架的计算结果，有较好的准确性。

（三）密钥管理技术

数据加密是最常见的一种保护用户数据隐私的方式，在古典的密码体制中往往是没有密钥的概念的；而随着现代密码体制的普及，密钥的概念开始被引入加密算法中来。引入密钥概念有很多的优点：

首先，在现在密钥体制中，加密算法是公开的，加密的安全性只取决于密钥的安全性，因此只需要保证密钥的安全就能保证加密密文的安全。

其次，密钥是可以变换的，用户可以使用不用的密钥加密不同的明文，从而在某些密钥被泄露时可以保证使用其他密钥加密的密文的安全。

由此可见，在现代密码体制下，密文最终的安全性取决于密钥的安全性，因此密钥管理对于密码体制而言极其重要。密钥管理技术指的是保障密钥在产生、维护以及在通信传递过程的安全的技术。密钥管理负责密钥从生成、保存、分配、传递、销毁等整个生命周期过程中的所有过程,是密码体制中十分重要的组成部分。

密钥的管理过程,不仅对其技术有相当严格的要求,而且对管理有着同样严格的要求。因为密钥管理技术的实施过程中,不可避免地会与以下非技术的、人为的因素相关,决定这些部分的往往不是密钥管理技术,而是管理制度和人员素质等。所以在密钥管理过程中,必须同时注重技术和管理制度。

1. 密钥的概念

数据加密指的是在可变的密钥的控制下,通过加密算法,将明文映射为可逆的密文的变换过程。加密前的数据称为明文,其作为原始数据存在。在通过加密变换后产生的结果就是密文。这个使用可变参数(即加密密钥)进行的变换的过程为加密。上述的过程是可逆的,也就是说可以从密文恢复出明文,这个过程被称为解密,解密过程中使用的参数是解密密钥。

密钥对于最终密文的安全十分重要,通常为了防止密文被破解,实现加密的效果和目标,密钥应该具有下面的性质:

1)随机性:密钥应该是随机选取的。

2)难穷尽性:产生密钥的密钥空间应该足够大。

3)易换性:密钥的更换应该是简单易行的。

在现实的应用场景中,往往会存在不同的应用环境相互交叉的情况,而这些不同的应用环境中,往往又有不同的密码体制方案。这就导致了现实中的应用场景有着众多的不同密钥,各个密钥也有着不同的作用,系统的安全性和保密性也取决于多个密钥。

在这种情况下,通常使用分层的管理密钥,来实现对不同环境、不同密码体制的密钥的管理。通常密钥分层结构由三层构成:主密钥、密钥加密密钥以及数据加密密钥。这种分层的方式具有以下优点:

1)上层密钥对下层密钥进行保护,在确保上层密钥安全的情况下,可以使下层密钥进行不断的动态变化,从而增加了攻击者获得密钥的难度,增加了系统的安全性。

2)随着层数的变化,密钥更新的频率也发生变化。上层的密钥较少更换,下层的密钥更新频率较快,从而减少上层密钥所需要保护的密钥量,减少了对上层密钥进行密码攻击的可能性。

3)上层密钥对下层密钥使用加密算法进行保护,层数越低密钥所覆盖的范围越小,从而使下层密钥的泄露对系统安全的影响减小。

2. 密钥管理的内容

密钥的生命周期包括生成、维护、分配、传递、销毁等多个环节,而密钥的管理内容主要注重于其中的生成、分配、维护三个过程,在密钥的管理流程中一般包括以下三个内容:

1)根据密钥的随机性,密钥的产生要采用随机数生成器来实现,并符合密钥所在的密码体制的要求。这就要求随机数生成器要有较大的周期,以防止攻击者在密钥空间通过搜索密钥实施攻击。

2)在一个系统中,密钥的使用者往往不止一方,因此在密钥生成之后,如何安全地将密钥发送给密钥使用的各方,这就是密钥分配的过程。在这个过程中,需要在保证安全的同时保证效率,如果出现了安全问题,分配的密钥就是无法使用的,效率出现问题时,就不能保证各方及时地使用密钥进行加密。

3）密钥在产生之后，通常需要存在一定的时间，不能立即被销毁或更换，在这过程中就要求对其进行密钥的维护。密钥维护过程的主要要求是保证密钥的保密性、可用性、可靠性。

三、云计算用户数据隐私保护关键技术研究

（一）云计算中隐私保护解决的主要问题

1. 用户数据隐私所面临的威胁

由于云计算平台中运行着众多的应用或程序，因此也存储着海量的用户隐私数据。对于云计算的用户来说，当数据被上传到云计算平台上时，也就意味着控制权被交给了云计算平台。虽然云计算服务商一般会承诺保护用户数据的隐私，但是往往由于各种原因，这种承诺并不是十分有效。在云计算平台中，用户数据的隐私主要面临如下威胁。

（1）来自云内部的威胁

云计算服务商往往使用数据挖掘等技术手段，对用户的数据进行统计挖掘，获取用户的行为数据，从而获得一定的商业利益。云服务商中的一些工作人员，由于利益或者其他原因，也常常会对存储在云端的数据进行侵犯。

（2）来自云外部的威胁

由于用户的数据存在大量的商业利益，许多黑客以此为攻击目标，在获得用户数据后将其倒卖获得利益。云计算的服务是通过接口利用互联网开放给用户的，这就导致了有大量的网络接口可以被攻击者所攻击；也可以在用户通过网络使用服务时，对网络所传输的数据进行窃听。此外，云计算平台可以在一台主机上，利用虚拟化技术为多个不同的用户提供计算服务，攻击者往往可以化身为用户，潜入云计算平台内，进行内部的破坏和攻击。

2. 用户数据隐私保护解决的主要问题

在云计算中，用户的数据由于含有大量的隐私内容，因此往往会被各种来自云内部或者云外部的攻击者所威胁。内部的攻击者诸如各个云存储的提供商，经常对用户数据进行数据挖掘，或直接读取用户数据，获取用户隐私。来自外部的攻击者，通常会通过各种方式获取用户存储在云端的数据，依此来获取用户的隐私数据，例如账户名称、消费记录等。由此可见，云端数据加密是保护用户隐私的必要条件。

（1）用户数据加密问题

对用户的数据进行加密，是保护用户数据隐私的最简单最有效方法，加密后的数据无论是内部攻击者还是外部攻击者，在未解密的情况下都无法获得其中的隐私信息。但是对于云计算中的数据加密，则与非云端的数据加密有很大的不同。在云计算中的数据加密，加密的执行者对于隐私保护是一个较大的问题。如果将加密交给用户在本地处理，则会有大量的计算量会被放在本地执行，有违云计算的初衷，也会导致数据使用者无法方便地使用密文；如果将计算交给云计算服务商进行，则会导致云服务商完全掌握用户数据的情况，导致无法防御云内部威胁的问题。

（2）访问控制问题

隐私保护系统另外一个要解决的问题是数据的访问控制问题。在云计算中，用户的数据保存在云端，数据的使用者一般是其他的云能力提供商，例如各种第三方应用，这就导致了

云计算中数据拥有者、数据保存者和数据使用者分离的状况。因此在云计算中的数据拥有者在将自己的数据传输到数据保存者后仍然需要对数据拥有访问控制权限，也即是说用户在云中必须享有能对自己拥有的数据授权控制的能力。反观目前的几种经典访问控制模型：基于角色的访问控制、强制访问控制并不能提供给用户上述的能力，只能通过系统管理员来进行访问控制的调配，不能满足云计算环境中用户所需要的经常改变访问控制配置的需求。而通常的自主访问控制也因为不能及时将控制需求反馈给用户，因此也不能使用在云计算环境中。

（3）加密数据检索问题

另外一个需要面对的问题就是隐私数据的检索问题。由于云端的数据被加密保存，但是往往第三方应用在获得用户的授权后，需要对用户的数据进行检索操作，获取到其最需要的数据文件，然后再将该文件下载解密，这样就可以降低本地计算量的同时降低网络流量。要满足上述的需求，就要求有一种能够实现加密数据检索排名的算法，该算法可以根据关键词进行文件的检索，并根据相关度对文件进行排名；由于云计算中的用户数据在实时变化，因此该算法还应该支持对动态密文数据的检索排名。

（4）密钥管理问题

在云计算中，由于数据加密的特殊性，导致密钥的管理问题也必然不同于通常情况下的密钥管理。加密密钥的存储，不能在存储数据的云存储提供商，否则在该提供商被攻击时，将导致加密数据与加密密钥同时泄露，也就导致了用户数据隐私的泄露；该密钥也不应由用户持有，否则用户必须一直在线以保证第三方应用可以随时获取用户数据；同时该密钥更应该对第三方应用保密。

（二）云计算下的访问控制策略

1. 云计算下的访问控制策略综述

在云计算中，用户的数据保存在云端，数据的使用者一般是其他的云能力提供商，例如各种第三方应用，这就导致了云计算中数据拥有者、数据保存者和数据使用者分离的状况。

在云计算中，数据拥有者在将自己的数据传输到数据保存者后仍然需要对数据拥有访问控制权限，也就是说用户在云中必须享有能对自己拥有的数据授权控制的能力。目前的几种经典访问控制模型：基于角色的访问控制、强制访问控制、自主访问控制由于其原理上的限制不能使用在云计算环境中。

而且目前大量的访问控制策略都依赖于证书系统，使用证据来认证用户、认证服务器以及第三方应用。对于普通用户来说，对于证书的各种操作是一个极其烦琐的过程，有大量的普通用户并不清楚证书的含义和证书的操作流程；而使用证书又必然要牵涉公钥基础设施的使用，更是将云计算的访问控制系统复杂化了。

此外，云计算中第三方应用会经常性地对用户的数据进行操作，对用户数据的操作就要求该应用拥有用户的授权。然后用户不是一直在线的，当用户离线时，第三方应用就无法获取用户的授权，也就无法操作数据，这就导致一些业务处理的延误，这也是云计算中访问控制策略所应解决的一个重要问题，即离线用户的访问授权。

OAuth2.0协议是一种近年来广泛应用于开放平台系统的访问控制协议，主要用于解决开放平台中的用户对第三方应用的授权问题。国内的腾讯、新浪、百度等互联网公司的开发平台都是使用该协议用于认证授权。该协议将开放平台划分为用户、客户端、授权认证服务器、资源服务器等部分，实现了在开放平台中用户数据与数据使用者分离的认证授权。但是，该协议主要面向在线用户使用在线应用的情况，不能解决用户离线时的授权问题。

因此笔者将 OAuth2.0 协议引入云计算中，对其进行改进，提出一种适应于云计算环境下的、实现了用户细粒度自主访问控制策略的、不依赖于证书和 PKI 系统的访问控制策略，并解决了离线用户的访问授权问题。该访问控制策略有以下特点：

1）该策略由用户自行进行访问控制，并对用户的控制添加域、有效期等细粒度策略，丰富了用户的控制策略。

2）该策略使用用户和第三方应用的 ID 和密码验证用户和第三方应用，不需要用户和第三方应用生成自己的公钥私钥，不需要对其发放证书。

3）第三方应用在需要使用用户的资源时，需要用户对其进行授权，授权过程在可信的访问控制服务器上进行，保证用户的密钥等私有信息不会泄露给第三方应用。

4）通过用户提前设置的策略，可以实现对第三方应用的离线访问授权，在用户登录后将离线期间的授权通知用户。

5）第三方获取到授权后，到访问控制服务器获取一个有效期较短的访问令牌，然后持访问令牌对用户资源进行访问，资源存储服务器向访问控制服务器进行验证，在访问令牌验证成功后，将用户资源开放给第三方使用，若验证失败则拒绝第三方应用的访问。

该访问控制策略有效地解决了云计算中用户数据拥有者与存储者、使用者分离时的访问控制问题，添加了细粒度的控制域、有效期等控制策略，解决了用户离线时的访问授权问题，并不依赖于证书和 PKI 系统。下面将详细地介绍该访问控制策略的组成部分与主要工作流程。

2. 访问控制策略的组成部分

1）Access Control Server：访问控制服务器，能够验证用户和第三方应用，在获得用户的授权后，发放给第三方应用。

2）Data Server：数据服务器，存储用户的数据资源，能够接受第三方应用对于数据的请求并对其进行验证。

3）Client：客户端，主要是指第三方应用。

4）User：普通用户，数据的拥有者，能对自己的数据进行访问控制和管理。

5）Data：受保护的用户数据，能够使用 Access Token 请求获取的受保护数据。

6）Authorization Code：授权码，用于发放给获得授权的第三方应用获取访问令牌（Access Token）和刷新令牌（Refresh Token）。

7）Refresh Token：刷新令牌，用于获得授权的第三方应用刷新访问令牌（Access Token）。

8）Access Token：访问令牌，用于获得授权的第三方应用访问数据。

3. 访问控制策略的核心工作流程

客户端在获得了用户的授权后，才能访问用户所拥有的受保护数据。用户的授权过程主要分为两个部分，首先在访问控制系统的授权页面获得用户授权后发放的授权码（Authorization Code），然后使用该授权码换取访问令牌（Access Token）。

客户端不需要持有用户的私有信息，就可以通过访问令牌来代表用户向数据服务器申请用户所授权使用的私有数据。这样的作用是，将用户的授权从用户的隐私信息（ID 和密码）变为了访问令牌，这样用户就可以在不泄露隐私信息的情况下对客户端进行授权。另外访问令牌作为单一的授权信息存在，使数据服务器不需要支持多种不同的授权验证机制，而访问令牌的有效期、访问域等机制，也实现了一种有效期、访问域可控的授权方式。

访问控制策略的主要工作流程简述如下：

1）客户端将用户导向访问控制服务器的授权页面，请求用户对其授权，授权的信息包括详细的作用域和有效时间等。

2）用户同意为客户端授权时，访问控制系统给客户端发放一个授权码（Authorization Code）。

3）客户端出示授权码以及自己的私有信息（ID 和密码）来向访问控制服务器申请用于访问用户私有数据的访问令牌。

4）访问控制服务器首先验证客户端所发送信息的有效性，对通过验证的客户端，访问控制服务器为其发送一个包括许可的作用域、有效时间访问令牌（Access Token），并将该令牌的信息记录在服务器中。

5）客户端访问数据服务器请求用户的私有数据，并出示访问令牌。

6）数据服务器对客户端的访问做出响应。

4. 离线用户的访问授权

云计算中第三方应用会经常性地对用户的数据进行操作，对用户数据的操作就要求该应用拥有用户的授权。当用户离线时，第三方应用就无法获取用户的授权，也就无法操作数据，这就导致一些业务处理的延误。

笔者引入了强制访问控制中安全级别的思想，对访问控制策略进行了改进，实现了用户离线时的访问授权。访问控制系统为每个第三方应用设置了一定的可信级别，例如高可信、低可信和不可信三个级别，在第三方应用进行注册时，根据其提交的注册信息，给予其一个可信级别。

访问控制服务器提供一个离线授权策略的设置页面，用户可以在登录之后打开该页面，进行自己的离线授权策略的设置。离线授权策略分为两种：可信级别授权策略和自定义授权策略。

（1）可信级别授权策略

根据应用的可信级别来进行授权许可，用户可以选择对什么可信级别的第三方应用进行离线授权。用户在定义策略的过程中，可以选择可信级别、操作域、操作权限等信息，从而实现细粒度的离线访问授权。例如，当用户选择可信级别为低可信，操作域为 scope_a，操作权限为读权限时，所有的运行于该云计算系统内的可信级别为低可信和高于低可信的第三方应用，就可以对用户 scope_a 操作域下的文档进行读操作。

（2）自定义授权策略

除了使用可信级别来进行离线授权之外，用户还可以自定义自己的离线授权许可。用户可以在访问控制服务器所提供的第三方列表中，选择自己所信任的第三方应用，为其提供自己的某些操作域下的读、写等权限。

当用户设置了离线授权策略之后，若第三方应用需要对用户文档进行操作时，就向访问控制服务器提出请求，服务器根据用户的离线访问控制策略，作为一个用户的代理，决定是否将访问控制的权限授予第三方应用。如果根据用户的离线访问控制策略，第三方应用符合策略要求，那么访问控制服务器将发放给第三方应用一个短期的访问令牌（Access Token），用于访问用户数据，并不发放刷新令牌（Refresh Token），然后将授权写入用户的授权列表中；

如果根据用户的策略，第三方应用不符合策略的要求，访问控制服务器则返回一个不能进行授权的信息给第三方应用。

当用户上线登录到访问控制服务器时，服务器会检查在用户离线期间，所进行的离线授权，并弹出提示框给用户进行提示。用户在查看了离线授权的信息后，可以进入授权管理页面对已经发生的授权进行调整，也可以调整自己的离线访问控制策略来实现自己的需求。

访问控制策略刷新访问令牌的工作流程简述如下：

1）用户登录到访问控制服务器，并打开离线授权策略页面；
2）访问控制服务器返回离线授权策略页面，其中包含可离线授权的应用及其信息；
3）用户设置自己的离线授权策略；
4）访问控制服务器返回离线授权策略的设置结果；
5）客户端在用户离线时向访问控制服务器申请获得用户数据的操作权限，并提交自己的ID、密码等信息以及请求的操作域；
6）服务器根据该用户设置的离线访问策略，判断是否授予客户端访问的权限，如果授予，则发送客户端一个短期有效的访问令牌（AccessToken），否则返回无法授权的信息给客户端。
7）用户上线后登录到访问控制服务器；
8）访问控制服务器将用户离线期间所做的离线授权的信息，发送给用户。

5. 刷新访问令牌的方式

访问令牌（Access Token）的有效期很短，这样做主要是因为：首先，如果发放给第三方应用一个长期的访问令牌，就可能导致第三方应用长期越过用户，对用户的数据进行访问甚至修改；其次，由于访问数据的过程中访问令牌被截获，则其安全性就较差了。

为了解决访问令牌有效期短的问题，客户端在申请访问令牌时，除了获得一个有效期很短的访问令牌外，还将获得一个长期有效的刷新令牌。当访问令牌失效之后，客户端可以使用刷新令牌，向访问控制服务器重新申请新的访问令牌。由此可见刷新令牌是作为一个用户访问许可的存在。这样，既限制了访问令牌的有效期，也不需要用户再次去操作，授权给第三方一个新的访问令牌。

访问控制协议中刷新访问令牌流程简述如下：

1）客户端使用授权码以及自己的私有信息（ID 和密码），向访问控制服务器申请用于访问用户数据的访问令牌；
2）访问控制服务器验证客户端所发送信息的有效性，对通过验证的客户端，访问控制服务器为其发送一个长期有效的刷新令牌和一个短期有效的访问令牌；
3）客户端访问数据服务器请求用户的私有数据，并出示访问令牌；
4）数据服务器根据访问令牌的有效性做出响应；
5）当访问令牌过期后，客户端再次使用该访问令牌进行数据访问；
6）由于访问令牌失效，数据服务器返回一个访问令牌过期的信息；
7）客户端使用刷新令牌以及私有信息（ID 和密码），来请求一个新的访问令牌和刷新令牌；
8）访问控制服务器验证客户端私有信息和刷新令牌的有效性，当信息正确有效时，则为客户端发放一个新的访问令牌和一个新的刷新令牌（可选）。

（三）一种支持动态数据的多关键词安全排序搜索算法

目前主要的密文排序检索算法中，往往不支持对动态数据进行密文搜索，这主要是因为：基于空间向量算法的密文排序检索算法，大多采用了 TF-IDF 框架；而该框架由于其本身的原因，不适合对动态数据进行索引计算，这就导致了大量的密文搜索算法同样不适合对动态数据进行计算。

而 Ning 等人提出了一种多关键词的排序搜索算法，该算法基于空间向量模型通过构造陷门实现了对加密后的文档索引与查询请求间的相似值计算，由于该算法没有考虑关键词的 TF 值以及 IDF 值，也没有考虑查询的关键词的权值，只关注关键词是否在该文档中出现，因此在客观上是可以实现动态数据的检索的。但是，也必须看到，关键词的 TF 值、IDF 值、查询的关键词的权值的缺失，导致了该算法的排序结果准确性较差。

下面，笔者将在前人研究的基础上，提出一种支持动态数据的多关键词安全排序搜索算法，可以在实现用户隐私保护的基础上，对密文进行多关键排序检索，搜索结果按照与查询请求的相似度进行排序，且检索结果接近于标准的 TF-IDF 框架的计算结果，有较好的准确性。

1. 排序搜索模型与算法

第三方应用往往需要对用户的数据进行搜索排名，从而找出其所最需要的用户数据文件，再进行下载，从而减少网络流量的消耗。通常的搜索排名，是通过给定的关键词，通过文件的内容相关性对文件进行排名。

通过搜索模型，可以得到文档内容与用户查询的相关度。对于搜索模型的研究，是信息学科的一个重要分支，目前已经有众多不同的搜索模型被提出。

布尔模型是一种基于集合论的信息检索模型。在布尔模型中，文档被包含单词的集合来表示，用户查询一般使用逻辑表达式，使用逻辑连接词将用户的查询词串联，以此作为用户的信息需求的表达，最后通过逻辑运算来计算文档与用户查询的相似性。所以说，对于布尔模型来说，满足用户的逻辑表达式的文档就算是相关的。

概率检索模型是基于概率排序原理提出的。对于用户查询，搜索结果排序跟用户需求的相关度越接近，则其准确度越高；概率检索模型就是在此基础上准确地对这种相关度进行估算。

基于统计语言模型是基于语言识别领域的语言模型技术，将语言模型和信息检索相互融合的结果。而机器学习排序与传统的检索模型最大的不同就是，它不需要靠人工提供排序公式，而是通过大量的实验数据来确定最佳的相关性打分函数，因此需要人提供训练数据。

2. 支持动态数据的索引生成算法

（1）当前主要的特征权值生成算法

在向量空间模型中，文件索引的生成过程中，需要计算关键词的特征权值，目前的主要计算算法为 TF-IDF 框架，但是该框架对动态数据进行计算时，由于 IDF 值需要对所有的文件进行计算，从而导致每当有新的文档到来时 IDF 的值就要重新计算，并更新所有文件的索引，这就导致了对动态数据进行计算时 TF-IDF 框架的计算复杂度相对较高，因此无法对云计算中的流式动态数据进行计算。

另外，还有一些广泛使用的特征权值计算算法，包括 MI、ATC、Okapi、LTU 等方法。

其中 ATC、Okapi 以及 LTU 算法是 TF-IDF 框架的变种，这些算法都考虑了其他的一些参数。例如 ATC 算法使用了最大单词频率，Okapi 和 LTU 算法在计算权值时使用了文档长度和最大文档长度。

上述算法的一个相同特点就是，它们都需要整个文档集合的信息，也就是说如果使用一种基于 TF-IDF 的算法来生成文档的索引，当一个新的文档出现时，所有的已经计算的文档的向量索引都必须重新进行计算，当文档数目较大或变动较快时，就导致了任何需要对动态文档使用空间向量模型的场景，由于索引的重新计算，造成了巨大的计算量，且索引也难以及时计算完成，因此空间向量模型一般无法应用于流式的动态数据。

（2）一种支持动态数据的索引生成算法

笔者在这里引入一种可以对动态数据进行特征权值计算的算法，用以生成动态文档的索引。这种算法称为 TF-ICF 算法（Term Frequency-Inverse Corpus Frequency），即词频-反文集频率算法，该算法的主要思想是对于文档类型相同的文集（例如一个全部由新闻构成的文集），随着文档数量的上升，固定关键词的反文档频率将趋于稳定，因此可以使用具有一定文档数量的文集的反文档频率，来代替所有其他类型相同文档的反文档频率。这种对于特定文集的反文档频率被称为反文集频率（Inverse Corpus Frequency，简称 ICF）。

不同的文档集中，由于内容差别较大，因此即使文档数量较大，不同的关键词在三个数据集中的差别仍然较大。也就是说，对于一个固定的关键词来说，在不同文集中，其文档频率是差别较大的，不能在计算关键词的权值时互相代替使用。

当同类的文档在数量上达到一定程度时（例如 1 000 个文档或 2 000 个文档），关键词的反文档频率基本处于稳定状态，不会发生较大的变化，因此我们可以使用一个较小的但达到一定文档数量文集的反文集频率来计算整个相同类型中文档的关键词权值，以达到对动态数据进行索引实时计算的目的。

根据访问控制策略中操作域的概念，笔者研究提出支持动态数据的安全排序搜索算法，针对用户文档进行排序搜索时，只对用户的一个操作域下的文档进行，并假设云计算中用户的操作域按照文档的类型进行分类，例如小说、新闻等，因此相同操作域下的文档属于同一类的文档。因此可以引入 TF-ICF 算法，使用用户文档中一个较小的但达到一定文档数量文集，来计算整个操作域下的文档的索引值。

其具体策略是，设置一个文档数量的阈值（例如 1 000），用户的文档数量在该阈值之下时，采用实时计算的方式计算反文集频率 ICF，也就是每次有新的文档时，就重新计算文集的 ICF 和索引值（类似于 TF-IDF）；当文档数量大于阈值时，就利用前面阈值数量的文档计算的 ICF 值作为整个文集的 ICF 值用于索引计算，不再生成新的 ICF 值。通过 TF-ICF 算法，实现了对云计算中动态数据索引向量的高效计算。下面笔者将 TF-ICF 算法引入提出的多关键词安全密文排序搜索算法中，以实现在不泄露数据隐私的情况下完成对文档的排序搜索。

3. 支持动态数据的多关键词安全排序搜索算法 MRSD

（1）系统模型

在一个云计算的环境中，用户的数据存储在云服务商处，而数据的使用者往往是运行在云平台上的各类第三方应用。这就导致了云计算中数据拥有者、存储者和使用者分离的问题。

为了保护用户数据的隐私不被云服务商所获取，用户的数据往往是被加密存放在云服务商处的。第三方应用在使用用户数据时，需要将用户加密数据下载到本地，然后进行解密。但是往往第三方应用不需要所有的用户数据，只需要数据中与自己的需求最相关的数据，而存储在云服务商的数据又是加密的数据，这就导致了对密文进行排序搜索的需求。

在多关键词安全排序搜索算法的系统模型中，其中有用户、云服务商和第三方应用三个参与者。用户将数据加密后，连同生成的安全索引上传到云服务商处。当第三方应用需要对用户数据进行排序搜索时，将首先获得用户的访问授权，然后将搜索请求发给用户，用户使用自己的安全参数，构建安全搜索请求返回给第三方应用；第三方应用持该请求向云服务商请求对用户数据进行检索，云服务商使用安全索引和安全搜索请求，获得排序搜索的结果，并返回给第三方应用。

在上述的搜索过程中，用户数据的信息以及第三方应用的搜索信息都不会暴露给云服务商，实现了数据的隐私保护。实际上，上述模型中，安全索引的生成和安全搜索请求的构造都是在用户处实现的，在现实的云计算中，由于用户往往不具备上述的计算能力，因此这种在用户处实现安全索引的生成和安全搜索请求的构造是不合理的。

（2）设计目标

结合 TF-ICF 算法，笔者将提出一种适合于云计算的针对动态数据的多关键词安全密文排序搜索算法（Multi-Keyword Ranked Search over Dynamic Cloud Data，MRSD）。

MRSD 算法将实现以下目标：

1）准确地实现对于密文的多关键词排序搜索。

假设在一个云计算的环境中，用户数据被加密存储在云存储服务提供商处，云存储服务提供商不了解文件内容，因此数据的隐私不会被泄露给云存储服务提供商，攻击者也无法获取文件的明文。

在此基础上，当用户将数据的使用权授权给第三方应用时，第三方应用有对数据进行多关键词排序搜索的需求。该检索过程发生在云存储服务器上，以减少第三方应用将所有文件下载到本地所需要的网络流量，同时也减少加解密过程中对本地计算资源的消耗。

2）确保数据的隐私不会被泄露。

该算法使用向量空间模型，通过加密用户生成的文档索引和第三方应用搜索查询，使得查询过程的所有参数对云存储服务提供商保密，用户数据隐私不被泄露，其中包括：保证索引的机密性；保证查询的机密性；保证查询的不可关联性；保证关键词的隐私。

（3）MRSD 算法主要流程

算法的主要流程分为五部分，分别为：准备、启动、产生安全索引、产生安全查询、计算相似值。其中准备阶段主要指计算文档的索引向量；启动阶段，主要是产生安全索引和安全查询生成密钥；产生安全索引阶段为使用密钥生成安全索引的阶段；产生安全查询阶段主要是构造陷门，产生一个安全查询；计算相似值阶段将使用安全索引和安全查询，计算出文档与查询的相似值。

（四）MRSD 算法安全性分析

1. 威胁模型

假设第三方应用是诚实的，但云存储服务提供商是"诚实但是好奇的"。因此云存储服务提供商会遵守服务协议的执行，但是有可能会对用户数据和检索数据进行分析和挖掘等操作，导致数据隐私的泄露。此外，还可认为云存储服务提供商是不安全的，其有可能被内部或者外部的攻击者所威胁并攻破，从而导致用户数据的泄露。

2. 关键词的隐私分析

在已知背景模型中，假设云服务商获取了一些关键词的 TF 值，也可以通过计算大量的文集的 ICF 值来估算用户索引时的 ICF 值，因此对于这些关键词在索引中的特征权值可以做一定的估计。在这样的情况下，云服务商往往就可以通过对大量用户文件索引中的某些值进行分析和估计，从而得出这些关键词在索引中对应的值；甚至于当用户进行很多单关键词查询时，获得的相似性结果就会直接将该关键词的特征权值暴露，也就暴露了安全查询中所含的关键词。

而 MRSD 算法，由于首先对索引向量进行了混淆和加密，因此云服务商无法对安全查询进行分析和估计；此外，由于添加了大量的随机的混淆位，因此即使在进行单关键词查询时，最终得出的相似值也并不是该关键词的特征权值，且每次对该关键词得到的相似值结果都不相同。

由上述分析可见，算法很好地保护了用户查询中的关键词信息不被云服务商所窥测到，从而保护到了关键词的隐私安全。

四、一种云计算下用户数据隐私保护系统框架

（一）系统综述

为了解决上文所提到的云计算中隐私保护所遇到的用户数据加密问题、访问控制问题、加密数据检索问题和密钥管理问题，笔者提出一种云计算下的用户数据隐私保护系统（User Data Privacy Protecting System，UDPPS）。

该系统使用 AES 加密方式对数据进行加密，效率高，加密解密速度较快；提供一个可信的安全代理子系统，使用户数据的加密和解密都在可信的安全代理子系统进行，解决了云计算中加密执行者的问题；使数据的明文只在用户本地和安全代理子系统中出现，云存储服务商只负责存储加密后的数据，无法了解用户数据中的隐私，第三方应用也只有在获得用户的授权之后，才能对用户的数据进行检索，并从安全代理子系统处获取用户已授权数据的明文，并不会得到用户加密密钥的任何信息。

访问控制子系统使用了第三章提出的访问控制方法，可以做到用户的数据保存在云端，可以实现云计算中的数据拥有者在云计算中仍然享有能对自己拥有的数据授权控制的能力，用户可以将自己数据的使用权授权给云计算中的第三方应用，第三方应用持用户的授权可访问用户数据；用户的授权有一定的期限，到达一定期限后，授权自动终止，第三方应用不再有使用用户数据的权限；用户也可以随时登录到访问控制子系统，取消对某些第三方应用的授权。

该系统使用了支持动态数据的多关键词安全密文排序搜索算法 MRSD。该算法可以使第三方应用在不解密用户数据的情况下，对拥有用户授权的数据进行关键词检索，并按照相关性排名，返回结果。该检索过程的计算发生在云存储服务提供商处，可以在不解密所有密文的情况下获取到第三方应用所最需要的文件；当第三方应用检索到自己所最需要的文件后，再通过安全代理来解密并获取该文件，从而降低了安全代理的计算量，同时也降低了第三方

应用所耗费的网络流量。

由于本系统的加密和解密过程只发生在安全代理子系统中，因此该系统的密钥管理与分发相对较为简单，笔者设计了一种用户加解密密钥只在使用时再进行装配，并不存储在本地的密钥管理方式，即 UDPPS 系统，下面将介绍 UDPPS 系统的框架结构。

（二）系统框架

为了实现上述的用户数据加密功能、访问控制功能、加密数据检索功能和密钥管理分发功能，UDPPS 系统主要设计了四个子系统：访问控制子系统、安全代理子系统、数据存储与检索子系统、密钥管理子系统。

在 UDPPS 系统中，安全代理、访问控制、密钥管理子系统是对于整个云平台的全局系统，由云平台提供，数据存储与检索子系统为各个云服务商提供。假设云平台作为基础平台提供商是完全可信的，也就是说安全代理、访问控制、密钥管理子系统对于用户来说是可信的，而云服务商（数据存储与检索子系统）对于用户来说是半可信的。

其中访问控制子系统主要负责用户的注册、登录、权限控制以及第三方应用的注册、登录等功能；安全代理子系统主要负责用户数据的加密、解密，以及用户密文搜索时所使用的安全索引的生成，数据存储与检索子系统主要是存储用户的密文，并在接受由安全代理子系统转发的第三方应用的检索请求后，进行计算生成检索结果，返回给第三方应用；密钥管理子系统存储用户的加密解密密钥种子，并在安全代理子系统需要对文件进行加解密时，提供密钥种子以供安全代理子系统生成密钥。

（三）访问控制子系统

UDPPS 系统中的访问控制子系统，提供了用户注册、登录、权限控制等功能，还提供了第三方应用的注册、登录等功能。系统起到了控制第三方应用对用户数据的访问作用，用户可以在第三方应用的请求下，在访问控制子系统的授权页面中，对第三方应用进行授权，从而使第三方应用获得一定期限的对用户数据的访问权限；也可以在访问控制子系统的页面中取消某些授权，以此来控制自己的文件的授权。

1. 注册流程

在注册的流程中，用户打开访问控制子系统的主页，单击"注册"按钮，并填写诸如 ID、密码、邮箱等信息，然后单击"注册"按钮，如果该 ID 没有被其他用户注册，则注册完成，用户自动转入登录状态。第三方应用的注册流程与用户注册流程基本一致。

2. 授权流程

用户在使用第三方应用时，涉及第三方应用需要访问用户数据时，则需执行授权过程，首先第三方应用将用户访问界面跳转到访问控制子系统的授权界面，在跳转的过程中，传入需要授权的用户 ID、授权的用户作用域 scope，以及第三方应用的 ID 等信息，然后访问控制子系统在页面中显示出上述信息，以便让用户确认，当用户确认上述信息无误后，选择授权的时间，如 1 小时、1 天或者长期等，单击"授权"按钮，访问控制子系统就生成并记录一个授权码，并发送给第三方，最后第三方持该授权码和自己的 ID 以及密码到访问控制子系统的接口，获取一个用于访问用户资源的访问令牌和用于刷新该令牌有效期的刷新令牌，至此授权过程完成。

3. 用户收回权限流程

当用户需要收回授权给某第三方用户的访问权限时,用户首先进入访问控制子系统的页面并登录,然后单击"权限信息管理",在权限管理的列表中,找到所需要收回的权限,单击该授权之后的"删除",然后访问控制子系统就在数据库中将该授权的访问令牌记录的有效期设置为 0,刷新令牌同样设置为无效,至此收回权限的过程完成。

4. 离线授权流程

用户可以在登录之后打开离线授权策略页面,进行策略的设置。当用户设置了离线授权策略之后,若第三方应用需要对用户文档进行操作时,就转向访问控制子系统,子系统根据用户的离线访问控制策略,作为一个用户的代理,决定是否将访问控制的权限授予第三方应用。如果根据用户的离线访问控制策略,第三方应用符合策略要求,那么访问控制子系统将发放给第三方应用一个短期的访问令牌,用于访问用户数据,并不发放刷新令牌,然后将授权写入用户的授权列表中;如果根据用户的策略,第三方应用不符合策略的要求,访问控制子系统则返回一个不能进行授权的信息给第三方应用。当用户上线登录到访问控制子系统时,子系统会检查在用户离线期间,所进行的离线授权,并弹出提示框给用户进行提示。用户在查看了离线授权的信息后,可以进入授权管理页面对已经发生的授权进行调整,也可以调整自己的离线访问控制策略来实现自己的需求。

(四)安全代理子系统

安全代理子系统的主要作用是当用户或者第三方应用对数据进行操作时,使用 AES 算法对数据进行加解密操作,并在对文件进行加密操作时,根据动态数据的多关键词安全密文排序搜索算法生成该文件的安全索引,以实现密文排序搜索;此外第三方用户的检索请求也需要安全代理子系统进行处理生成安全检索。

1. 用户对数据进行写操作流程

用户对文件进行写操作时,首先访问安全代理子系统的文件写入接口,将访问令牌以及文件作用域和文件传入该接口;安全代理子系统获取到用户传入的数据后,与访问控制子系统进行确认,如果用户的信息正确,则进行下一步,否则返回信息验证失败的结果;如果验证成功,安全代理子系统与密钥管理子系统进行通信,获取该用户的加密密钥种子,并与自身的密钥种子进行操作,生成用户的加解密密钥,然后对文件进行加密;而后从本地数据库中提取出加密的安全参数并解密,对文件进行计算,生成安全索引;最后与数据存储与检索子系统进行通信,将加密后的文件与索引文件存入该系统。第三方应用对数据的写操作与上述过程相似。

2. 第三方应用读取用户文件流程

第三方应用对用户文件进行读操作的流程与写文件的流程相似,第三方应用首先访问安全代理子系统的文件读取接口,将第三方应用 ID、Access Token 以及该文件的访问域和文件名传入该接口;安全代理子系统获取到第三方传入的数据后,与访问控制子系统进行确认,如果信息正确,则进行下一步,否则返回信息验证失败的结果;如果验证成功,安全代理子系统与密钥管理子系统进行通信,获取该文件所有者的密钥种子,并与自身的密钥种子进行操作,生成解密密钥,然后对文件进行解密;最后将解密完成的文件传送给第三方应用。用户读取自己拥有的文件的流程基本与第三方应用读取的流程相似。

3. 用户加密数据的排序搜索操作流程

当第三方应用要对某个用户的某个作用域的文件进行关键词检索时，第三方应用与安全代理子系统的检索接口进行通信，将用户的 ID、作用域、需要检索的关键词以及关键词的权值、Access Token 等信息发送给该接口；然后安全代理子系统与访问控制子系统进行通信并验证 Access Token 的有效性，如果 Access Token 无效则返回验证失败的结果；如果有效，安全代理子系统根据关键词构建查询命令，然后与数据存储与检索子系统检索接口进行通信，将查询命令发送给数据存储与检索子系统，系统在进行计算后，将结果发送回安全代理子系统，安全代理子系统再将结果返回给第三方应用。

上述的检索流程中，数据存储与检索子系统也就是云存储服务提供商，并不知道第三方所检索的关键词是什么，也不知道用户文件的内容，因此保护了用户数据的隐私。

（五）数据存储与检索子系统

数据存储与检索子系统主要负责加密后的用户数据的存放及对这些数据的读写操作，以及对这些加密数据按关键词的排序搜索，这些过程中存储与检索子系统只与安全代理子系统交互，不直接与用户或第三方应用交互。

1. 用户加密数据读操作流程

该操作只在安全代理子系统与数据存储与检索子系统之间进行，当安全代理子系统对加密文件进行读操作时，访问数据存储与检索子系统的文件读取接口，将文件的路径发送给数据存储与检索子系统；数据存储与检索子系统根据路径查找该加密文件，如果该文件存在，则将该加密文件返回给安全代理子系统，否则返回文件不存在的结果。

2. 用户加密数据的写操作流程

该操作只在安全代理子系统与数据存储与检索子系统之间进行，当安全代理子系统对加密文件进行写操作时，访问数据存储与检索子系统的文件写入接口，将该文件拥有者的 ID、文件的作用域以及文件的内容和安全索引发送给数据存储与检索子系统；数据存储与检索子系统根据用户的 ID 和作用域，找到文件的路径，如果该文件存在，则用新的加密文件和安全索引代替原文件，否则直接写入新的文件，并将结果返回给安全代理子系统。

3. 用户数据的检索流程

该操作只在安全代理子系统与数据存储与检索子系统之间进行，当安全代理子系统进行数据排序搜索时，访问数据存储与检索子系统的排序搜索接口，将文件域的路径、安全搜索向量等信息发送给数据存储与检索子系统；数据存储与检索子系统根据文件域的路径找到该域下文件的安全索引，并与安全搜索向量计算相似度，然后将文件排序结果返回给安全代理子系统。

五、原型系统的设计与实现

（一）原型系统结构设计

1. 原型系统的基本结构

用户和第三方应用可以通过 Web 访问的方式，访问访问控制服务器和安全代理服务器。访问控制服务器、存储与检索服务器、密钥管理服务器通过云内部网络与安全代理服务器相连。

UDPPS 原型系统的系统结构，主要由四类服务器组成，包括访问控制服务器、安全代理服务器、密钥管理服务器和多个数据存储与检索服务器。

访问控制系统接受用户、第三方应用的访问，提供 Web 页面用于注册、登录和用户授权控制，提供授权和验证的 Web Service 接口用于第三方应用获取访问令牌以及安全代理服务器验证访问令牌的请求。

安全代理服务器开放 Web Service 的接口给用户或第三方应用，用户或者第三方应用可以通过这些接口提交数据操作请求或数据检索请求；该服务器可调用数据存储与检索服务器的接口用于存储数据或进行安全搜索；该服务器与密钥管理服务器交互，获取用户加解密密钥的生成种子。

数据存储与检索服务器提供数据操作与数据检索两个 Web Service 接口，供安全代理服务器调用。

密钥管理服务器提供一个密钥种子查询的接口，供安全代理服务器获取用户的加解密密钥种子。

2. 原型系统的关键技术与层次模型

原型系统使用了 Eucalyptus、Restlet、MyBatis、Spring 等关键技术来构建系统。系统运行在内核版本为 Linux2.6.4 的 CentOS6.3 系统和 Eucalyptus 云计算环境组成的实验平台下，使用 Java 语言编写的 Restlet 框架的 Web Service 应用，并使用 Spring 架构来构建服务器程序。服务器运行于 Eucalyptus 云计算环境中 KVM 虚拟机的 Tomcat 服务器下，数据库系统使用 MySQL 数据库，使用 MyBatis 框架作为 ORM 框架操作数据库。用户访问或第三方应用可以通过 Web 访问的方式，对安全代理服务器和访问控制服务器进行访问，而系统中各个服务器之间，使用 HttpClient 包提供的工具，互相访问对方的 Web Service，来进行数据交换。

原型系统的层次模型，分为基础设施层、软件框架层、服务层。

基础设施层主要提供原型系统所使用的各级计算设施。该层又分为硬件资源层与虚拟资源层。硬件资源层主要提供计算机、服务器等基础硬件资源；而在云计算中，计算资源都以虚拟资源的形式提供给用户，因此在硬件资源层之上存在一个虚拟资源层。虚拟资源层主要包括数据库资源，以及由 Eucalyptus 云计算系统提供的各类虚拟机，它是对下层硬件资源的一种封装。

软件框架层主要为各个服务器程序提供基础框架。其中 Spring 框为最底层，提供了各类 Java Bean 创建、保存、销毁服务，作为容器在程序运行期间保存 Java Bean 并提供各类 AOP（面向切面编程）、DAO（数据操作层）功能。在 Spring 之上是 Restlet 框架和 MyBatis 框架，这两个框架与 Spring 框架相结合为程序的构建提供了各类服务和功能。其中 Restlet 框架主要用于编写 Restful 的 Web Service，方便开发者快速开发满足需求的各类 Web Service 程序，原型系统中的四个服务器，其主要功能都是通过 Web Service 的方式提供给用户进行调用。由于原型系统使用了数据库进行部分数据的存储，因此就需要一个 ORM 框架来实现 Java 对象到数据库的读写操作，笔者设计的原型系统使用的是 MyBatis 框架。MyBatis 使用简单的 XML 或注解用于配置和原始映射，将各类 Java Bean 对象映射成数据库中的记录。

在软件框架层之上就是服务层，该层是笔者研究原型系统中主要实现的部分，提供了访问控制服务器、安全代理服务器、密钥管理服务器和存储与检索服务器，这些服务器向外开放 Web Service 的接口供用户调用，互相之间也使用该方式用于数据通信。下面将详细介绍其中较为重要的访问控制服务器、安全代理服务器的设计与实现，并简单介绍存储与检索服务器的设计与实现。

（二）访问控制服务器的设计与实现

1. 访问控制服务器的设计

访问控制服务器需要提供三个接口和七个页面。

三个接口分别是：token 获取接口、token 刷新接口、token 验证接口。页面分别是：用户注册页面、第三方应用注册页面、登录页面、授权页面、授权管理页面、离线授权策略设置页面、第三方应用管理页面。下文将介绍其中几个重要的接口和页面的设计。

（1）token 获取接口

在第三方应用获取了用户授权之后，会得到访问控制服务器返回的一个授权码，第三方应用就需要使用该授权码访问 token 获取接口，来获取访问令牌。当调用成功后，访问控制服务器会返回一个访问令牌和一个刷新令牌给第三方应用，否则返回授权认证失败的提示。

某些情况下，用户需要获取一个 token 来操作自己的数据，这时同样可以使用 token 获取接口来获取一个 token。用户在获取 token 时，不需要传入 code 参数，而需要以 user_id 和 password 的名称传入自己的用户名和密码，并传入一个 token 的操作域 scope，服务器在验证完成后，将发放 token。

此外当第三方应用进行离线授权申请时，访问 token 获取接口，在不传入 code 的情况下，还应该传入数据拥有用户的 user_id、操作域 scope 等信息，服务器根据离线访问控制策略进行判定，结果将以 Json 文本的形式返回给接口调用者。

（2）token 刷新接口

当第三方应用所使用的 Access Token 过期后，可以使用 Refresh Token 调用 token 刷新接口，获得一个新的 Access Token。接口调用成功后，访问控制服务器会返回一个新的访问令牌，否则会返回参数验证失败的信息。

（3）授权页面

当第三方应用需要用户为其做数据的授权时，需要将用户以 GET 方式导向授权页面，用户在该页面上可以观察到需要授权的信息，包括第三方应用的信息、授权的作用域等，并可以自行选择授权给第三方应用的权限和授权的时间，然后用户判断自己是否要对其进行授权并作出选择。在用户授权之后访问控制服务器将会根据第三方应用传入的回调地址，将授权法返回给第三方应用。

（4）授权管理页面

用户在访问控制服务器登录之后，将会跳转到授权管理页面，在该页面上将会显示用户所作出的授权以及授权的信息，用户可以在该页面对这些信息进行操作，例如取消对某些第三方应用的授权，或更改一些授权的有效时间等。

如果是第三方应用进行登录跳转到该页面，页面就会显示目前给予该第三方应用的授权，以及授权的详细信息。

（5）离线授权策略设置页面

用户可以在登录之后打开该页面，进行自己的离线授权策略的设置。用户可以选择根据应用的可信级别来进行授权许可或者选择使用自定义的授权策略。使用可信级别来设置离线授权策略时，用户可以选择对什么可信级别的第三方应用进行离线授权，并选择可信级别、操作域、操作权限等信息；使用自定义授权策略时，用户可以在访问控制服务器所提供的第三方列表中，选择自己所信任的第三方应用，为其提供自己的某些操作域下的读、写等权限。

2. 访问控制服务器的实现

（1）访问控制服务器程序的实现

1）服务器程序架构。

访问控制服务器，是使用 Java 编写的 Java Web 程序，服务器对外提供 Web 页面和 Web Service 接口，用户使用 Web 方式访问服务器提供的页面和 Web Service 接口，服务器与其他服务器之间的通信，使用 HttpClient 包通过 HTTP 请求来进行。

服务器程序的包结构主要包括 domain 包、dao 包及其子包 impl、resource 包、manager 包、utils 包、webapp 包。

其中 domain 包主要用于定义系统中所使用的各种数据模型，如 AccessToken 类用于表示系统中的访问令牌，OfflinePolicy 类表示用户的离线访问控制策略等。这些数据模型类被设计为 Java Bean，用于在系统的 MVC 各层中以及系统与数据库之间进行数据交换。

dao 包中定义了作为系统的数据操作层，用于系统对数据库进行数据操作，其中在 dao 包中定义了 IAccessToken 等 6 个接口，用于定义对 access_token 等 6 个数据库表所能进行的各类操作，在子包 impl 中，定义了 IAccessTokenDAOImpl 等 6 个类，用于定义 dao 包中的所有接口对数据库进行的操作。

resource 包主要用于提供 Web Service 接口，在 Restful 风格的 Web Service 中，所有的能力或信息都被定义成一种资源（Resource），并且单独的 url 与每一项资源对应。在该包中提供了 RefreshTokenResource、TokenResource 和 TokenVerifyResource 三个类，实现了刷新令牌申请、访问令牌申请和访问令牌验证三种功能的接口。

manager 包主要实现服务器各种业务功能，该包作为系统中的 Control 层，负责业务逻辑的实现、View 层和接口层与数据集的连接等功能。该包中定义了 AccessTokenManager、RefreshTokenManager 等 6 个类，分别处理与 AccessToken、RefreshToken 相关的各种业务逻辑。resource 包中提供的接口以及实现页面展现的 jsp 文件接收到相关的业务请求时，就调用 manager 包中的对应类中的业务逻辑处理方法来进行处理。

utils 包中主要提供了各种系统所需要的各种工具类，例如 AuthCodeUtil 类用于生成符合要求的授权码，Mode 类用于定义各种访问权限类型等。

webapp 包中主要包含了 auth.jsp、login.jsp、mange.jsp、policy.jsp 等 7 个 jsp 文件，用于实现授权页面、登录页面、授权管理页面和离线授权策略设置页面等服务器所提供的 7 个页面，该包中的 jsp 文件通过调用 manager 包中类的方法来实现业务逻辑。

2）domain 包的实现。

domain 包中提供了 AccessToken、App、AuthCode、OfflinePolicy、RefreshToken、User 共 6 个类，用于表示系统中所用到的 6 种数据模型，下面主要介绍一下 AccessToken 类和 OfflinePolicy 类。

AccessToken 类包括了 ID、token、user_id、app_id、scope、expire、mode 七个属性，分别表示了访问令牌的自增 ID、访问令牌、用户 ID、第三方应用 ID、访问域、过期时间、访问权限等。该类提供了多个重载的 AccessToken()方法，作为类的构造方法，根据参数的不同，可以构造出对应授权码、离线授权、用户名密码等多种情形下生成的访问令牌。isValid()的方法用于根据当前时间和 expire 属性判断该访问令牌是否有效，如果有效返回 true，否则返回 false。toJson()方法用于将一个访问令牌的所有属性，如 token、scope 等，转换为一个 Json 字符串，以便服务器将其返回给申请令牌的第三方应用。

OfflinePolicy 类用于表示用户定义的离线授权策略，其中 user_id、scope、type、app_id、level、mode 分别表示该访问控制策略的用户 ID、访问域、访问策略类型、第三方应用 ID、第三方应用可信级别、访问权限。访问控制服务器提供两种离线访问控制策略：可信级别授权策略和自定义授权策略。当 type 等于 1 时，表示用户定义的是可信级别授权策略，这时根据 level 定义的可信级别来判断第三方应用是否符合离线授权策略；当 type 等于 2 时，表示用户定义的是自定义授权策略，这时根据 app_id 定义的应用名称，来判断第三方应用是否符合要求。该类提供了一个构造方法即 OfflinePolicy()用于构造所需要的访问策略 Java Bean。

3）dao 包的实现。

dao 包中首先定义了一个 BaseDAO 类，实现各种数据库操作函数用于子类进行调用；此外还包含了 IAccessToken 等接口，用于定义对 AccessToken 等 6 个数据库表所能进行的各类操作，在子包 impl 中，定义了 IAccessTokenDAOImpl 等类，用于定义 dao 包中的所有接口对数据库进行的操作。下面主要介绍 BaseDAO 类和 IOfflinePolicyDAOImpl 类。

BaseDAO 类作为一个泛型基类，可以被各种其他的 DAO 类所继承，提供了 5 种基本的数据库操作方法。get()方法用于获取数据库中的一行记录，根据输入的参数进行筛选，对于一个 T 类型的对象，T 可以是 domain 中定义的各种数据模型；getList()方法可以从数据库中获取符合方法参数的多行结果，并将结果以 List<T>的类型返回；add()方法用于向数据库中插入一条记录并返回添加结果；update()方法可以对数据库中的一条记录进行更新；delete()方法用于删除符合方法参数要求的数据库记录。

IOfflinePolicyDAOImpl 类实现了 IOfflinePolicyDAO 接口，并继承了 BaseDAO 类，通过调用 BaseDAO 的方法实现对数据库中 offline_policy 表的操作。

IOfflinePolicyDAOImpl 类提供 6 种操作数据库的方法。getById()方法可以使用离线策略的 ID 来获取一个离线策略；getListByUserId()方法可以通过用户的 ID 来获取该用户所有的离线策略；getListByPolicy()方法用于当第三方应用申请离线授权时，服务器构造一个符合该第三方应用的最高要求的离线授权策略，然后用该策略查找数据库中的离线策略是否有要求等于或低于该策略的离线访问策略并返回，如果存在这样的策略服务器就可以进行离线授权。addPolicy()、updatePolicy()、deletePolicy()方法分别用于对数据库进行添加、更新和删除离线授权策略操作。

4）resource 包的实现。

该包中提供了 RefreshTokenResource、TokenResource 和 TokenVerifyResource 三个类，分别实现了申请刷新令牌、申请访问令牌和验证访问令牌三种功能的接口。该包中的类继承了 Restlet 框架提供的 ServerResource 类，该类实现了 get()、post()、put()、delete()等方法，对应 HTTP 中 GET、POST、PUT、DELETE 等方法，用以完成对资源的获取、创建、更新、删除等操作；继承了该类的子类只需要重写以上方法，就可以实现对应的业务逻辑。

TokenResource 类有 authCodeManager、accessTokenManager、refreshTokenManager 三个

计算机网络数据保密与安全

属性，分别用于对授权码、访问令牌和刷新令牌进行操作。三个 set()方法用于 Spring 框架将 authCodeManager、accessTokenManager、refreshTokenManager 三个属性对应的 Java Bean 注入该类中。post()方法重写了 ServerResource 类中的 post()方法，以 POST 方式访问该接口时，就会触发该方法的执行。该方法首先从请求中提取出 ID、password、code、user_id、scope 等参数，然后根据这些参数判断出访问者申请令牌的方式；如果用户使用的 code 方式，就调用 AuthCodeManager 中的方法，判断授权码的有效性，如果有效则调用 AccessTokenManager、RefreshTokenManager 中的方法，生成符合要求的访问令牌和刷新令牌，并存入数据库，最后调用 getJson()方法，生成 Json 格式的返回结果，并将该结果返回给接口调用者。

5）manager 包的实现。

manager 包主要实现了服务器各种业务功能。该包中定义了 AccessTokenManager、RefreshTokenManager 等 6 个类，分别处理与 AccessToken、RefreshToken 相关的各种业务逻辑。下面将简单介绍其中的 AccessTokenManager 类。

AccessTokenManager 类包含了 iAccessTokenDAO、iAuthCodeDAO、iOfflinePolicyDAO 等 5 个属性，主要用于对 access_token、auth_code、offline_policy 等数据库表进行操作，从而完成与访问令牌、授权码、离线访问策略等相关的业务逻辑。上述属性对应的 Java Bean 由 Spring 框架在服务器运行时注入到 AccessTokenManager 类中。

AccessTokenManager 类的 tokenVerify()方法用于判断访问令牌是否有效，如果有效则返回 true，否则返回 false。

该类提供了五种 addAccessToken()的重载方法，用于处理调用者使用不同的参数申请访问令牌的情况。其中第一种重载方法输入了所有可能的参数——ID、password、code、user_id、scope，并根据这五个参数是否为空，调用另外四种重载函数，生成访问令牌。例如 ID、password、code 三个参数不为空，表示用户使用授权码来申请访问令牌，则调用相应的 addAccessToken()的重载方法，根据 code 的信息生成对应的访问令牌并返回。

getOffline()方法可以以用户 ID 作为参数，返回某用户在离线期间产生的离线访问令牌，用于用户登录访问控制系统后，在授权管理页面，将所有离线授权的信息展现给用户。

6）webapp 包的实现。

在该包中，包含了 registeruser.jsp、registerapp.jsp、login.jsp、auth.jsp、manage.jsp、policy.jsp、admin.jsp 共 7 个 jsp 文件，用于生成访问控制服务器所需要的用户注册页面、第三方应用注册页面、登录页面、授权页面、授权管理页面、离线授权策略设置页面、第三方应用管理页面。

在第三方应用注册页面中，当用户在浏览器中打开这些页面，使用 GET 方式访问这些 jsp 文件时，jsp 文件将页面的内容展现给用户，用户可以在页面上进行信息填写或者数据操作，在操作完成完毕，单击"提交"按键后，提交的信息将以表单的形式以 POST 的方式提交到相同的 jsp 文件。jsp 文件检测到是 POST 方式提交的信息后，将调用对应的业务逻辑方法对提交的信息进行处理，然后将处理结果展现给用户或进行页面跳转。用户在该页面上可以观察到需要授权的信息，包括第三方应用的信息、授权的作用域等，并可以自行选择授权给第三方应用的权限和授权的时间，然后用户判断自己是否要对其进行授权并作出选择。在用户授权之后访问控制服务器将会根据第三方应用传入的回调地址，将授权法返回给第三方应用。

（2）访问控制服务器数据库的实现

在访问控制系统的工作流程中，大部分信息，例如用户信息、第三方应用信息、用户和第三方之间的授权关系、访问令牌等，都永久性存储在访问控制系统的 MySQL 数据库中。另外一些临时的信息例如授权码，只使用一次，并且在较短的时间内就会失效，就可以存储在一些缓存系统之中，这样既提高了系统的处理速度，又会减少访问控制系统的数据库压力。app_info 表用于存储第三方应用的注册信息，access_token 表用于存储访问令牌信息，refresh_token 表用于存储刷新令牌信息，offline_policy 表用于存储用户的离线访问策略。

（三）安全代理服务器的设计与实现

1. 安全代理服务器的设计

安全代理服务器主要提供了两个 Web Service 接口，一个是数据操作接口，实现了对数据的查询、创建、修改和删除操作；另外提供了一个数据检索的接口，用于第三方应用对于用户数据的多关键词搜索排序。该服务器通过上述两个接口，对用户的行为进行代理，以保障用户隐私数据不会泄露。

（1）数据操作接口的设计

数据操作接口提供四种数据操作，分别是对数据的查询、创建、修改和删除等操作，上述四项操作由同一个 Web Service 接口实现，分别由 HTTP 协议的四种不同的请求方法实现，查询使用 GET 方式请求接口，创建使用 POST 方式请求，修改数据使用 PUT 方式实现，而删除文件使用 DELETE 方式实现。

1）查询操作。用户或第三方可以使用 GET 方式访问安全代理的数据操作接口，服务器在获得传入的参数后，调用访问控制服务器的 token 认证接口进行信息验证；然后调用存储与检索服务器的相应接口，将密文读取到本地；向密钥管理服务器请求用户数据加密密钥的种子，并与自身的种子进行运算，获得加密密钥，然后将密文解密，传送给调用者。

2）创建操作。用户或第三方应用可以使用 POST 方式访问安全代理的数据操作接口，服务器在获得传入的信息后，调用访问控制服务器的 token 认证接口进行信息验证；向密钥管理服务器请求用户数据加密密钥的种子，并与自身的种子进行运算，获得加密密钥，然后将文件加密；接着读取本地的安全索引生成的所需的安全参数，并对安全参数进行解密，调用安全索引生成流程，生成文件的安全索引文件；最后调用存储与检索服务器的相应接口，将加密后的文件和安全索引文件写入存储服务器。

3）修改操作。用户或第三方应用可以使用 PUT 方式访问安全代理的数据操作接口，服务器在获得传入的参数后，验证 token，向密钥管理服务器请求用户数据加密密钥的种子，通过计算获得加密密钥，然后将文件加密；而后调用安全索引生成流程，生成文件的新的安全索引文件，最后与存储与检索服务器通信，用新的加密文件和安全索引文件覆盖原文件。

4）删除操作。用户或第三方应用可以使用 DELETE 方式访问安全代理的数据操作接口，服务器在获得传入的 user_id、token、scope、filename 等参数后，验证 token，根据传入的参数，调用存储与检索服务器的相应接口，将存储在服务器中的加密文件和安全索引文件删除。

（2）数据检索接口的设计

数据检索接口使用 POST 方式访问，第三方应用将用户 ID、访问令牌、访问域以及查询的关键词列表传入数据检索接口，服务器在获得传入的参数后，调用访问控制服务器的 token 认证接口进行信息验证；验证通过后，安全代理服务器首先获取本地的用户安全参数并解密，然后调用安全查询生成算法，生成该查询的安全查询向量，并将该安全查询向量发送给存储与检索服务器，进行相似度计算，最后将排序的结果发回给第三方应用。在传入的参数中，可以选择返回结果开始和结束的位置，例如开始位置为 1，结束位置为 10，这样服务器将返回相似度排名第 1 到第 10 的结果。

2. 安全代理服务器的实现

（1）安全代理服务器程序的实现

1）服务器程序架构。

安全代理服务器程序架构与访问控制服务器程序类似，主要包括 domain 包、dao 包及其子包 impl、resource 包、manager 包、utils 包，不同的是由于安全代理服务器不需要提供页面，只需要提供接口，因此安全代理服务器不包含 webapp 包；由于文件的加密、安全索引的计算使用的是多线程计算方式，因此增加了 task 包，用于实现多线程业务功能。

domain 包主要用于定义系统中所使用的各种数据模型，包括 ICF 类、SecretKey 类、SecurityIndex 类，分别表示反文集频率、用户创建安全索引使用的密钥、安全索引。

dao 包用于系统对数据库进行数据操作，dao 中包含 IICFDAO、ISecretKeyDAO 两个接口，用于定义对 icf 等数据库表所能进行的操作，在子包 impl 中，定义了 ISecretKeyDAOImpl 等类，用于实现 dao 包中的所有接口功能。

resource 包主要用于提供 Web Service 接口。在该包中提供了 FileResource、SearchResource 两个类，用于实现文件操作与安全搜索接口功能。

manager 包主要用于实现服务器各种业务功能，该包作为系统中的 Control 层，负责创建业务处理线程，接口层与数据集的关联功能。该包中定义了 FileManager、SearchManager 两个类，分别处理文件操作与安全搜索的业务逻辑。

utils 包中主要提供了各种系统所需要的各种工具类，例如 EncryptUtil 类用于处理各种文件或对象的加密请求，DataServerUtil 类用于服务器与数据服务器进行通信等，TokenUtil 类用于向访问控制服务器请求访问令牌验证。

task 包中有 file、index、search、temp 四个子包，分别用于创建系统业务逻辑中的不同业务任务。file 包中的 DecryptTask 等类用于创建文件加解密的任务，index 包中的 IndexTask 等类用于实现安全索引的相关业务，search 包用于实现安全搜索业务，而 temp 包用于处理用户通过安全代理上传、下载过程中产生的临时文件。

2）domain 包的实现。

包括 ICF 类、SecretKey 类、SecurityIndex 类，分别表示反文集频率、用户创建安全索引使用的密钥、安全索引。这里主要介绍 ICF 类的实现。

ICF 类包括了 id、user_id、scope、total、dn、icf、dn_en、icf_en 等属性，分别表示了访问令牌的自增 ID、用户 ID、访问域、该域中文件数目、关键词文档数目、关键词反文集频率、加密后的关键词文档数目、加密后的关键词反文集频率。dn 是一个 Matrix 类型的变量，也就是一个矩阵，存放着所有关键词在该操作域中出现的文档的数目，用于计算反文集频率。icf 同样是一个 Matrix 类型的变量，用于存放所有的关键词在该域中的反文集频率。由于 dn 和 icf 需要存放在安全代理服务器的数据库中，因此添加了 byte[]类型的 dn_en、icf_en 变量，用于存储 dn 和 icf 序列化后的加密数据。

ICF 类提供了 ICF()、dnToIcf()、bytesToMatrix()、matrixToBytes()四个方法。ICF()方法是

该类的构造函数，用于构造一个 ICF 对象；dnToIcf()方法主要用于在关键词的文档数目统计完毕后，根据 dn 计算反文集频率；当 dn、icf 等属性计算完成后，系统将 ICF 对象存入数据库中，存入之前需要对对象数据进行序列化和加密，matrixToBytes()方法提供了上述功能；反之，当系统使用数据库中读取的 ICF 对象之前，需要对其进行反序列化和解密，该功能由 bytesToMatrix()方法提供。

3）resource 包的实现。

resource 包主要用于提供 Web Service 接口。在该包中提供了 FileResource、SearchResource 两个类，用于实现文件操作与安全搜索接口功能。

FileResource 类有 fileManager 一个属性，用于调用 FileManager 中的方法，实现文件的获取、创建等操作。setFileManager()方法用于 Spring 框架将 fileManager 属性对应的 Java Bean 注入到该类中。post()方法重写了 ServerResource 类中的 post()方法，以 POST 方式访问该接口时，就会触发该方法，该方法用于用户创建文件，首先从用户提交的数据中提取出 user_id、scope、token 等参数，对 token 进行认证，再去取请求中的文件，最后调用 FileManager 中的 postTask()方法，进行接下来的文件加密以及安全索引计算等任务。此外，该类中的 get()方法、put()方法、delete()方法分别用于文件的获取、更新、删除等操作。

4）manager 包的实现。

manager 包主要实现各种业务功能，该包中定义了 FileManager、SearchManager 两个类，分别处理文件操作与安全搜索的业务逻辑。FileManager 类对应 FileResource 类中的 get()、post()等方法，该类中提供了 getTask()、postTask()、putTask()、deleteTask()四个方法处理任务。另外实现了 singlePostTask()、multiPostTask()两个方法，分别处理创建单个文件和多个文件的任务。

5）task 包的实现。

task 包中有 file、index、search、temp 四个子包，分别用于创建系统业务逻辑中的不同业务任务。file 包中的 DecryptTask 类用于创建文件加解密的任务，EncryptTask 类用于对加密文件的解密任务；index 包中的 IndexTask 类用于创建安全索引的相关业务，该类会调用 Index 包下的 ICFTask、NewIndexTask、UpdateIndexTask 三个类中的相关方法，实现 ICF 创建或更新、创建新安全索引、更新安全索引等任务。search 包中包括 Query 和 SearchTask 两个类，分别负责产生安全检索请求和将请求发送给数据存储与检索服务器。temp 包用于处理用户通过安全代理上传、下载过程中产生的临时文件。

在 IndexTask 类中，file 属性对应 FileManager 中的 singlePostTask()方法，指的是传入单个要创建或修改的文件；而 files 属性则对应 multiPostTask()方法，表示传入多个文件的一个数组；user_id 和 scope 分别表示要操作的用户名和操作域；isPutTask 表示该任务是否是一个文件更新任务。该类只提供了两个方法，IndexTask()方法是该类的构造方法，用于构造一个 IndexTask 对象，并初始化其中的各个属性。run()方法是本类的主要业务处理方法。IndexTask 类继承了 Runable 接口，因此可以通过该类创建一个 Java 线程。安全代理服务器每次接收到一个创建或更新文件的请求，就会启动一个由 IndexTask 类实现的线程，用于实现文件安全索引的创建，该线程的执行过程与文件加密过程同时执行，从而提高了业务处理的速度效率。当一个 IndexTask 类创建的线程启动时，run()方法中的代码将自动开始执行，进行文件的索引创建。在安全索引创建过程中，主要使用了该文件域的反文集频率 ICF、用户密钥 SK 等，并需要考虑 ICF 更新、旧文件安全索引更新等问题。

文件安全索引创建的流程如下：首先从数据库中读取用户所要创建或更新的文件对应的操作域的反文集频率 ICF 和用户的密钥 SK。然后根据 IndexTask 类的 isPutTask 属性，判断是否是文件更新操作，如果是文件更新操作，则不进行 ICF 更新，直接使用 ICF 和 SK 生成文件的安全索引；如果是文件创建操作，则判断 ICF 是否需要更新，设置一个 ICF 更新的阈值；如果进行 ICF 计算的阈值已经超过该阈值，则不再进行 ICF 更新，原型系统中该阈值被设置为 1 000。

当判断 ICF 值需要更新时，程序创建一个 ICFTask 对象，将旧的 ICF 和文件传入，执行其中的 updateICF() 方法，使用新的文件更新 ICF 并将其写入数据库。由于 ICF 的更新，之前传入的文件的安全索引都需要更新，程序创建一个 updateIndex 对象，将存储在数据存储与搜索数据库中的该域中的文件索引取回并使用新的 ICF 进行更新。然后，程序计算新文件的安全索引，并将所有的安全索引发送给数据存储与搜索服务器进行存储。

(2) 安全代理服务器数据库的实现

安全代理服务器中需要存储在数据库中的信息，主要是各个用户的操作域中的 ICF 信息，以及用户用于生成安全索引需要的 SK 信息。上述信息在程序中以 Java 对象的形式存在，因此在存入数据库之前需要对其进行序列化；序列化后的数据为二进制串，对应数据库的存储类型为 BLOB，由于 SK 在反序列化之后较大，因此我们使用 LONGBLOB 来进行存储，并在存储进数据库之前对其进行加密。

（四）存储与检索服务器的设计与实现

存储与检索服务器提供的接口与安全代理服务器相似，主要包括数据操作接口、索引操作接口以及数据检索接口。区别是，由于对存储与检索服务器接口的操作都是由安全代理服务器实现的，因此，不需要传送访问令牌，存储与检索服务器也不需要进行令牌认证。

1. 存储与检索服务器的设计

存储与检索服务器的文件操作接口提供四种数据操作，分别是对数据的查询、创建、修改和删除等操作，上述四项操作也是由 HTTP 协议的四种不同的请求方法实现的。查询使用 GET 方式请求接口，创建使用 POST 方式请求，修改数据使用 PUT 方式实现，而删除文件使用 DELETE 方式实现。

存储与检索服务器提供了文件安全索引的操作接口。该接口的设计方式与文件操作接口相似，由 HTTP 协议的四种不同的请求方法实现对索引的四种不同请求方式。不同的是，该接口传输的并非文件，而是序列化之后的安全索引的二进制串。

存储与检索服务器的数据检索接口同样使用 POST 方式访问，安全代理服务器将文件域的路径以及安全查询向量传入数据检索接口，服务器在获得传入的参数后，找到文件域下所有文件的安全索引文件，调用检索算法，对文件与查询进行相似值计算，最后将排序结果发回给安全代理服务器。在传入的参数中，可以选择返回结果开始和结束的位置，例如开始位置为 1，结束位置为 10，这样服务器就只返回相似度排名第 1 到第 10 的 10 个结果。

2. 存储与检索服务器的实现

（1）存储与检索服务器程序的实现

与访问控制服务器、安全代理服务器相同，存储与检索服务器依然是 Restlet 架构编写的 Web Service 程序。

该服务器程序主要包括 domain 包、dao 包及其子包 impl、resource 包、manager 包、utils 包。以上包的主要功能与上文的两个服务器程序中包的功能基本相同，与安全代理服务器相比，存储与检索服务器的 task 包相对简单，只有 search 一个子包。这主要是由于，该服务器不需要提供文件加解密、安全索引的创建、临时文件删除等复杂的任务，只需要提供文件的存放和文件的安全排序检索功能，因此在 task 包中只有 search 一个子包存在。

存储与检索服务器程序的 domain 包只包含 SecurityIndex 类，该类的实现与安全代理服务器中的实现完全相同，用于表示文件的安全索引。服务器的索引操作接口通过安全代理服务器的调用，获得文件的安全索引，并对其进行反序列化，生成一个 SecurityIndex 对象，然后将其存放到数据库中用于对文件进行检索。

dao 包用于系统对数据库进行数据操作，dao 中包含 ISecurityIndexDAO 一个接口和 BaseDAO 一个基类，接口 ISecurityIndexDAO 中定义了对 security_index 数据库表所能进行的操作，在子包 impl 中，定义了 ISecurityIndexDAOImpl 类，实现了 ISecurityIndexDAO 接口中的方法。

resource 包主要用于提供 Web Service 接口。在该包中提供了 FileResource、SearchResource、IndexResource 三个类，这三个类分别实现了文件操作、文件安全排序搜索操作和索引操作三个接口。在 SearchResource 类中可以看到该类主要提供了一个继承自 ServerResource 的 post()方法，用于接收来自安全代理服务器的 POST 方式的搜索请求，然后将搜索请求的安全请求向量反序列化，然后调用 SearchManager 中的 searchTask()方法对文件进行搜索。

manager 包主要实现了服务器各种业务功能，在存储与检索服务器程序中该包定义了 IndexManager、SearchManager 两个类，分别处理索引操作与安全搜索的业务逻辑。

task 包中定义了 searchTask 一个类，该类主要提供了一个 searchTask()方法，该方法可以从调用者处获得安全搜索向量，然后利用 ISecurityIndexDAO 接口中的方法，取出所检索的操作域中所有文件的安全索引，计算两者的向量积，从而获得相似度结果，并将根据相似度排序的文件名列表以 Json 格式发回给调用者。

（2）存储与检索服务器数据库的实现

存储与检索服务只提供文件存放与搜索服务，因此其数据库只有一个表，即 security_index 表，用于存储各个文件的安全索引。该表中的每条记录主要包含有文件的拥有者 ID、文件的操作域、文件名和文件安全索引等信息。

六、实验结果及分析

（一）实验环境

使用 Eucalyptus 云计算平台，创建四台虚拟机作为云计算节点，分别部署了访问控制服务器、安全代理服务器、密钥管理服务器和数据存储与检索服务器。在云平台上创建两台虚拟机分别作为用户和第三方应用,接入 UDPPS 系统中。

(二)实验结果与分析

1. 准确率实验

TF-ICF 算法引入,是支持动态数据的多关键词排序搜索算法(MRSD)的关键,由于该算法的引入,使得支持动态数据的索引计算成为可能,因此,实验首先测试该算法在云计算中对于用户数据计算的准确率。

在准确率实验中,首先选取了 400 个关键词作为词典,然后在 Reuters-21578、SMART 和 20Newsgroups 三个数据集中各增量选取了含有 2 000~10 000 个文档的共 5 个数据集(即文档数多的数据集含有文档数少的数据集,模拟云计算中动态数据的增加),然后产生了 10 个随机的多关键词搜索,我们分别使用 TF-IDF 算法、MRSD 算法、MRSE-1 算法和 MRSE-2 算法计算上述文档的索引,并依次计算各个搜索请求的结果。其中 TF-IDF 算法每次计算整个数据集的 IDF 值;MRSD 算法使用第一个文档数为 2 000 的数据集的前 1 000 个文档计算各个关键词的反文集频率 ICF,并用该值计算剩下的所有文档集的索引;MRSE-1 算法和 MRSE-2 算法的索引根据关键词是否在该文档中出现来确定。最后将 TF-IDF 算法产生的结果作为基准,计算 MRSD 算法、MRSE-1 算法和 MRSE-2 算法的排序结果与 TF-IDF 算法产生的结果的相似度,设文件的排序结果与 TF-IDF 算法产生的结果相差 1%为准确,计算所有文件排序结果准确率所占总文件的数量作为实验结果。

实验结果中,MRSD 算法得出的结果最为接近 TF-IDF 框架的结果,而 MRSE-1 算法和 MRSE-2 算法的结果与 TF-IDF 算法的结果相差甚远。MRSD 算法的结果较为平稳,没有因为文档数的变化发生大幅波动,另外两种算法的结果则波动较大。

由实验结果可以看出,MRSD 算法得到的排序结果接近于 TF-IDF 框架,且随着文档数目的增多,结果仍然较为平稳,没有因为文档数的变化发生大幅波动。而 MRSE-1 算法和 MRSE-2 算法结果准确率较差,在对准确性要求较高的多关键词排序搜索中,基本上不具备实用价值。而且,由于 MRSE-1 算法和 MRSE-2 算法并不支持查询关键词的权值,因此在实验中所有关键词使用了相同的权值,如果再将查询关键词的权值纳入考虑,MRSD 算法的准确率将更高。

2. 安全索引创建性能测试

在该项中,实验测试了 MRSD 算法、MRSE-1 算法和 MRSE-2 算法在生成安全索引时的性能,并分两组实验进行对比。

在第一组实验中,首先选取了 400 个关键词作为词典,并随机增量选取的文档数分别为 2 000~10 000 的文档集共五组,分别使用 MRSD 算法、MRSE-1 算法和 MRSE-2 算法进行索引生成,记录其耗费的时间的平均值(MRSD 算法关键词的 ICF 值由前 1 000 个文档生成)。

在第二组实验中,首先选取了五组关键词作为词典,其关键词数目分别是 400、600、800、1 000、1 200,然后从三个数据集随机选取文档数为 2 000 的文档集各一个,分别使用 MRSD 算法、MRSE-1 算法和 MRSE-2 算法进行索引生成,记录其耗费的时间的平均值。

对于第一组实验,MRSD 算法、MRSE-1 算法和 MRSE-2 算法创建安全索引所使用的时间随着文档数的增加呈线性上升的趋势,其中 MRSE-1 算法时间最少,MRSD 算法和 MRSE-2 算法消耗的时间基本相同,但三者差距并不是很大;对于第二组实验,随着关键词数目的上升,呈指数上升的趋势,其中 MRSE-1 算法消耗的时间最少,MRSD 算法和 MRSE-2 算法消耗的时间基本相同,但三者差距并不是很大。

MRSD 算法稍高于 MRSE-2 算法的原因是,生成基于 TF-ICF 框架的索引,并将索引单位化需要耗费一定的时间,但是也可以看到,这部分耗费的时间基本可以忽略不计,这样 MRSD 算法已接近于 MRSE-2 算法的时间,获得了远高于 MRSE-2 算法的准确率。

3. 安全查询生成性能测试

在对安全查询生成的性能测试中,依然进行了两组实验。

在第一组实验中,分别选择了词典中关键词数目为 400、600、800、1 000 和 1 200 的五组查询,每组查询的关键词为 5 个,设置混淆位的位数分别为 20、30、40、50 和 60,然后分别使用 MRSD 算法、MRSE-1 算法和 MRSE-2 算法生成一个安全查询向量,计算其耗费的时间。在第二组实验中生成词典关键词数目为 400 的、查询中关键词数目分别为 5、10、15、20、25 的五组查询,用三种算法分别生成其安全查询,并记录时间。

对于第一组实验,MRSD 算法、MRSE-1 算法和 MRSE-2 算法创建安全索引所使用的时间随着词典中关键词数目呈指数上升的趋势,其中 MRSE-1 算法消耗的时间最少,MRSD 算法和 MRSE-2 算法消耗的时间基本相同;对于第二组实验,随着查询中关键词数目的上升,消耗的时间基本不变,其中,MRSE-1 算法消耗的时间最少,MRSD 算法和 MRSE-2 算法消耗的时间基本相同。

通过实验结果可以看出,MRSD 算法和 MRSE-2 算法通过动态混淆位的添加,获得了更好的安全性,而消耗的时间基本与 MRSE-1 算法相同。

4. 排序搜索性能测试

在该项测试中,同样设置了两组对比实验。

在第一组实验中,分别使用 MRSD 算法、MRSE-1 算法和 MRSE-2 算法对三个数据集中随机增量选取的文档数分别为 2 000～10 000 的五个文档集,执行词典关键词数目为 400、查询关键词数目为 5 的排序搜索,并记录搜索所消耗的时间的平均值。

第二组实验中,使用三种算法分别对一个文档数目为 2 000、词典关键词数目为 400 的文档集合,执行查询关键词数目为 5、10、15、20、25 的搜索,并记录其平均耗费时间。MRSD 算法、MRSE-1 算法和 MRSE-2 算法进行安全排序搜索所使用的时间随着文档数的增加呈线性上升的趋势,与查询关键词的数量无关。

5. 其他系统模块的功能测试

在系统的使用过程中,对于访问控制子系统的注册、登录、授权、授权管理、离线授权策略配置、访问令牌的获得、访问令牌认证、访问令牌刷新进行了测试,以上功能可以正常完成,以保护用户数据的访问权限,使第三方应用可以在获得用户授权的情况下访问用户的数据,并在用户取消权限后,无法使用用户数据;在用户离线时,能够根据用户设置的离线授权策略,对第三方应用进行离线授权,并能够在用户登录之后,将离线授权的信息提示给用户,便于用户对这些授权进行操作。

安全代理子系统成功地实现了用户或者第三方应用对数据进行操作,对数据进行加解密的操作,并在对文件进行加密操作时,根据动态数据的多关键词安全密文排序搜索算法生成该文件的安全索引,以实现密文排序搜索。存储与检索子系统在实验中,能根据安全代理系统的操作,实现数据存储与数据读取的功能,存储安全索引文件,并实现安全的多关键词排序搜索。密钥管理子系统较为简单，其功能同样成功地得到了测试。

6. 实验结论

通过实验验证得出结论，MRSD 算法相对于 MRSE-2 算法，在耗费时间基本相同的情况下，较大幅度地提高了排序算法的准确率，相对于 MRSE-1 算法，在耗费时间小幅增加的情况下，获得了更好的准确率和安全性。算法所耗费的时间在可以接受的范围内，但是 MRSD 算法仍然对词典中关键词的数量十分敏感，随着词典中关键词数目的增加，算法耗费的时间将大幅增加，影响系统效率。

访问控制协议很好地实现了设计目标，原型系统中的各部分子系统正常运行，可以在保护用户隐私的基础上，完成对第三方应用的无证书认证、用户数据访问授权、数据加密、密文排序检索等功能。

第三章

基于企业信息的网络数据保密与安全研究

第一节 网络销售系统的数据保密与安全

一、网络中常见的攻击方法

随着互联网用户的不断增加以及相关技术的高速发展,人类正朝着网络"无处不在"的社会前进。计算机网络系统开放式环境促使系统面临着许多攻击威胁,真正的攻击者一旦将攻击的命令传送到主控端主机,攻击者主机就将被关闭甚至脱离网络,而由主控端主机将命令发布到各个代理主机上,这样攻击者可以逃避追踪。每一个攻击代理主机都会向目标主机发出大量的服务请求数据包,这些数据包有的经过伪装,无法识别它的来源,这些包所有的请求服务往往要消耗较大的系统资源,如 CPU 或网络带宽。

如果数百台甚至上千台攻击代理主机同时攻击一个目标,就会导致目标主机网络和系统资源的耗尽,还可能阻塞目标网络的防火墙和路由器等网络设备,进一步加重网络"塞车"状况,使目标主机无法为用户提供任何服务,最终导致系统崩溃。

（一）分布式"拒绝服务"的攻击

在分布式"拒绝服务"（DDoS）的攻击过程中,一群恶意的主机或被恶意主机感染的主机将向受攻击的服务器发送大量的数据。在这种情况下,靠近网络边缘的网络节点将会变得资源枯竭。原因有两个:一是靠近服务器的节点通常在设计时仅要求处理用户数据较少;二是数据在网络核心区的聚集使处于边缘的节点会接收更多的数据。此外,服务器系统本身也是一个受到攻击的主要对象,一般在极度超载的情况下会瘫痪。

1. DDoS 攻击原理

"分布"是指把较大量的工作量由多个处理器或多个节点共同协作完成。DDoS 攻击就是攻击者控制大量的攻击源,然后同时向攻击目标发起的一种拒绝服务攻击。

DDoS 攻击主要分为 Smurf、SYN Flood、Fraggle 三种,在 Smurf 攻击中,攻击者使用 ICMP 数据包阻塞服务器和其他网络资源;SYN Flood 攻击使用数量巨大的 TCP 半连接来占用网络资源。

2. 攻击工具及攻击检测

（1）Smurf

该攻击向一个子网的广播地址发一个带有特定请求的包,并将源地址伪装成想要攻击的主机地址。子网上所有主机都回应这包的请求而向被攻击主机发包,使被攻击主机受到攻击。Smurf 攻击利用的是 Ping 程序中使用的 ICMP 协议。攻击者首先制造出源地址是受攻击主机的 IP 地址的包;然后攻击者将这些包发送给不知情的第三方,让它们成为帮凶;当许多帮凶发出足够多的 ICMP 包，将超过受攻击主机的承受能力时，主机就会崩溃。

（2）Land-based

攻击者将一个包的源地址和目的地址都设置为目标主机的地址，然后将该包通过 IP 欺骗的方式发送给被攻击主机，这种包可以造成被攻击主机因试图与自己建立连接而陷入死循环，从而很大程度地降低了系统性能。

（3）Ping of Death

根据 TCP/IP 的规范，一个包的长度最大为 65 536 字节。尽管一个包的长度不能超过 65 536 字节，但是一个包分成的多个片段的叠加却能做到。当一个主机收到了长度大于 65 536 字节的包时，就是受到了 Ping of Death 攻击，该攻击会造成主机的危机。

（4）Teardrop

IP 数据包在网络传递时，数据包可以分成更小的片段。攻击者可以通过发送两段（或者更多）数据包来实现 Teardrop 攻击。第一个包的偏移量为 0，长度为 N，第二个包的偏移量小于 N。为了合并这些数据段，TCP/IP 堆栈会分配超乎寻常的巨大资源，从而造成系统资源的缺乏甚至机器的重新启动。

（5）PingSweep

使用 ICMP Ech，轮询多个主机。

（6）Pingflood

该攻击在短时间内向目的主机发送大量 ping 包，造成网络堵塞或主机资源耗尽。

（二）TRINOO 攻击

TRINOO 采用的主要攻击方法是利用 TCP/IP 协议中的漏洞，如允许碎片包、大数据包、IP 路由选择、半打开 TCP 连接、数据包 flood 等，这些都会降低系统性能，甚至使系统崩溃。UNIX 和 Linux 平台的主机一般都能被用于此类攻击，而且可以容易地将这些攻击工具移植到其他系统平台上。

TRINOO 的攻击主要通过 3 个部分实施：

（1）攻击端

攻击端不是 TRINOO 自带的部分。攻击端对主控端的远程控制通过 27665/TCP 端口建立 TCP 连接实现，输入默认密码"betaalmostdone"后，即完成了连接工作，进入攻击控制可操作的提示状态。

（2）主控端客户进程（master）

正确输入密码并默认密码 gOrave 后，master 即成功启动，它一方面侦听端口 31335，等待攻击守护进程的 HELLO 包，另一方面侦听端口 27665，等待主控端客户进程对其的连接。当攻击端连接成功并发出指令时，master 所在主机将向守护进程 ns 所在主机的 27444 端口传递指令。

（3）代理端守护进程（ns）

ns 是真正实施攻击的程序，它一般和客户进程 master 所在主机分离。ns 运行时，会首先向 master 所在主机的 31335 端口发送内容为 HELLO 的 UDP 包，标示它自身的存在，随后守护进程即处于端口 27444 的侦听状态，等待 master 攻击指令的到来。

二、防止攻击的常见方法

（一）DDoS 的攻击

尽管网络安全专家都在着力开发阻止 DoS 攻击的设备，但收效不明显，因为 DoS 攻击利用了 TCP 协议本身的弱点。正确配置路由器能够有效防止 DoS 攻击。以 Cisco 路由器为例，Cisco 路由器中的 IOS 软件具有许多防止 DoS 攻击的特性，保护路由器自身和内部网络的安全。

1. 使用扩展访问列表

扩展访问列表是防止 DoS 攻击的有效工具。它既可以用来探测 DoS 攻击的类型，也可以阻止 DoS 攻击。Show ip access-list 命令能够显示每个扩展访问列表的匹配数据包，根据数据包的类型，用户就可以确定 DoS 攻击的种类。如果网络中出现了大量建立 TCP 连接的请求，这表明网络受到了 SYN Flood 攻击，这时用户就可以改变访问列表的配置，阻止 DoS 攻击。

2. 使用 QoS

使用服务质量优化（QoS）特征，如加权公平队列（WFQ）、承诺访问速率（CAR）、一般流量整形（GTS）以及定制队列（CQ）等，都可以有效阻止 DoS 攻击。需要注意的是，不同的 QoS 策略对付不同 DoS 攻击的效果是有差别的。例如，WFQ 对付 Ping Flood 攻击要比防止 SYN Flood 攻击更有效，这是因为 Ping Flood 通常会在 WFQ 中表现为一个单独的传输队列，而 SYN Flood 攻击中的每一个数据包都会表现为一个单独的数据流。此外，人们可以利用 CAR 来限制 ICMP 数据包流量的速度，防止 Smurf 攻击，也可以用来限制 SYN 数据包的流量速度，防止 SYN Flood 攻击。

3. 使用单一地址逆向转发

逆向转发（RPF）是路由器的一个输入功能，该功能用来检查路由器接口所接收的每一个数据包。如果路由器接收到一个源 IP 地址为 192.168.0.1 的数据包，但是 CEF（Cisco Express Forwarding）路由表中没有为该 IP 地址提供任何路由信息，路由器就会丢弃该数据包，因此逆向转发能够阻止 Smurf 攻击和其他基于 IP 地址伪装的攻击。

4. 使用 TCP 拦截

在 TCP 连接请求到达目标主机之前，TCP 拦截通过拦截和验证来阻止这种攻击。TCP 拦截可以在拦截和监视两种模式下工作。在拦截模式下，路由器拦截到达的 TCP 同步请求，并代表服务器建立与客户机的连接，如果连接成功，则代表客户机建立与服务器的连接，并将两个连接进行透明合并。在监视模式下，路由器被动地观察流经路由器的连接请求，如果连接超过了所配置的建立时间，路由器就会关闭此连接。

5. 使用基于内容的访问控制

基于内容的访问控制（CBAC）是对 Cisco 传统访问列表的扩展，它基于应用层会话信息，智能化地过滤 TCP 和 UDP 数据包，防止 DoS 攻击。

CBAC 通过设置超时时限值和会话门限值来决定会话的维持时间以及何时删除半连接。对 TCP 而言，半连接是指一个没有完成三阶段握手过程的会话。对 UDP 而言，半连接是指路由器没有检测到返回流量的会话。

CBAC 正是通过监视半连接的数量和产生的频率来防止洪水攻击。每当有不正常的半连接建立或者在短时间内出现大量半连接的时候，用户可以判断是遭受了洪水攻击。CBAC 每分钟检测一次已经存在的半连接数量和试图建立连接的频率，当已经存在的半连接数量超过了门限值，路由器就会删除一些半连接，以保证新建立连接的需求，路由器持续删除半连接，直到存在的半连接数量低于另一个门限值；同样，当试图建立连接的频率超过门限值，路由器就会采取相同的措施，删除一部分连接请求，并持续到请求连接的数量低于另一个门限值。通过这种连续不断的监视和删除，CBAC 可以有效防止 SYN Flood 和 Fraggle 攻击。

路由器是企业内部网络的第一道防护屏障，也是黑客攻击的一个重要目标，如果路由器很容易被攻破，那么企业内部网络的安全也就无从谈起，因此在路由器上采取适当措施，防止各种 DoS 攻击是非常必要的。

（二）防止溢出攻击

凡有了解黑客或者安全方面知识的人，都一定接触过溢出攻击或这一类词，也就是无处不存在溢出攻击。溢出攻击如果成功，可以迅速获取对方主机的一定权限。

如果被溢出攻击了，尤其是一台专门用来保护重要数据的主机，被骇客攻击后，会大量删除数据。有效地打补丁倒也是一个好方法，打补丁是有效的方法，但不是唯一的方法；给 cmd.exe 设置权限，可以有效地防止溢出。

（三）网络地址转换技术

网络地址转换（Network Address Translation，NAT）技术，可将企业内部网络中采用的私有地址，在需要做 Internet 访问时才转换为合法的 Internet 地址。即在内部网络与 Internet 交接点设置 NAT 和一个由少量公用 IP 地址组成的 IP 地址池，在进行 NAT 转换时，将 IP 包内的地址用相应的 IP 地址来替换，这样，既解决了大量内部主机用少量 IP 地址访问互联网的需求，节省地址资源，又可隔离内外网络、保障网络安全。

（四）NAT 的转换方式

NAT 功能常被集成到路由器、防火墙、ISDN 路由器或单独的 NAT 设备之中，为了有助管理，NAT 设备维护的一个状态表，用来把私有 IP 地址映射到公用 IP 地址，并可做成状态包检查防火墙。

NAT 转换有三种方式：静态（static NAT）、动态（pooled NAT）、端口（Network Address Port Translation，NAPT）。

静态 NAT 把内部网络中每个主机永久映射成外部网络的某个公用地址。动态地址 NAT 则在外部网络中定义一系列公用地址，采用动态分配方法映射到内部网络。动态地址 NAT 只转换 IP 地址，为每一个内部私有 IP 地址分配一临时外部公用 IP 地址，用于拨号或频繁的远程连接。当远程用户连接之后，动态地址 NAT 会分配给其公用 IP 地址。

（五）防火墙是应用最广的一种防范技术

防火墙作为系统的第一道防线，其主要作用是监控可信任网络和不可信任网络之间的访问通道,可在内部与外部网络之间形成一道防护屏障,拦截来自外部的非法访问并阻止内部信息的外泄,但它无法阻拦来自网络内部的非法操作。它根据事先设定的规则来确定是否拦截信息流的进出,但无法动态识别或自适应地调整规则,因而其智能化程度很有限。防火墙技术主要有三种:数据包过滤器、代理和状态分析。现代防火墙产品通常混合使用这几种技术。

防火墙是一种网络安全保障手段,是网络通信时执行的一种访问控制尺度,其主要目标就是通过控制入、出一个网络的权限,并迫使所有的连接都经过这样的检查,防止一个需要保护的网络遭外界因素的干扰和破坏。在逻辑上,防火墙是一个分离器、一个限制器,也是一个分析器,有效地监视了内部网络和 Internet 之间的任何活动,保证了内部网络安全;在物理实现上,防火墙是位于网络特殊位置的一组硬件设备——路由器、计算机或其他特制的硬件设备。防火墙可以是独立的系统,也可以在一个进行网络互连的路由器上实现防火墙防范技术。

根据防火墙所采用的技术不同,我们可以将它分为四种基本类型:包过滤型、网络地址转换——NAT、代理型和监测型。

1. 包过滤型

网络上的数据都是以"包"为单位进行传输的,数据被分割成一定大小的数据包,每一个数据包中都会包含一些特定信息,如数据的源地址、目标地址、TCP/UDP 源端口和目标端口等。防火墙通过读取数据包中的地址信息来判断这些"包"是否来自可信任的安全站点,一旦发现来自危险站点的数据包,防火墙便会将这些数据拒之门外。

2. 网络地址转换——NAT

网络地址转换是一种用于把 IP 地址转换成临时的、外部的、注册的 IP 地址标准。它允许具有私有 IP 地址的内部网络访问因特网。系统将外出的源地址和源端口映射为一个伪装的地址和端口,让这个伪装的地址和端口通过非安全网卡与外部网络连接,在外部网络通过非安全网卡访问内部网络时,它并不知道内部网络的连接情况,而只是通过一个开放的 IP 地址和端口来请求访问。

3. 代理型

代理型防火墙也被称为代理服务器。代理服务器位于客户机与服务器之间,完全阻挡了二者间的数据交流。从客户机来看,代理服务器相当于一台真正的服务器;当客户机需要使用服务器上的数据时,首先将数据请求发给代理服务器,代理服务器再根据这一请求向服务器索取数据,然后再由代理服务器将数据传输给客户机。由于外部系统与内部服务器之间没有直接的数据通道,外部的恶意侵害也就很难伤害到企业内部网络系统。

4. 监测型

监测型防火墙能够对各层的数据进行主动的、实时的监测,在对这些数据加以分析的基础上,监测型防火墙能够有效地判断出各层中的非法侵入。同时,这种检测型防火墙产品一般还带有分布式探测器,这些探测器安置在各种应用服务器和其他网络的节点之中,不仅能够检测来自网络外部的攻击,同时对来自内部的恶意破坏也有极强的防范作用。

三、网络销售管理系统原理

（一）网络销售管理系统概述

1. 网络销售管理系统的体系结构

由于本销售管理系统的主要功能是网络销售，因此笔者在选取体系结构时结合客户的实际情况，选用了 C/S 模型。

2. 网络销售管理系统的数据存储

不管是物流管理、资源管理、人事管理，还是系统管理，对数据的存储与保护是一项最基本的事情，本销售管理系统的数据主要利用 SQL Server 2000 进行存储，并按照数据共享与保密的原则对各类数据进行分类，以方便用户灵活操作。概括来说，整个系统对数据进行整理与归类，得出 12 类数据，分别储存在 12 张表中。

（二）网络销售管理系统的功能模块

1. 资源管理

本系统根据客户实际所需，研发了 6 项主要的功能模块，分别为资源管理子系统、物流管理子系统、人事管理子系统、数据查询子系统、统计汇总子系统、系统管理子系统等。

资源管理模块包括：商品库、客户档、业务员档、操作员档、初始化表等。

其中，商品库里面是产品目录表，具有刷新、首项、前项、下项、末项、增加、删除、保存、关闭功能和右键的导入、打印和查找功能。产品目录表中使用了两个 datawindow 控件，分上下布局，置上的 datawindow 为每项记录的详细内容，置下的 datawindow 为详细列表，详细列表分别显示条形码、货名、规格、单位、进价、存量和库存下限，详细列表支持数据导出、打印和查找功能。

客户档具有包含刷新、首项、前项、下项、末项、增加、删除、保存、关闭功能和详细列表中的右键导入、打印和查找功能。客户档详细列表分别显示客户编号、客户名称、联系人、电话和地址。

业务员档具有刷新、首项、前项、下项、末项、增加、删除、保存和关闭功能。业务员档详细列表分别显示代码、员工号、姓名、性别、电话、负责区域和员工快速查找功能。

操作员档具有刷新、首项、前项、下项、末项、增加、删除、保存和关闭功能。操作员档详细列表分别显示代码、员工号、姓名、性别、电话、操作类别和代码设置功能（单击鼠标右键）。

初始化表具有导入、保存、关闭以及单击右键的插入、删除和清空功能。初始化详细列表分别显示条形码、货名、规格、单位、进价、存量、库存下限和单击鼠标右键的插入、删除、清空功能。初始化表的主要目的是从数据安全角度考虑，并为减轻程序初始化阶段录入基础数据的工作，使用 OLE 控件实现数据导入功能，可以将按一定格式的 Excel 表格数据导入数据库中。

2. 物流管理

物流产品的管理模块主要实现货品入库、发货、收款等功能。其中，货品入库是负责供应凭进库单进库，仓库核对数量并入账等；货品出库是业务员凭送（提）货单提货，经仓库发货并记数量账，最后凭送货回单核对实收数量。收货后登记客户账目记账等操作；货款回收是按送货单金额对应客户账目表，分列应收、欠收等款项。

3. 人事管理

人事管理模块主要包括职员基本档、工资方案、工资计算方式等功能。

其中，职员基本档用于实现职员登记并保留其档案资料；工资方案用于根据员工姓名、编号对职员工资进行查询；工资计算用于综合条件查询并核算工资。本模块所涉及的最终数据结果均保留小数点后两位。

4. 数据查询

数据查询是应公司客户的要求，将该项功能独立，由于客户分布广，产品进、出频繁，故要增设一套完整的查询功能，以提高效率、加强管理，集业务、员工、客户、仓库等诸多查询功能于一身，本数据查询子系统能够帮助商业企业实现迅速、高效、精确的现代化信息管理。

5. 统计汇总

统计汇总模块主要实现进出货统计、发货量统计、发货额统计、收款统计等功能。

其中，进出货统计的具体流程是：在物流单里输入相关数据后，确定并入账，从而能很好地按时间的选择清楚地知道某个时段的进货量和进货额、出货量、出货额和进货量合计、进货额合计、出货量合计等，让使用者一目了然，并有导出，方便使用者对数据的保存。

发货量统计是在发货量中增加了图形的说明，让人一目了然，能很直观地看到月收入等情况，还可以选择各个时段每位客户的汇总情况。

发货额统计是在原有的基础上增加了图形的说明，可以选择每个时段每个客户的各种情况，也是为了方便使用者。

在收款统计的每一个分栏里，都是经过多次设计、修改、再修改的。能让使用者一眼就可以看出每个月收入的情况，并可以选择每个客户、每个月的收入合计等。特别在收款统计中，增加了收款额的分布图，大大提高了系统的可观性和实用性。

6. 系统管理

系统管理模块主要包括登录界面、数据备份与恢复、系统表初始化、休闲娱乐、权限管理等功能。

其中，登录在操作员的登录界面，用户必须选择自己的用户名和密码方可进入系统操作，当用户输入密码时系统并不显示所输入的文字而以"*"代替，这样无关人员无法看到所输入的口令字，从而起到了保密的作用，本系统初始化设置中可尝试的连续误操作次数为6次。

数据备份与恢复功能是本系统中最重要的功能，也是数据安全的关键因素之一。数据库备份对系统的日常数据安全维护非常重要，C/S模式下，数据库备份至客户端时，与用户使用权限关联，即服务器端操作系统登录用户需要有对客户端共享文件夹写入权限。

系统表初始化模块需要以超级管理员的身份登录，具有超级管理员身份的用户不受操作权限限制，可实现原始数据库空白情况下使用管理信息系统。

在PowerBuilder编程过程中，只要其他应用支持OLE标准，OLE控件就能够将其集成到自己的应用程序中。

根据客户要求可以实现简单的MP3播放音乐，因此，本系统增加了该项功能，具体思路及实现过程为在不影响其他基本操作的情况下，在主界面背景放置一个播放MP3的OLE控件 Mp3Play.ocx，实现后台播放 MP3 音乐文件。

系统管理主要采取用户分组管理权限，分为不可用、只读、读写三项权限。不可用权限：菜单为不显示状态；只读权限：菜单显示，但其中的新增、删除、保存等功能无法执行；读写权限：菜单显示，所有基本功能均可操作。

（三）网络销售管理系统简介

系统从登录界面开始，为权限设置界面读取设置操作类别权限，并为实现操作类别权限授权；为系统超级管理员赋予初始表的功能，并有自定义数据和操作、修改和控制其他用户的权限等功能；赋予超管理员具有数据导入、备份与恢复等功能。

系统操作简单，只要进行简单的学习和培训，就能得心应手地启用本系统，各项功能模块的操作界面一致（许多操作类似），令系统具有较佳的可操作性。系统功能完善、齐备，数据的保密性强，数据的容错性较高。而且功能模块相互独立，操作员权限设置严格，数据安全性能达到预期，因此，本系统是一个符合总体设计目标的网络销售系统。

系统的数据库包括的表有：业务员表、员工表、客户表、客户账目、工资方案、工资表、操作员表、操作类别、收款明细、货品目录、进出明细、进出父表等。进库单、发（送）货单需要按格式打印，涉及金额数字字段需要用中文大写方式。故系统提供了一个转换功能的代码，下面简单介绍本系统的一些简便操作。

由于系统的查询功能是独立的，分别对商品库存、客户账目表、工资进行查询，并增加一些人性化的操作。在进行商品库存查询时，若存量小于库存下限，字颜色变化突出（显示为红色），反之，则颜色保持不变；进行客户账目表查询时，单击"筛选"命令，可以根据自己输入的条件，显示商品；工资查询窗口可转换成工资条显示的界面，应发项与扣除项突出显示，按 Ctrl 或 Shift+鼠标左键单击，可实现对数据窗口的复合排序，其操作方法如下：

1）在不加任何控制键（Ctrl 或 Shift）的情况下，单击列标题，将仅按单列进行排序，重复单击进行相反方式排序。

2）按住 Ctrl 或 Shift 键连续单击列标题，将对多列进行组合排序。

（四）网络销售管理系统的安全方案

系统安全保护的方法有多种，各种方法的实现技术和手段各不相同。从目前流行的安全方案中，有许多方案是理想的，例如蜜罐技术、VPN、网络加密技术、认证、网络的实时监测，以及多层次多级别的防病毒系统等。我们借鉴这些技术的思想和方法，在不断地验证中寻找适合实际的安全方案。在实现以上的技术时存在不少困难，但我们在不断地摸索中一一克服，最终决定采用以下的方案作为我们系统的安全防御。

在考虑系统防御措施时，选用防火墙技术作为第一道系统安全防御。其主要原因是从实际需求出发的，由于客户的迫切要求，业务上的需要，系统投入使用要及时等方面考虑，防火墙技术可以达到见效快的特点。

系统的三级安全保护措施如下：

1）首先，系统的网络安全方面主要采用了物理防火墙作为第一道安全保障措施。在网络安全方面，利用物理防火墙技术进行本系统的网络安全保护。从防火墙的优点看，可以通过执行访问控制策略而保护整个网络的安全，并且可以将通信约束在一个可管理和可靠性高的范围之内。还可以用于限制对某些特殊服务的访问,有审计和报警功能。

防火墙在一定程度上给我们的网络安全方面提供了保障,但同时它存在许多弱点:不能防御已经授权的访问,以及存在于网络内部系统间的攻击;不能防御合法用户恶意的攻击,以及社交攻击等非预期的威胁;不能修复脆弱的管理措施和存在问题的安全策略;不能防御不经过防火墙的攻击和威胁。

防火墙在网络安全方面给我们的系统外部数据筑起了一道防护保障,但由于它的弱点所致,因此,我们的系统内部数据应进行严格的加密和保护。

2)其次,对系统的内部数据安全,引进了蜜罐(honeypot)技术和 VPN 技术,为系统内部数据的安全作进一步保障,作为第二道安全保障措施。

VPN 是指虚拟专用网络(Virtual Private Network,VPN),又称为虚拟私人网络,是一种常用于连接中、大型企业或团体与团体间的私人网络的通信方法。虚拟私人网络的信息透过公用的网络架构(例如:互联网)来传送内联网的网络信息。

蜜罐是一种在互联网上运行的计算机系统,它是专门为吸引并诱骗那些试图非法闯入他人计算机系统的人(如电脑黑客)而设计的。蜜罐系统是一个包含漏洞的诱骗系统,它通过模拟一个或多个易受攻击的主机,给攻击者提供一个容易攻击的目标。由于蜜罐并没有向外界提供真正有价值的服务,因此所有对蜜罐系统的尝试都被视为可疑的;蜜罐的另一个用途是拖延攻击者对真正目标的攻击,让攻击者在蜜罐上浪费时间,简单点说:蜜罐就是诱捕攻击者的一个陷阱。

蜜罐是一种资源,它的价值是被攻击或攻陷。这就意味着蜜罐是用来被探测、被攻击甚至最后被攻陷的,蜜罐不会修补任何东西,这样就为使用者提供了额外的、有价值的信息。蜜罐虽然不会直接提高计算机网络安全,但它是其他安全策略所不可替代的一种主动防御技术。

还有些文献这样认为:所谓蜜罐,就是一台不做任何安全防范措施而且连接入网络的计算机,随着网络入侵类型的多样化发展,蜜罐也必须进行多样化的演绎。

笔者是借鉴 VPN 技术和蜜罐技术的优点,引用两种技术的实现思想,对系统内部数据进行保护。实现思想大致如下:

创建一个虚拟(影像)数据库环境,虚拟系统的相关数据环境,建立数据存取通道,监测和记录数据流量控制,并建立系统活动日志,实现网络的实时监控。对于未经授权的用户或相邻子系统的不正当访问,则将对其所有操作和行为进行监视和记录,创建通道(引用蜜罐技术思想),引导到指定的虚拟系统数据环境,使得该访问者在进入后仍不知道自己所有的行为已经处于系统的监视下。然后撤消通道,关闭系统数据的存取访问等操作,创建监禁环境,将访问者困在其中,记录它的聊天内容,管理员通过研究和分析这些记录,得到非授权用户采用的访问工具、手段、途径、目的和破坏水平等信息,以及对访问者的活动范围及对下一个攻击目标进行的预测和了解。最后对这些信息作进一步处理。

3)最后,对系统内部数据的安全方面,从各项数据的特性(即完整性、一致性、可用性)和保密程度等方面进行研究,分别采取多重数据保密防护措施,作为系统的第三道安全保障措施。

系统除了上述的两级保护措施外,为了加强系统内部数据的安全,引入了近九项技术,分别为:防止溢出攻击技术;操作权限设置技术;数据共享采用的数字签名技术;对超级管理员赋予数据表初始化权限的技术；对数据进行导入、备份与恢复等操作技术；提供用户自定义数据、操作的功能；为权限设置界面读取操作类别权限技术；时间同步技术以及数据库中数据的连接技术等数据安全保障技术。

此外，还运用 NTFS 权限的身份验证审核日志对 MySQL 的账户密码、缓冲区溢出等漏洞进行修正和加强。尽可能使系统运行在一个安全稳定的系统环境中。

四、网络销售系统保密与安全的实施

（一）系统安全的实现方法

系统安全方案的研究，意味着如何开展系统安全的实施，如何才能把方案应用到实际操作中，这是笔者研究的重点所在。

系统安全是系统开发的一项必不可少的重要因素，系统安全的实施方法有多种，其中笔者除了结合目前可行的方法、手段对系统安全进行保护与资源共享外，还尽可能利用其他多重手段保障系统的安全性，在不影响系统数据运作的同时，使系统运行更可靠。在系统安全研发的过程中，通过实际应用运作，对各项数据进行验证与试验分析，确定了系统安全的方法和实现的关键技术。

由于系统是在网络上实现数据及资源共享，在网络上进行数据信息传递与交换，因此，网络安全是系统安全的第一道保护伞。我们采用购买物理防火墙、安装防火墙，实施系统的第一道保护措施。

在保证外围环境稳定的情况下，尽量减少非法用户的各种访问，使数据安全更理想。

1. 网络销售系统数据安全的保密属性

数据安全的保密性是防止数据泄露给非授权个人或实体，只供授权用户使用的特性。

数据资源的安全保密属性不论数据环境如何，它的表现是一致的。众所周知，DBMS 提供自定义数据安全保密性的功能。系统所提供的安全保密功能一般有 8 个等级（0～7 级），4 种不同的操作方式（只读、只写、删除、修改），允许用户利用 8 个等级的 4 种方式对每一个表进行定义。因此，我们在定义表时，首先确定各类数据的安全等级及其操作方式等保密属性。

2. 数据安全保密属性的定义方法

确定各类数据的安全保密属性，我们分别从下列的一般方法进行：

1）原则上，所有数据文件都定义为 4 级，个别优先级特别高的办公室（终端或微机的入网账号）可定义为高于 4 级的级别，反之则定义为低于 4 级的级别。

2）统计文件（表）和产品等数据录入文件一般只对本工作站定义为只写方式，对其他工作站则定义为只读方式。

3）财务等保密文件一般只对中工作站（如财务部等）定义为可写、可改、可删除方式，对其他工作站则定义为只读方式，且不是每个人都能读，只有级别相同或具有更高级别的人员才可读。

3. 数据安全的实现方法

笔者通过对网络销售系统数据安全的相关理论及技术的研究，分析了现行的数据安全技术的优缺点。借鉴现行数据安全技术的思想，在数据共享的广泛性、一致性、安全性方面做了各项尝试,在系统研发的过程中,把好数据保密关。由于攻击手段的多样化,必然要求数据安全的实现方法不断改进和完善。笔者从数据库访问能力、容错性、稳定性、可靠性、开放性、访问速度、易用性等方面进行考虑,对系统数据进行三级安全措施的实施:对系统网络环境采取物理防火墙技术,对系统内部数据引入 VPN+蜜罐技术相结合,并采取多重的数据安全措施等。其中,系统在多重数据安全中所使用的多重方法和手段,主要如下:

1）增大系统数据的容量,通过采用防止溢出攻击的方法使系统的数据更安全；
2）为符合公司的需求和实际经营,设置了不同的操作权限；
3）数据共享采用常用的网络验证手段（数字签名技术）；
4）对超级管理员赋予数据表的初始化权限；
5）对原始数据进行导入、备份,还可以由于软硬资源出现的数据丢失而进行数据恢复等操作；
6）具有可靠的数据处理,提供用户自定义数据、操作的功能；
7）为权限设置界面读取操作类别权限；
8）为实现操作类别权限授权；
9）利用时间同步,验证产品销售情况。

此外,本系统不但可以用于数据管理,更能用于人事管理,利用计算机的时间同步原理,让服务器和客户机时间同步,检查员工的工作态度和考勤情况等。

（二）数据安全的实现技术

从开发速度、应用程序的运行速度等方面考虑,笔者采用 PowerBuilder 作为开发语言,因为它具有支持 ODBC 及其他数据库访问接口等特点；笔者还根据 SQL 语言的特点,加强系统数据安全性能,选取 MySQL 作为数据存储环境；可在 Windows XP/2000/NT 等操作系统安装和使用本系统。

SQL（Structured Query Language,结构查询语言）是一个功能强大的数据库语言。SQL 通常使用于数据库的通信。ANSI（美国国家标准学会）声称,SQL 是关系数据库管理系统的标准语言。SQL 语句通常用于完成一些数据库的操作任务,比如在数据库中更新数据,或者从数据库中检索数据。

此外,人事管理模块中职员基本档显示相片字段,在 SQL 数据库中存放图片的字段格式为 image,在 PB 中存取图片需要使用 OLE 控件。

下面着重列举了本系统内部数据的多重数据安全保密方法的实现技术。

1. 数据安全中系统的登录访问的实现技术

用户在进入本系统的登录界面模块时,用户必须输入自己的用户名和密码方可进入系统操作。用户输入密码时,系统并不显示输入的文字,而是以"*"代替,这样令无关人员无法看到所输入的口令字,起到了一定的保密作用。

在系统登录过程中,我们设置了允许登录的误操作次数,这个可尝试的次数是客户的实际需求。实际上,若尝试的误操作次数连续超过 6 次后,系统锁定此用户,认为其行为是非法授权,因此在这种情况下,系统便对这种有可能对系统构成严重威胁的行为进行记录。这样,只有以系统超级用户的身份登录才能解密和撤消,并重新授予该用户的新权限。若用户试图以系统管理员的身份登录,只要尝试两次误操作,便显示警告提示,结束并退出系统,然后锁定系统,再也无法进入。

2. 数据安全中防止溢出攻击的实现技术

旧系统的数据流量剧增，导致数据无法及时处理，引发数据的处理结果不一致性，从而导致数据缺乏准确性和可靠性，使旧系统处于崩溃状态。因此，需增大系统数据的容量，防止数据溢出，使系统的数据更安全、可靠。

3. 数据安全中操作权限设置的实现技术

权限管理的功能由权限管理模块实现，系统管理主要采取用户分组管理权限，权限分为不可用、只读、读写等三项权限。

1）不可用权限：是指菜单中为不显示状态；
2）只读权限：菜单显示，但其中的新增、删除、保存等功能无法执行；
3）读写权限：菜单显示，所有基本功能都可操作。

在不同的表格和用户中，只要在表格初始化时设置了各自的权限，则在实际使用时就会出现不同权限级别的用户和表格。这样，对系统中一些重要的数据就能达到更有效的保护。

操作权限的设置就是对操作员进行分工，根据分工授予不同级别的权限。这部分是最重要的，也是本系统操作的关键因素之一，把用户分为三大类，即系统管理员、普通管理员、一般操作员，并且授予不同的权限，使用户操作各司其职，各施其政，互不干扰。客户公司对这方面的保密设置赞赏度最高。

4. 数据安全中对超级管理员赋予数据表的初始化权限的实现技术

为了进一步加强系统数据的安全性，系统还增设了系统表初始化功能。表初始化功能在程序中设置了一个或多个超级管理员，超级管理员可以管理信息中另一类信息，即已使用隐藏技术隐藏起来的信息。保护信息的基本方法有两种：加密技术和信息隐藏技术。信息加密技术是利用载体信息中具有随机特性的冗余信息部分，将重要信息嵌入载体信息中，使其不被他人发现。使攻击者无从获取秘密信息的位置，增强了信息的安全。超级管理员用户不受操作权限限制，可实现原始数据库空白情况下使用管理信息系统。

5. 数据安全中对数据进行导入、备份与恢复等操作的实现技术

为能使数据更安全，本销售系统在管理模块中，对系统中重要部分的数据库实现了数据备份和数据恢复功能。数据库备份对系统的日常数据安全维护非常重要，在 C/S 模式下，数据库备份至客户端时，再与用户使用权限关联，即服务器端操作系统登录用户需要有对客户端共享文件夹写入权限。

对数据库进行数据备份操作，是为防止计算机软硬件故障而造成数据的损失；若由于遭受软硬资源的破坏而出现的数据丢失，系统提供了一个恢复机制，我们在系统运行中对数据的精确性和一致性进行了认真的验证，证实数据是符合用户的商业需求的。

6. 数据安全中提供用户自定义数据、操作的功能的实现技术

为了适应客户业务的运作要求，系统提供了一种扩充性的功能——提供用户自定义数据功能。它主要由超级用户（即公司的决策者）完成，根据业务发展的需要而开发的一个子功能系统，具有可靠的数据处理功能，使系统富于人性化，能跟随公司的发展而不断更新，让系统更直观，便于修改，更符合实际。

7. 数据安全中时间同步技术的实现

为实现数据的一致性，客户机必须与服务器时间同步。利用时间同步，验证产品的销售情况，监控员工的产品录入、销售等操作；此外，系统上实现时间的同步，除了加强数据的

一致性外，还可用于人事管理，利用计算机的时间同步原理，让服务器和客户机时间同步，同时还可以检查员工的工作态度和考勤情况等。时间同步，是本系统的一个新特征。

将网络环境中的各种设备或主机的时间信息（年月日时分秒）基于 UTC（Universal Time Coordinated）时间偏差限定在足够小的范围内（如 100 ms），这种同步过程叫作时间同步。目前，有两种重要的时间同步技术，即网络时间协议（Network Time Protocol，NTP）和直接连接时间传输技术。在开放平台，时间同步技术是基于 NTP 协议的，而在 IBM 主机平台，透过直接连接时间传输技术来为所有的 IBM 大型主机服务器提供时间服务。时间同步网络是保证时间同步的基础。

其实，在应用层面上并不需要国家基准这样高的时间和频率准确度，不同的应用对准确度的要求是不同的。（这里所谈的时间准确度是应用界面时间相对于协调世界时的误差）。

五、系统安全性能测试

（一）系统安全性能测试种类

系统安全性能测试的种类繁多，针对安全测试的着重点不同，测试效果和种类也各不相同，在这里列举一些我们常用的主要测试手段。

1. 性能价格比测试

从用户的角度看，系统安全设备的投入最好是一次性投资，然后长期使用，易操作、更利于维护，便于自动化管理，更便于系统功能的扩展，实现经济效益化。性能价格比测试是一项很重要的测试，在开展安全方案讨论时已突出列举了几种不同方案的性价比，指出每种方案的适用范围和局限性，并向客户提出方案的可行性，让客户选择一种适合需求的方案。由于防火墙技术是一项一次性投资，能长期使用、易操作等特点，本系统就性价比而言，选择防火墙技术具有更高的性价比。

2. 系统网络防范测试

系统网络防范测试主要分五部分：

1）检验所有的电脑是否都能正常运行，当本销售系统安装完毕，所有电脑应都能正常运行、稳定。

2）防火墙能正常发挥作用，对系统的数据处理、业务管理控制正常。

3）公司的内部网络各站点均正常动作，每个站点的接通与断开对其他站点并无影响。

4）路由器、交换机、服务器和软件均正常。

5）尽可能将所有主机连接上网，测试网络实际承载能力是否可行。

3. 数据溢出（系统崩溃）测试

因原有系统是用 Foxbase 编写的，所以受该语言性能的限制，承受能力相对低，容量有限。在本系统投入使用前基本上已处于崩溃状态，由于原系统的数据处理已达到极限，许多时候只能选择一半手工一半用 Excel 汇总数据的方式解决工作问题，为此浪费了大量的人力物力，由于原系统的数据容量受编程语言的局限，在数据的容量方面，本系统在技术上解决了原系统的数据容量不足问题。

4. 身份认证测试

在数据安全中数据交换能否安全是一项很重要的性能指标，本系统设置了数据交换时进

计算机网络数据保密与安全

行身份的认证操作。主要表现在几个方面：在寄商务邮件时，增加了数字签名技术，一般没有通过数字签名的，不能阅读商用邮件；在数据及资源共享时设置了授权技术，没有得到系统管理员的授权，不能随意读取或删除数据。

5. 数据初始化、数据备份与恢复测试

所谓数据恢复是指由于各种原因导致数据损失时，我们把保留在介质上的数据重新恢复的过程。即使数据被删除或硬盘出现故障，只要有可能，数据就有可能被完好无损地恢复。数据初始化是指安装系统时，可以利用数据初始化功能，对有关表进行初始化。

（二）系统安全性能测试分析及评价

其实测试用例的选择非常重要，当所选用的数据不具备代表性时，测试的结果将受到很大的影响。所以，在选取测试用例时，反复研讨，通过运用大量业务知识，组建一组系统测试小组，投入系统的测试中；还成立了另一组专业的系统测试小组，进行交叉测试。对测试的一记录反复研究，不断修正。例如，数据溢出控制时，本系统当初的设计思想是在数据表中给予足够的长度，但从测试中马上发现，若系统遭到恶意攻击时，系统有可能因为病毒的自我复制功能，而影响系统的正常数据处理速度，严重的将会导致系统瘫痪。因此，笔者在系统网络防范中加强了此项保障。

然而，无论使用者如何建立和使用蜜罐，只有它受到攻击，它的作用才能发挥出来。由于本系统还处于试验性数据蜜罐方法，而且设置一台蜜罐必须面对三个问题：设陷技术、隐私、责任。设陷技术关系到设置这台蜜罐的管理员的技术，一台设置不周全或者隐蔽性不够的蜜罐会被入侵者轻易识破或者破坏，由此导致的后果将十分严重。而且蜜罐属于记录设备，所以它有可能会牵涉隐私权问题，如果一个企业的管理员恶意设计一台蜜罐用于收集公司员工的活动数据，或者偷偷拦截记录公司网络通信信息，这样的蜜罐就已经涉及法律问题了。因此，我们只对系统数据的内部操作进行蜜罐记录，对于其他操作行为并不做进一步的记录，但对于管理员而言，最倒霉的事情就是蜜罐被入侵者成功破坏了，如果所做的蜜罐被入侵者攻破并"借"来对某其他服务器进行攻击，引发的损失恐怕很难承担。

第二节 会计信息系统的数据保密与安全对策

一、会计信息系统安全研究的理论基础

（一）会计信息的价值特性与信息安全

1. 会计信息价值特性

随着全球信息化的飞速发展，信息作为企业最重要的生产要素已经被广泛认同。会计是一个信息系统，它以货币作为计量单位，以确认、计量、记录、报告等作为手段，为组织内外的经营者、投资者、债权人、政府部门及其他需求者提供有关组织财务状况、经营成果和现金流量等方面的信息，以利于组织内外的利益关系人减少决策中的不确定性。在经济领域中会计信息是十分重要的信息来源，据研究，人们从事经济管理活动所需经济信息的70%以上来源于会计信息，会计信息在满足国家宏观调控，优化社会资源配置，促进科学经济决策，

加强内部经营管理等方面发挥着巨大的作用。

会计信息的价值特性不同于物质、资金和能源等资源。对会计来讲，当人们认识到它是一个信息系统以后，就对这个特殊信息系统所提供的信息所应具备的质量要求在信息价值的一般特征上做了系统的研究，发展到现在，已成为各个国家在规范会计信息披露时首先必须明确的问题之一。美国是世界上最早研究会计信息质量特征的国家。1980年美国财务会计准则委员会在此基础上研究发布了第二辑财务会计概念公告——会计信息的质量特征，该公告认为提供会计信息的目的是有利于决策，相关性和可靠性是决策有用的最重要质量特征。相关性是导致决策差异的能力，具体包括预测价值、反馈价值和及时性；可靠性是指会计信息值得使用者信赖，又分为真实性、可核性和中立性；可比性（包括一贯性）是决策有用的次要质量特征；可理解性是针对用户的质量要求；效益大于成本和重要性则是两个约束条件。所以，基于这些质量标准评价会计价值的高低应该是会计理论与会计实务发展的结合点之一。

2. 会计信息安全

会计信息作为信息的一种，符合基本的信息价值特征，同时会计信息又具有特殊的价值特性，这决定了其价值保值的特殊性。会计信息既是企业生产经营管理的指南针，又是企业相关利益体的决策棒，它可能导致不同群体的利益冲突，因此需要保障会计信息的可靠性，即会计信息的来源是可靠的或可以信任的，不是混乱或伪造的；时效性，即会计信息对于当前仍然是有效的或是有意义的，不是失效的或过时的；准确性，即会计信息的核算和内容是准确无误的，不是错误的或被篡改的；传播性，即了解会计信息传播的人员范围，防止信息的泄露或失盗。保证信息免受恶意的攻击，对于保证会计信息质量而言异常重要。

对于会计信息的安全维护，我们称之为会计信息安全管理。信息学中将信息安全定义为：持续地维护信息的保密性、完整性和可用性。那么会计信息作为企业经济运行中的核心信息，要保证会计信息安全，就要持续地维护会计信息的保密性、完整性和可用性。维护会计信息的完整性是指保证信息处于"保证完整或一种未受损的状态"，即保证信息的可靠性和准确性。任何对信息应有特性或状态的中断、窃取、篡改或伪造都是破坏信息完整性的行为；维护其保密性是指对信息资源开放范围的控制，保证信息在传播过程中可控，不让不应涉密的人涉及秘密信息；维护其可用性是指保证合法用户在需要的时候，可以正确使用所需要的信息而不遭服务拒绝，保证为了控制非法访问而采取的安全措施不会阻止合法用户对系统中信息的利用。

（二）网络会计信息系统的信息安全

1. 网络会计信息系统

网络会计信息系统，是基于互联网络的现代企业会计信息系统，是能实现多元化报告，采用联机实时操作、主动获取与主动提供相结合的一种人机交互式的信息使用综合体，能为会计信息使用者实施经济管理与决策，提供及时、准确、系统的信息的会计信息系统。

（1）网络会计信息系统的组成

网络会计信息系统是建立在网络环境基础上的会计信息系统，其组成要素不仅包括组成传统会计信息系统的计算机硬件、数据文件、功能完备的会计软件、会计人员和会计信息系统的运行规程，还包括网络。

（2）网络会计信息系统的特点

网络会计信息系统既具备上述会计信息系统的某些特点，又发展更新了某些特点。具体

计算机网络数据保密与安全

如下：

1）综合性。系统需要收集所有与企业相关的交易和事项的数据，多角度、多细节地对数据加以记录，使会计信息更加全面反映企业供、产、销各个环节，成为全面参与企业管理的综合信息。

2）一体化。会计信息系统不再作为一个独立的系统，其各种子系统将不复存在。除会计账务报表系统相对保持完整性外，其他业务核算模块及财物决策系统都将被完全融入企业内联网的各业务及管理信息系统中，处理自身业务、向会计账务报表系统提供电子业务数据。这样，狭义上的会计信息系统只剩下会计账务报表系统，广义上的会计信息系统则包含了整个企业内联网系统，它们都是会计信息系统基本模型数据采集的范围和对象。

3）实时化。网络会计信息系统可帮助企业实现财务与业务的协同，实现报表、报账、查账、审计等远程处理和实时处理，实现事中动态会计核算与在线财务管理，支持电子单据与电子货币，改变财务信息的获取与应用方式。

4）信息质量要求高。会计本身是一个以提供财务信息为主的信息系统，向信息使用者提供高质量的信息，并确保这些信息的安全是会计信息系统的中心工作。确保会计信息质量，加强内部控制成为网络会计信息系统的工作重心之一。

2. 网络会计信息系统的信息安全

前面已经提到，信息总是依托信息系统存在的，网络会计信息系统就是会计信息存在的空间。网络会计时代，会计信息将依托网络会计信息系统而存在。因而，会计信息安全问题就成为网络会计信息系统"信息数据"的安全问题。

（1）会计信息的安全威胁

由于网络共享性和开放性的特征，网络系统的安全很容易受到威胁，于是网络系统在会计信息系统中的应用，使得会计信息系统的信息安全隐患更加突出。会计信息的网络化，给某些通晓网络知识的计算机专业人员和内部控制人员利用计算机犯罪成为可能，特别是财务数据在跨地区、跨国传递过程中，可能被网络黑客或竞争对手恶意修改，使会计信息质量受到冲击。计算机系统本身的脆弱性也形成了安全风险。网络会计主要依靠自动数据处理功能，这种功能集中，即使发生微小的干扰或差错，都会造成严重后果，计算机网络的发展，使各种计算机系统相互连接，系统间的数据流动性增强，造成传送数据在通信网中易被窃取和删改，一旦在接近计算机的人员中发现秘密改动数据和程序等案件时，往往很难发现和核查。此外，网络的广泛应用，使计算机病毒的传播呈现渠道多样化、快捷化的特点，危害愈发加剧，使网络会计信息系统易受到这些病毒感染。磁介质载体的档案保存具有风险性，载体与信息之间是相辅相成、息息相关的，信息因有了载体才能被传递和利用，会计信息的网络化，使信息的载体由纸介质过渡到磁性介质，保存磁性介质的高要求和此类载体信息对系统的依赖性，加大了档案保存的风险。

（2）会计信息的安全保障

网络会计信息系统的安全具有层次性。网络会计信息系统是以计算机为信息管理的主要设施、计算机网络为主要体系结构的会计信息系统。为了确保计算机网络环境中会计信息的安全，必须考虑系统中每一个层次可能的信息泄露或所受到的安全威胁。

操作系统安全，主要是在操作层保证操作系统的各种安全机制完善，如做好各种安全措施、访问控制和认证技术；了解可信操作系统的评价准则和操作系统的安全模型，掌握可信操作系统的设计方法等。

计算机网络安全,是企业在运作网络会计信息系统时主要要解决的问题。如运用网络中的信息加密、访问控制、用户鉴别等措施;解决节点安全问题、信息流量控制问题、局域网安全问题、网络多极安全等;了解目前正在发展的各种网络安全技术。

由于处于互联网中,计算机网络结构中的应用层很可能受到黑客恶意的程序攻击。因此,需要处理如何防范类似攻击,如何解决可能因编程不当引起的企业敏感信息开放、泄露问题。

3. 专家论坛

信息安全保障体系,从体系高度来看,需要科学的策略,就是怎么处理信息化的发展与安全的关系、怎么处理信息资产与所面临威胁的关系,以及保护和检测的关系、信息化投入的成本和所能承受风险能力之间的关系、信息安全技术与信息安全管理之间的关系、对人的技能培训和对人的自律守法教育之间的关系,这些策略对指导信息安全保障体系的建设非常重要。信息安全保障体系要达到的目标是增强网络的四种能力,即:信息安全防护能力、隐患发现能力、网络应急反应能力和信息对抗能力,最终的目的是保障信息及其服务具有机密性、完整性、真实性、可用性和可核查性。从国家的高度来看,信息安全保障体系由6个安全要素组成:信息安全的组织与管理、信息安全人才教育和培养、信息安全产业支撑、信息安全的法规和标准、信息安全基础设施、信息安全技术保障。如果具体到一个部门、一个企业,关注的应是怎么去理解你的信息化使命和信息资产价值,怎么保护你的竞争力和情报,完成从管理层、生产层、交易层和客户层的全方位安全保护。一定要在国家信息安全保障体系的框架指导下进行,比如说遵照国家标准和法律,要使用好国家为你提供的信息安全基础设施等。然后在信息系统的生命周期过程中去完成下面的步骤,从物理层、系统层、网络层、应用层和管理层等构建一个企业、一个部门的信息安全保障体系。

总之,对于一个地区、一个部门、一个企业来说,参照国家信息安全保障体系的框架,从体系建设的思路出发,做好本单位的信息安全的顶层设计,全面推动信息安全的建设是至关重要的。建设好本领域的信息安全保障体系,将会直接关系到本领域信息化建设的健康发展。

(三)网络会计信息系统的安全策略

1. 相关描述

文中涉及信息安全理论中的一组术语,为方便读者阅读、理解下文,以下将简单解释一组术语及其逻辑关系。

(1)安全策略

所谓安全策略就是指导建设可行性安全体系的安全思想,它是一组法律、法规及措施的总和,是对信息资源使用、管理规则的正式描述,是企业内所有成员都必须遵守的规则。建立网络会计信息系统的安全体系,必须要有相应的安全策略来指导。目前,在信息安全理论界提出的 PPDR 模型就是一种基于信息安全对抗性的安全泛策略。

PPDR 是这种模型 4 个要素的英文缩写,即 Policy(策略)、Protection(防御)、Detection(监察)和 Response(反应)。它强调建立严密的防御体系、并配备完备的监察体系、对防御系统的加固和禁忌恢复的快速反应体系,将防御、监察和反应组成了一个完整的、动态的安全循环,在安全策略的指导下保证信息系统的安全风险降到最低。

计算机网络数据保密与安全

（2）安全控制系统

制定安全策略后，怎样完整、有序、有效地实施安全策略是安全体系建设的重心。安全控制系统指的是由安全机制和安全部件组成的执行安全策略的控制系统。安全机制是实现某种安全策略的技术方案。通常实现某种策略的方案不止一项，可以视系统环境做出选择；安全部件是实现某种安全机制的系统部件，可以视为软件、硬件、固件或设施等。通常，安全部件可以根据不同组合实现功能或性能不同的安全机制，关键在于安全部件的调度或配置管理。

（3）安全系统

信息系统通过安全控制系统执行安全策略，满足信息安全需求。但随着系统安全形势的变化，信息系统的安全需求发生变化后，安全策略也要做出相应改变。从而导致安全控制行为的变化。为了满足信息系统对安全功能和性能需求的发展，必须建立一个可靠的安全系统。安全系统是整个信息系统的信息安全服务系统。安全系统包括安全控制系统、安全控制管理系统和安全控制认证系统，通过安全服务管理，建立安全系统与信息系统其他部分之间的安全服务关系。

安全控制管理系统是为了适应安全形势的变化而设立的，包括安全控制策略管理、安全机制管理、安全机制组建管理以及安全机制调度管理和安全组建调度管理，其作用是保障安全控制系统正确配置，维护安全控制系统的可靠运转，使安全系统提供的服务能够满足信息服务安全需求。安全控制认证系统是为了保障安全控制系统的可靠性而设立的，包括安全策略认证、安全机制认证、安全组建认证、安全机制对策略的保证认证以及安全组件对安全机制保障的认证，其作用是对安全控制系统的可靠性进行逻辑认证和动态分析，及时发现安全控制问题，提高安全控制的紧急处置和恢复。信息系统的安全系统是信息系统安全的技术型保障，其建设、维护和应用都必须纳入信息系统整体维护，才能保证安全系统发挥安全服务作用。所以信息系统的安全是信息安全理论、技术、人员、管理和时间等多种因素相互作用的结果，企业在进行信息系统的开发及维护时应始终考虑到整体建设，以适应信息安全发展的需要。

2. 网络会计信息系统安全策略

对于网络会计信息系统而言，主要的安全目标是防止非法侵入和篡改会计信息，维护财务数据的完整性、可用性。所以企业的信息安全策略应以实现该目标为核心，并根据企业自身信息系统的特点量身定制可靠的安全策略。安全策略对保护信息系统的安全进行总体规划，它为保证信息系统的安全性提供了一个框架，提供了管理网络安全性的方法，规定了各部门要遵守的规范及应负的责任，负责调动、协同、指挥各方面的力量来共同维护信息系统的安全，使网络信息系统的安全有了切实的依据。

（1）安全策略的内容

安全策略是企业所运用的安全思想，是企业信息系统安全建设的指导方针。一般来说，安全策略包括两个部分：安全泛策略和具体规则。安全泛策略也即企业的总体安全策略，阐明了企业对于网络信息系统安全的总体思想，是企业制定的战略性的安全指导方针以及为实现该方针而配备的人力、物力。安全泛策略一般由安全策略制定小组的管理者来主持制定企业信息系统安全计划及其基本框架结构。企业应根据国家有关规定的指导、国际上通用的安全泛策略模型以及自身的情况制定相应的安全泛策略。具体的安全规则是根据企业的安全泛策略提出的具体实施规则,包括以下几个方面的内容:详细阐述企业要保护的对象及目标;明确对信息网络系统中的各类资源进行保护所采用的具体方法;明确员工在安全系统建设与维护中的责任、权利与义务;明确事后处理细则;对用户进行分级分类;制定相关的信息与网络安全的技术标准与规范等。

（2）安全策略的开发

安全策略的制定不是一劳永逸的,由于企业信息系统环境和需求在改变,不可能制定出一个一直能完全满足和适应其要求的策略,而是要定期根据相关因素的变化进行安全策略的修改,从而保证安全策略的可用性。安全策略在制定时应强调其表述的可理解性和技术上的可实现性。企业的安全策略可以从三个层次开发制定。

1）抽象安全策略。

它通常表现为一系列用自然语言描述的文档,是企业根据面临的威胁和风险,分析自身的安全需求,参照有关的制度、法律等制定出来的限制用户使用方式和利用资源的一组规定。

2）自动安全策略。

自动安全策略指能够由计算机、路由器等设备自动实施的安全措施的规则和约束。从安全功能的角度考虑,自动安全策略主要分为标识与认证、授权与访问控制、信息保密与完整性、数字签名与抗抵赖、安全审计、入侵检测、响应与恢复、病毒防范、容错与备份等。

3）局部执行策略。

这是分布在终端系统、中继系统和应用系统中的自动安全策略。局部可执行的安全策略是由物理组件与逻辑组件所实施的形式化的规则,如口令管理、防火墙过滤、认证策略、访问控制系统中的主体的能力表、资源的访问控制链表、安全标签等。每一条具体的规则都可以设置与实施。

二、网络环境下会计信息系统存在的安全问题

基于"事项会计"的网络会计信息系统离不开网络的支持,国际互联网技术的日趋成熟,给网络会计信息系统提供了巨大的发展前景。但由于网络的开放性等,使得网络会计信息系统易受外界的攻击,所以网络信息系统的安全性已成为一个至关重要的问题。从本质上来讲,安全就是指网络系统的软、硬件及其系统中的数据不因偶然的或恶意的原因而遭到破坏、更改、泄露,系统能连续、可靠、正常地运行,网络服务不中断。网络会计信息系统作为企业最重要的一个部分,其安全性更不易忽视,因为对于一个企业来说,成败的关键在于管理,管理的核心在于财务。企业的会计数据往往属于重大商业机密。如果会计信息遭到破坏或泄密,将造成不可估量的损失。因此,我们必须保证网络会计信息系统安全、可靠、有效,这就需要强化对网络会计信息系统的管理,严格进行控制。本章我们首先对网络会计信息系统的安全性现状进行分析,在此基础上得出当前网络会计信息系统所存在的主要安全问题。

（一）网络会计信息系统安全现状

基于 Internet 的网络会计信息系统,具有开放性、共享性及实时性的特点,改变了传统会计信息系统的封闭式的环境,除了传统会计信息系统所具有的风险外,还易于遭受外部环境（如黑客、病毒）的攻击。网络会计信息系统的安全网络会计的实现离不开国家的信息化

建设，而信息系统安全建设是实施信息化的重要因素。目前总体来说，会计信息系统的安全建设较为落后，了解会计信息系统的安全现状，有助于我们发现网络会计信息系统会存在怎样的安全隐患。

1. 各自为政，成为信息孤岛

企业在建立现代会计信息系统时缺乏总体和长期规划，盲目求大求全。有些企业不太重视网络技术在企业的应用，缺乏总体和长期的信息系统建设规划；各单位、部门各行其是，分散开发，各自购买或开发一些软件，在企业中形成一个个信息孤岛，对于企业进行联网和集成遇到很大困难。

2. 安全防范意识弱

多数企业安全防范观念差、安全防范意识弱，对安全防护、检测和反应缺少全面和辩证的认识。大多数企业仅从防护角度采用保密通信、防火墙、安全路由器和一些低安全级的网管产品，缺乏必要的安全检测和反应。即使采用安全检测的，也都是"已知漏洞"和"已知攻击"的检测，而且在这个基础上的安全检测也并未普及。据全国金融机构计算机安全监察结果统计显示，有安全漏洞检查制度和攻击的仅占 2.48%，对黑客入侵有响应或有报警、评估保护、事后检查制度的仅占 43%。

3. 系统与产品的安全级别低

我国信息系统与产品的安全级别普遍是 C2 级及以下级别的产品，全国信息系统安全技术和安全产品区间程度依次为：加密和鉴别技术、数据备份、访问控制、病毒防范。所使用的这些硬件、软件产品中，国产的比例极低。比如各种计算机主机、各种数据库、各种应用系统的访问控制机制中，采用国产专用、集中式授权产品的普遍低于 10%。

4. 信息系统的安全建设与管理不系统不规范

（1）国家标准、法律法规不健全

国家在信息系统建设和安全设计方面无统一的指导性意见，国家标准制定严重滞后，存在法律漏洞和非一致性。

（2）企业的安全规划与建设缺乏策略指导

由于目前多数企业的安全防范意识较弱，企业在进行信息系统的安全建设时缺乏安全思想、安全策略的指导。

（3）构成信息系统的计算机网络结构的各个层次都存在严重的安全防护漏洞

表现在以下几个方面：第一，企业信息系统采取防病毒产品的很少。即使是国有商业银行，有计算机病毒防护产品的也仅占 5.11%，通信安全具有严重的不安全因素。第二，电信网络本身安全级别低，而且电信网络不负责对企业营运系统提供安全访问控制。全国银行计算机安全检查发现：在使用的密码通信中，其中有 85% 是采用软件加密方式。第三，许多企业信息系统的网络层缺少必要的安全防护、检测和反应措施。从对 3 807 个金融机构进行检查的结果来看：有 2 372 个机构的内部网络与公共网连接；内部网与 Internet 之间有防火墙的仅为 3.4%；有集中式授权系统的网络为 26%；有集中式鉴别系统的网络为 13.7%；有网络系统实时监控系统的为 0.74%。可见不仅没有统一的网络安全平台，很多机构连最基本的网络安全防护措施也未落实。

（4）应用层安全功能不规范，缺少安全设计

某些企业信息系统在设计之初就缺少相应的安全功能，连基本的访问控制和加密措施都

没有,数据结构混乱,信息交换困难,程序运行不稳定,容错能力差。而且某些企业的系统则在设计之时由于思路不清、重复开发,模式不统一,不能形成统一的公共安全平台。

5. 未建立安全管理体系

企业内部缺乏信息安全监督机制,各单位、部门、岗位的信息安全管理职责及相互间的协作和制约关系没有系统化地建立起来。部分企业的计算机安全管理组织有名无实,无明确的准则,不能履行职责,即使是有章也不循,有法也不依,制度不落实。从事信息安全管理的人员数量过少,有些企业没有信息安全管理机构和专业人员。据对全国 42 875 个金融机构的计算机进行分析后发现,计算机安全管理漏洞较为严重。查获的金融计算机犯罪案件中,由于管理方面的漏洞,让作案分子得逞的案件占 65.7%;由于制度不落实导致的案件占 63.1%;与人有关的违章操作导致技术防范措施失效的案件占 62.72%;内部人员作案占 74.5%,内外勾结占 22.5%,二者合计为 97%;利用计算机篡改原始积累或以入侵计算机业务系统为手段的案件占 68.6%。

(二)网络会计信息系统存在的安全问题

随着网络技术日趋成熟,网络技术改变了整个社会经济的生产结构和劳动结构,打破了传统的企业管理模式和财务管理模式,网络会计信息系统可以实现远程财务处理、在线财务管理、提供远程报表、远程查账、网上支付、网上财务查询等功能,最终实现企业物流、资金流、信息流高度一致。网络环境下的会计信息系统具有全面开放性,它是以企业为网络节点,可以充分实现与其他企业间、企业集团所属的分支机构间、管理部门间、社会自然人之间的通信和资源共享,同时在全面开放的网络环境下随之而来的是各种安全隐患,其突出表现在以下几个方面。

1. 财务信息可能被窃取

财务信息是反映企业财务状况和经营成果的重要依据,特别是涉及企业内部商业机密的财务信息,不得随意泄露、破坏和遗失。在网络环境下,过去以计算机机房为中心的"保险箱"式安全措施已不适用,大量的财务信息通过开放的 Internet 传递,置身于开放的网络中,存在被截取、篡改、泄露等安全隐患,很难保证其真实性与完整性。例如,企业的信用卡号在网上传输时,若非持卡人从网上拦截并知道了该号码,他便可用这个号码在网上支付。随着企业采购范围的扩大,尤其是通过互联网的电子采购范围的扩大,会给犯罪分子提供新的机会,其作案范围不再受时间和空间限制,互联网环境下财务信息安全受到了严重的挑战。

2. 网络信息系统可能更遭到病毒和黑客攻击

由于互联网的开放特征,能够上互联网的计算机系统均可共享信息资源,同时也给一些非善意访问者以可乘之机。首先,黑客是危及互联网系统的主要祸首。其次,计算机病毒的猖獗也为互联网系统带来更大的风险,从原始的木马程序到先进的 CIH 等病毒的肆虐,病毒制造者的技术日益高超,手段越来越凶狠,破坏力越来越大。还有网络软件自身的 BUG 程序、后门程序、通信线路不稳定等因素也为网络系统的安全带来诸多隐患。

3. 企业内部控制可能失效

传统会计系统非常强调对业务活动的使用授权批准和职责性、正确性与合法性,但是在网络财务环境下,财务信息的处理和存储集中于网络系统,大量不同的会计业务交叉在一起,加上信息资源的共享,财务信息复杂,交叉速度加快,使传统会计系统中某些职权分工、相互牵制的控制失效。原来使用的靠账簿之间互相核对实现的差错纠正控制已经不复存在,光、电、磁介质也不同于纸张介质,它所载信息能不留痕迹地被修改和删除。

4. 会计档案保存可能失效

网络财务的实施必然依靠相应的财务软件,这些财务软件是对现有单机版、局域网络版财务软件和硬件系统的全面升级,但这些网络财务软件不一定兼容以前版本或其他财务软件,由于数据格式、数据接口不同,数据库被加密等原因,以前的财务信息可能不被及时录入网络财务系统。对于若干年前保存的会计档案更不可能兼容,因而原有财务信息在新的网络财务系统中无法查询,导致这种会计档案面临失效风险。

5. 企业缺乏网络会计人才

高素质的网络会计人才缺乏。网络会计信息系统的实施,要求相关业务操作人员对出现的问题能及时发现,及时反映,以便技术人员及时处理。但如果操作人员对计算机及网络知识了解很少,操作程序不规范和操作人员安全防范意识不强,都有可能出大错,如操作人员缺乏安全意识和网络安全防范措施,对于网上下载的电子邮件或会计信息不做安全性技术检查等。企业实施网络会计信息系统以后,如果没有高层次、高技术复合会计人才的支持与运作,网络财务、电子商务始终是一句空话。如果企业在没有找到合适人才的时候盲目实施网络财务,其安全隐患则变得尤为突出。

三、网络环境下会计信息系统安全问题产生因素分析

(一)网络环境下会计信息系统技术的不安全性

1. 硬件系统的不安全因素

硬件是指计算机系统各种实体部件的统称,是整个会计信息系统的物质基础。如果硬件设备发生故障,轻则使工作无法进行,重则使整个设备瘫痪,造成巨大的经济损失,甚至导致灾难的发生。硬件资源易受到自然灾害和人为破坏,并且对环境条件范围都有技术要求,违反规定就会使可靠性降低,寿命缩短。如机房温度和湿度的要求:温度应控制在 10~25 ℃,相对湿度应在 40%~60%。硬件系统由于受外部各种信号的干扰以及机器本身出现的内耗,任何机器包括计算机部件都不可能永久地运行。各种故障常有发生,主要有以下几点。

(1) 硬盘

硬盘是计算机中非常重要的一个部件,它里面存储着大量的重要数据,一旦损坏,将给用户带来无法弥补的损失。应经常对硬盘进行整理,及时清除硬盘中的垃圾文件。如果发现硬盘有响声等异常情况就应该引起注意。一般应在平均无故障时间之前更换硬盘为好。

(2) 存储器

存储器是一个对射线、电磁场等不可见射线十分敏感的部件。如果计算机周围有比较强的射线存在,则可能改变芯片的内部数据,致使存储器发生错误,这类问题很难检测。目前,仅装有奇偶检验存储器的服务器系统可识别出被损坏的代码段,并防止其在系统中运行。

(3) 其他设备

计算机其他部件的损坏一般只会影响正常工作而不会影响系统中的数据安全。

另外,在计算机网络中使用的网络硬件,当各种数据在计算机中产生并被传送到网络上,且在机器之间高速传输时,如果用来连接计算机的线路受到电磁波的干扰和物理损伤,将导

致数据在产生和传输的过程中损坏或丢失。这些故障主要有以下几点：

1）线路故障。此类故障表现为线路不通，但并不损害数据。诊断此种情况，首先应调查该线路上的流量是否存在，然后用 ping 命令来检查线路远端的路由器能否响应，用 traceroute 来检查路由器配置是否正确。逐个查找，逐个解决。

2）路由器故障。在网络连接中，路由器 CPU 的利用率过高或路由器中的缓冲区太小就可能被备份操作阻塞，而导致数据包的丢失。反之，若路由器中有大量的缓冲容量，那么高强度的信息流量造成的延时极有可能导致会话超时。两者都可能影响网络服务的质量。建议采用一种 CPU 的利用率和缓冲区大小比较适中的路由器。

3）主机故障。常见的主要故障是主机的配置不当，如主机配置的 IP 地址与其他主机的 IP 地址冲突等。

2. 软件系统的不安全因素

软件是指计算机系统中各种程序和文档资料的统称，其作用是指挥计算机工作和发挥计算机的功能。软件系统的正确选型和配置是网络财务系统安全运行的关键。如果软件选型不当，或未及时升级软件补丁、安全配置参数不合格等，都会降低软件安全运行的等级和效率，出现安全漏洞，易受到外来攻击破坏等，甚至会使正常的电子记账都无法实施。根据会计信息系统的特点，从以下几个方面分析软件系统的安全性问题。

（1）操作系统

操作系统的功能是对计算机系统的硬件和软件进行全面的管理和协调，用户只有通过操作系统才能完成对计算机的各种操作。它是整个信息系统的核心控制软件，系统的安全性体现在整个操作系统之中。目前多数操作系统支持多道程序设计和资源的共享，能够对计算机的硬件资源和软件资源实行统一的管理和控制。正因为操作系统有如此重要的功能，因而也容易受到攻击。操作系统应实现的安全性能有：用户识别、存取保护、通用目标分配和存取控制、文件和 I/O 设备存取控制、保证公平服务、进程通信和同步等。

（2）会计软件

企业所使用的会计软件有两种来源渠道，一是自行开发的会计软件，二是购买通用商品软件。对于自行开发的会计软件，在开发的过程中，系统分析和设计人员就得考虑软件的安全性，开发设计出高质量、高技术水平的软件。如果设计的软件在运行中经常死机或非法中断，势必影响会计信息系统的数据安全性。并且软件中应有自动记录对系统的操作情况、操作人、操作内容的日志文件。

（3）数据库系统

数据库系统分为服务器数据库系统和桌面数据库系统。服务器数据库系统主要有 DB2、Informix、Sybase 等，适合于大型企业的应用；桌面数据库系统主要有 Access、Foxpro、Pradox、Betrieve 等，适合于数据处理量不大的中小型企业应用。不同的会计软件是基于不同的数据库系统，有些数据库系统具有安全控制措施，可以防止非法人员打开、窃取、删除、篡改数据，企业可按自身业务量大小、会计软件要求的条件，来选择安全性比较强的数据库系统。有时非法人员绕过系统直接对数据库中的数据进行非法操作，如篡改、删除、复制等。因此，对于数据库将原始数据以明文形式存储于数据库中，这是不够安全的，必须对存储数据进行加密保护。

（4）数据中心

我们一般把财务系统的主机放置在数据中心。那么数据中心的物理安全就成了风险的又一来源。数据中心的消防设施、冗余电源及门禁控制是我们必须要重视的防范财务风险的一大内容。很多单位对这一方面不是很重视，数据中心没有统一的管理控制，对进出数据中心的人员也没有限制，敏感财务数据很容易从数据中心被窃取出来，对企业造成损失。

（5）会计档案

电算化会计档案包括：存储在计算机硬盘中的会计数据、以其他磁性介质或光盘存储的会计数据和计算机打印出来的以书面等形式存储的会计数据，如记账凭证、会计账簿、会计报表等数据。会计档案的备份不当也是一个重大的安全隐患。由于备份策略和方法不科学，很可能造成备份资料失去了时效性，或者发现由于备份介质没有保存在恒温恒湿的环境中，备份磁带已经失效了，造成不可挽回的损失。

3．网络系统的不安全因素

网络传输中由于黑客访问、信息泄露、非法复制，从而给会计工作带来病毒、木马入侵，造成非法盗窃以及非法监视、监听等风险。近年来由于没有安装防病毒软件或及时进行系统安全补丁升级，以及网络黑客入侵造成企业信息的丢失，甚至系统瘫痪的例子可以说数不胜数。常见的网络系统安全问题有以下几个方面。

（1）黑客攻击

黑客攻击的方法很多，但是他们多是利用计算机软件和计算机网络方面存在的一些漏洞，采用非法获取系统的最高管理权限或在同一时间向目标系统发送超过正常数据段大小的特大数据包，使服务器无力处理，从而造成停止服务，严重时造成系统崩溃。

1）特洛伊木马。特洛伊木马是一种十分有效的攻击力量，最早出现在UNIX操作系统中，当时的黑客伪造了系统的登录界面，骗取系统管理人员的密码，从而达到攻击的目的。

2）非法数据直接攻击。这类攻击主要是利用系统设计错误进行攻击，使被攻击的计算机死机或者变得很缓慢以致崩溃，从而干扰系统的正常运转。

（2）计算机病毒

计算机病毒是具有自我复制能力的计算机程序。它能影响计算机软件、硬件的正常工作，破坏数据的正确性与完整性。它具有传染性、寄生性、隐蔽性、触发性、破坏性等特点。如最著名的计算机病毒——Internet蠕虫，就能够在整个Internet上进行传播。

（3）计算机电磁波辐射

计算机辐射主要涉及四个方面：主机辐射、显示器辐射、通信线路辐射、输出设备辐射。计算机是依靠高频脉冲电路进行工作的，由于电磁场变化，必定向外辐射电磁波。这些电磁波会带出计算机的一部分信息，在一定的范围内，通过相应的设备就可以接收到电磁波，并获得一定的信息，失密现象就会发生。

（二）网络环境下会计信息系统安全控制制度不健全

在网络环境下，计算机能够将许多不相容工作内容自动合并完成，使会计信息系统容易形成内部控制隐患。如果不能有效地定义和实施会计岗位的分工和相互监督，操作人员可越权篡改程序和数据文件，通过对程序非法改动，导致会计数据不真实、不可靠，以此达到某种非法目的。因此系统管理员、数据录入员、数据管理员和专职会计员等岗位分工不清是造成会计信息安全的重要原因。正是由于网络会计信息系统数据的开放性、共享性及自动集成，如果没有完善的内部控制制度，可能由于操作人员一个人的差错，会导致整个系统出现错误的信息，甚至给企业带来巨大损失。财会人员专业素质和道德品质也是企业内部控制的一大隐患。这里主要指由于财会人员专业素质及道德品质的缺失，在会计信息进行记录、维护、处理和报告过程中所带来的风险，主要表现为输入过程中对交易或事项的虚构或篡改、信息加工过程中会计人员职业判断的失误或操作误差、数据输出错误等方面。会计档案的备份不当也是一个重大的安全隐患。由于备份策略和方法不科学，很可能造成备份资料失去了时效性，或者发现由于备份介质没有保存在恒温恒湿的环境中，备份磁带已经失效了，造成不可挽回的损失。

（三）网络环境下会计信息系统相关人员的道德风险

网络安全的最大风险仍然来自组织内部人员对会计数据的非法访问、篡改、泄密和破坏等方面的风险。因此，内部控制已从会计机构内部扩展到对整个企业内部人员的控制。网络会计信息系统的关联方也存在着道德风险。网络对会计最直接的影响体现在财务报告由纸质向网络形式的迅速转移，越来越多的企业通过政府指定网站或者自己的门户站点，强制或自愿披露会计信息，以更好地满足社会各方对企业会计信息的需求。网络会计信息系统和社会部门的关联，又引入了新的安全风险。如企业的关联方既包括客户、供应商、合作伙伴、软件供应商或开发商，也包括银行、保险、税务、审计等社会部门。企业与这些关联方存在着特殊的业务和数据交换关系，有部分企业与关联方之间采用专用增值网（VAN）实现电子数据交换（EDI）任务，也有的关联方与企业建立统一的外联网（Extranet）。在外联网内，企业之间通过互联网进行松散型的数据查询、数据交换、服务技术等。因此，无论从业务联系还是从网络联系上看，外联网范围内的企业存在着一种特殊的关系，这种特殊关系使相互间道德风险的发生成为可能。由于互联网没有国界和时空的限制，来自社会上的道德风险几乎不可避免。社会不法分子对企业内联网的非法入侵和破坏，包括来自网上的信息截收、仿冒、窃听、黑客入侵、病毒破坏等是目前媒体报道最多的风险类型。据报道，反病毒专家截获了一种专门盗取某网上银行用户名和密码的木马病毒，这种病毒竟能绕过 Microsoft 安全控件和网上银行的 CA 证书，会在用户计算机中创建可执行文件、修改注册表，轻易地窃取用户的账号和密码。

四、网络环境下会计信息系统安全问题防范对策

在互联网环境下，会计信息系统的安全控制除了要采取传统环境下会计信息系统安全控制的基本内容之外，它还有自己新的内容。在互联网环境下会计信息系统中的数据与应用程序之间具有一定的独立性，同时，企业的内部即企业内部网与企业的外部环境存在着数据与信息的相互传递和交换，但又必须相互绝缘，也就是说在企业内部网与外部网之间必须有一定的保障物，以此保证企业内部传递的信息与企业向外部披露的信息之间的差别。因而，在互联网环境下会计信息系统的安全控制必须分别针对企业内部网及企业外部网与其外部环境之间的联系设立相应的控制制度与措施，笔者试从此角度论述在互联网环境下会计信息系统安全控制的基本内容。在互联网环境下可以将会计信息系统划分为企业内部网及企业的外部环境两个方面。

（一）会计信息系统的内部控制

1. 会计数据安全控制

会计数据安全是指所有的会计数据与信息在产生、传递、接收、存储、加工处理的过程

计算机网络数据保密与安全

中不存在遗漏、非法复制、多加、变形等。要保证数据的安全,一方面需要借助法律、政策及相关规章制度的约束,另一方面又必须依赖企业管理人员制定有效的管理制度,同时还必须有严格的监督与管理手段。会计数据的安全控制一般分为以下几个方面。

(1) 依据相关的法律规章制度建立严格的内部管理制度

法律规章制度中严格规定了计算机网络系统信息安全受到法律的保护,任何人、任何单位不得侵犯系统的信息安全。因此,我们在制定企业内部控制制度时可以借鉴上述相关的法律规章制度,从法律、道德、纪律等方面约束企业内部工作人员,以防止企业内部工作人员的舞弊与犯罪行为。

(2) 利用数字签名技术进行数据确认

随着电子商务的普及和信息技术的发展,原来在业务活动中所使用的纸介质等原始凭证将越来越多地转化为电子化的方式,这种转换方便了会计信息在网络系统中的传递与交换,但同时,却为它的确认带来了新的问题。虽然关于电子化原始凭证的有效性已得到法律的认可(见联合国贸易法委员会《电子商务示范法》第 8 条、我国《合同法》第十一条等),但对于如何去确认这些电子化的原始凭证在相关的法律规章制度中却不曾看见。

目前,我国正在建立电子商务的权威认证中心(Certificated Authority,CA),它通过自身的注册审核体系,检查核实进行证书申请的用户身份和各项相关信息,并将相关内容列入发放的证书域内,使用户属性的客观真实性与证书的真实性一致。有了这个认证中心,企业就可以通过它来实现动态签名,保证电子化原始凭证的可靠性。具体的做法是企业与往来客户双方都向其共同信赖的第三方机构申请用户身份证书,并将各自的相关信息及内容列入自己的证书域内,同时设定自己的签名密钥,甚至还可以拥有加密密钥对。这样,企业相关的工作人员就可以拥有自己个人的数字签名,当一项业务发生时,工作人员或往来单位将与其有关的原始凭证送入计算机中并签上自己的数字签名,然后上传到网上,通过网络传递到相关的部门,相关部门在获取到这些原始凭证后立即向第三方即认证中心进行确认,只有通过认证中心认可的原始凭证才被接受并保存下来,从而保证数据的来源、传递的安全性。一旦企业员工离开本单位,其带走的也只是其签名密钥,企业仍可利用加密密钥对来解读属于企业的合法信息;同时,由于加密密钥一般由认证中心产生并管理,因而其具有很高的安全性。

(3) 加强监控与审计

在互联网环境下会计信息系统是由几十个甚至上百个部门或分公司联网而成的,要使其高效、安全地运行,一方面必须做好严格的系统监控工作,要求在系统产生错误时,能够尽早地产生错误报告并给出错误次数的统计,以便及时地发现问题并解决问题。同时,还要根据其各部门或各分公司的用户操作记录,结合系统的记录信息判断有无非法用户进入会计信息系统,并随时采取措施,保证系统的安全。另一方面,又必须加强审计工作,特别是对会计数据操作的审计。也就是说,要对会计数据的操作情况进行监督,对访问会计数据进行动态跟踪,对删改操作情况进行记录。要完成这些工作,必须对会计信息系统进行两级审计:

1) 系统级:主要是审计整个会计数据库系统的一些操作,如进行系统的注册、用户权限的改变等,以便掌握会计数据库整体的使用情况。

2) 表级:主要是审计具体会计数据库表的操作,根据不同数据表的重要程度,分别审计不同的操作。

（4）及时进行会计数据的备份

由于在互联网环境下，会计信息系统存在着大量的网络子系统，分别存放了大量有用的会计数据，一旦发生问题，会有大量的会计数据将无法挽回。为了防止这种现象出现，应及时对会计数据进行多种备份，以便在系统出现问题后能够迅速地恢复这些会计数据。通常的做法是每日备份数据库文件，保存期为三天。若数据库发生问题，则用近期备份的数据结合修改日志文件进行恢复。每月将数据库备份到磁盘、磁带等存储介质上进行保存，以此完成对全系统的数据恢复或是单个用户的数据恢复。每季度利用网络在各个计算机子网分中心之间进行异地交叉备份，以此来防止火灾、地震等自然灾害造成的系统破坏。

2. 会计数据保密控制

会计数据保密就是通过对用户与会计数据的处理，利用一种强有力的算法编码技术，将数据变换成只有经过一定的解密措施之后才可读的密码形式来保护保存在磁盘上的会计数据和传输的信息，使那些有意或无意的攻击者与未经授权的用户无法访问这些会计数据，从而保证这些会计数据的安全。要完成对会计数据的保密性控制，通常可以通过以下几个措施来实现。

（1）对用户进行分类

在企业内部及企业外部有不同的信息使用者，由于他们的身份不同，而且他们对获取的会计信息的要求也不同，因而有必要对这些用户进行分类，以保证不同身份的用户获取与他们身份与要求相符的会计信息。通常，对用户分类是通过对用户授予不同的数据管理权限来实现的。一般将权限分为三类，即数据库登录权限、资源管理权限和数据库管理员权限等。只有获得了数据库登录权限的用户才能进入数据库管理系统，才可以进行数据的查询，以获取自己所需的会计数据或会计信息，但其不能对数据进行修改。而具有资源管理权限的用户，除了拥有上述数据访问权限之外，还可具有数据库的创建、索引及职责范围内的修改权限等。至于具有数据库管理员权限的用户，他将具有数据管理的一切权限，包括访问其他用户的数据，授予或收回其他用户的各种权限，完成数据的备份、装入与重组以及进行系统的审计等工作。但这类用户一般仅限于极少数的用户，其工作带有全局性和谨慎性，对于会计信息系统而言，会计主管就可能是一个数据库管理员。

（2）对会计数据进行分类

虽然对用户进行了分类，但并不等于一定能保证用户都能根据自己的职责范围访问相关会计数据。这是因为同一权限内的用户，对数据的管理和使用的范围是不同的，如会计工作中的凭证录入人员与凭证审核人员，他们的职责范围就明显地限定了他们对数据的使用权限。因此，数据库管理员就必须根据数据库管理系统所提供的数据分类功能，将各个作为可查询的会计数据从逻辑上归并起来，建立一个或多个视图，并赋予相应的名称，再把该视图的查询权限授予相应的用户，从而保证各个用户所访问的是自己职责范围内的会计数据。

（3）对会计数据进行加密

一般而言，上述的保密技术能够满足一般系统的应用要求，但是对会计信息系统来说，仅靠上述的措施仍然难以确保会计数据的安全。为了防止其他用户对会计数据的非法窃取或篡改，还必须对一些重要的会计数据进行加密处理。由于数据的加密技术完全是一种数据库的处理技术，在此不做太多的阐述，但要说明的是，在进行会计数据加密时，对有关的关键字段如会计软件中常用的科目代码字段，及进行关系运算的比较字段，如通常我们对数据进行查询所使用的条件等不能加密。

3. 会计数据完整性控制

会计数据完整性控制是指通过会计数据与会计数据之间的逻辑关系所施加的约束条件来实现会计数据的正确性和一致性的一种方法。通常对利用会计数据间的关系所建立的约束有：

（1）会计数据值的约束和结构的约束

会计数据值的约束是指对会计数据项的数据类型、范围、精度等方面的限制。如在会计信息系统中会计期间必须事先设定、会计凭证所出现的日期必须符合实际的日期、工资一般准确到小数点后两位等，否则会计信息系统就拒绝接受。而会计数据结构的约束则是指对会计数据之间联系方面的限制。如一个会计科目唯一对应一个科目代码，科目代码有一个取值，就唯一决定了一个会计科目，其他诸如会计凭证、会计账簿等方面的数据。因而，科目代码的取值就不能为空/0 值，并且它在数据库中是唯一的，从而保证在引用会计科目数据时能通过会计代码这个唯一的条件找到会计科目的其他相关数据。如果违反了这种限制，就破坏了会计数据结构的规定。

（2）会计数据的动态约束

会计数据的动态约束是指当会计数据从一种状态转变为另一种状态时，对新旧值间规定一定的限制条件，以保证会计数据的正确性。例如，在进行会计凭证的录入时，一个新的凭证号不应小于上张凭证的号码；又如，在进行登账过程中，对会计账簿数据进行更新时，任何一个科目的同一方向的累计发生额数据不应小于原有的累计发生额数据等。

4. 会计信息资源控制

会计信息来源于网络服务器的数据库系统中，因而网络数据库系统是整个网络会计系统控制的重点目标。对数据库系统的安全威胁主要有两个方面：一是网络系统内外人员对数据库的非授权访问，二是系统故障、误操作或人为破坏数据库造成的物理损坏。针对上述威胁，会计信息资源控制应采取以下措施：

1）采用三层式客户机/服务器模式组建企业内部网，即利用中间代理服务器隔离客户与数据库服务器的联系，实现数据的一致性。

2）采用较为成熟的大型网络数据库产品并合理定义应用子模式，子模式是全部数据资料中面向某一特定用户或应用项目的一个数据处理集，通过它可以分别定义面向用户操作的用户界面，做到特定数据面向特定用户开放。

3）建立会计信息资源授权表制度，采取有效的网络数据备份、恢复及灾难补救计划。

5. 系统开发控制

系统开发控制是一种预防性控制，目的是确保网络会计系统开发过程及内容符合内部控制的要求。财务软件的开发必须遵循国家有关部门制订的标准和规范，第一，在网络会计系统开发之初，要进行详细的可行性研究；第二，在系统开发过程中，内审和风险管理人员要参与系统控制功能的研究与设计，制订有效的内部控制方案，并将制订的控制方案在系统中实现；第三，在系统测试运行阶段，要加强管理与监督，严格按照《商品化会计核算软件评审规则》等各种标准进行。

6. 系统应用控制

系统应用控制是指在具体的应用系统中用来预防、检测和更正错误，以及防止不法行为的内部控制措施。包括：

1）在输入控制中，要求输入的数据应经过必要的授权，并经有关内部控制部门检查，还要采用各种技术手段对输入数据的准确性进行校验。

2）在处理控制中，对数据进行有效性控制和文件控制，有效性控制包括数字的核对、字段和记录长度检查、代码和数值有效范围的检查、记录总数的检查等，文件控制包括检查文件长度、标识和是否染毒等。

3）在输出控制中，一要验证输出结果是否正确和是否处于最新状态，以便用户随时得到最新准确的会计信息，二要确保输出结果能够发送到合法的输出对象，文件传输安全正确。

7. **系统维护控制**

系统维护包括软件修改、代码结构修改和计算机硬件与通信设备的维修等，涉及系统功能的调整、扩充和完善。对网络会计系统进行维护必须经过周密计划和严格记录，维护过程的每一环节都必须设置必要的控制，维护的原因和性质要有书面形式的报告，经批准后才能实施修改。软件修改尤为重要，网络会计系统操作员不能参与软件的修改，所有与系统维护有关的记录都应该打印后存档。

8. **系统管理控制**

系统管理控制是指企业为加强和完善对网络会计系统涉及的各个部门和人员的管理和控制所建立的内部控制制度。由于网络会计系统是一种分布式处理结构，计算机网络分布于企业各业务部门，实现财务与业务协同处理，因此原来集中处理模式下的行政控制转变为间接业务控制。主要应采取以下几方面的措施：

1）设置适应于网络下作业的组织机构并设置相应的工作站点。

2）合理建立上机管理制度，包括轮流值班制度、上机记录制度、完善的操作手册和上机时间安排并保存完备的操作日志文件等。

3）建立完备的设备管理制度。

9. **加强内部审计**

为监督并促进系统运行质量的提高，企业应设立独立的内部审计部门，在审计委员会或高层决策机构领导下工作。内部审计应包括：

1）对会计资料定期进行审计，审查会计电算化系统账务处理是否正确，是否遵照《会计法》及有关法律、法规的规定。

2）监督数据保存方式的安全性、合法性，防止发生非法修改历史数据的现象。

3）对系统运行各环节进行审查，防止存在漏洞。

（二）会计信息系统的外部控制

虽然通过对企业内部网的控制能有效防止企业内部人员的舞弊与犯罪行为，但是，在互联网环境下，对于会计信息系统的犯罪行为并不是仅仅局限于企业内部，因为还有大量的外来犯罪行为。因而，如何保证企业内部网与其外部环境之间能够畅通地进行信息的传递与交换，同时又能够保证会计信息系统不受外来的侵犯，就显得尤为重要。而要保证企业内部网与其外部环境之间这种关系，必然要建立以下一些控制措施。

1. **物理控制**

物理控制主要是针对网络系统的结构与硬件设备所实施的控制，具体包括以下内容。

计算机网络数据保密与安全

(1) 合理选择网络结构

这一控制措施应该是在系统设计阶段的总体结构设计时所确定的，也就是说，在进行系统总体设计时必须从以下几个方面考虑网络的品质要求：

1）从会计工作流程与要求出发考虑网络的覆盖范围。

2）从会计数据的安全性出发考虑网络的标准化、兼容性、连接性等。

3）从会计数据量大这一特点出发考虑网络的处理能力，即网内最大工作站数、信道容量、传递速率、信道利用率及响应时间等。

4）从会计数据的保密性出发考虑数据的共享性及共享面。

5）从互联网的环境要求及会计信息使用者的多面性这一特点出发考虑系统的可靠性、扩展性以及对环境的适应性等。

6）从经济效益出发考虑系统的性能价格比，以及网络维护费用的高低。

(2) 选择优质的网络硬件

对于网络会计信息系统而言，为了满足会计数据的安全性、共享性、处理的及时性及保密性等方面的要求，选择时必须从信息的传输量、每天通信线路的占用时间、线路租用费用、通信设备购置费用、已有设备的接口情况及公用通信网线路的保密性等方面来确定选择何种通信方式（是有线通信还是无线通信）、是否选择远程节点与远程控制、是否选择高速调制解调器、如何选用优质的服务器、如何选用合理的工作站和互联网设备（如中继器、路由器等）等。尤其是对工作站的选择，不但要从网络系统本身的要求出发，还必须从用户的特点出发，以确定是采取有盘工作站还是无盘工作站，同时还应根据装入的会计信息系统将运行的会计软件的要求，选择稳定性较好、内存稍大、处理速度较快的计算机作为工作站使用。

2. 存取控制

关于存取控制，在前面针对企业内部网的控制中所提到的口令密码的设置、身份验证等技术都是用于对会计信息系统中会计数据的存取安全所采取的控制措施，在此，我们主要解释的是针对企业内部网与外部环境之间联系时所设立的常用控制技术——防火墙控制。所谓防火墙控制技术，是指在被保护网络企业内部网和外部网络之间设置的一种用于对两者加以隔离的软件，从而为一个企业的内部网络提供抵抗外部侵袭和干扰的能力，保证企业会计信息系统的安全。防火墙通常由过滤器和网关等组成，过滤器封锁某些类型通信量的传输，网关则提供中继服务。这样，在企业内部网与外部环境之间建立了一种隔离"屏障"，这种"屏障"与其通常的含义不同，它一方面是指能够保证在企业内部网与外部环境之间进行通畅的信息交流，另一方面又可以阻止某些未授权的用户登录进入会计信息系统。正是由于这个"屏障"的存在，使得那些侵犯者即使能突破保护进入文件服务器，也无法进入企业内部网络，更无法将会计数据取出（这里指的是包括阅读、复制等在内的各种动作），从而保证会计数据的安全性与保密性。

当然，要保证会计数据的存取安全并非只是使用防火墙这一种控制手段，我们还可能使用到诸如标识设备这种控制技术，即在主机上安装访问控制设备，在用户一端安装个人密码发生器，同时还要保证密码发生器与访问控制设备进行同步。这样，当某用户注册入网或使用某种系统资源时，除了要提供自己的口令外，还要向系统提供由密码发生器产生的密码。由于这种由密码发生器产生的密码是随机变化的，因此，即便是有外人得到某用户的口令，也不能进入企业的会计信息系统。

3. 网络端口控制

在互联网环境下,由于企业的会计信息系统网络是一种利用公共电话交换网的计算机网络,其远程终端和通信线路的安全性是一个非常薄弱的环节,如要提高这一环节的安全性,就必须采取必要的端口保护控制。所谓端口保护控制,就是对用户进行标识与验证、对有关的安全事件进行记录与报告、限制对网络的攻击及保护会计信息的传输安全的一种措施。通常对会计信息系统的网络端口的控制可分为单端控制(包括主机端控制和用户端控制)和双端控制(包括用户验证和终端验证)。

(1) 单端控制

在互联网环境下会计信息系统的单端控制中,主机端控制是用得最多的,通常对主机端进行控制是借助各种端口保护设备来完成的。所谓端口保护设备,主要是针对终端的拨号访问所设置的,是与主机独立的安全设备。通过安装这种设备的好处如下。

1) 保证用户只有输入正确的口令才能访问主机,同时限制每次拨号的登录次数。

2) 进行主机的伪装,目的在于防止网络的侵犯者发现这一会计信息系统的主机,或是通过其他方式如采用静默调制解调器屏蔽调制声,或是发出自己的显示屏隐蔽主机的型号,从而保护主机的安全。

3) 对非授权访问进行记录并自动回叫,以防止非法用户的进入。

用户端控制则主要指在会计信息系统的用户端安装安全的调制解调器,以确保用户只有在输入正确的口令以及经授权的电话号码后才能接通调制解调器访问主机。

(2) 双端控制

在互联网环境下会计信息系统的双端控制是指不但要在主机端采取控制,而且在用户端也要采取相应的控制措施,是用户端保护设备与主机访问控制软件之间配合验证的过程。其中,用户验证需要用户个人的介入,通常采用一些便于携带的验证设备,如验证器、访问卡、磁卡及安全码发生器等。终端验证则不需要用户个人的介入,它是通过将外加式或内加式设备,分别安装在通信线路的两端,采取类似于用户验证的访问应答方式进行验证。

在上述两种网络端口控制措施中,不管是单端控制,还是双端控制,都有自己的特点。因而,在计划采取网络端口控制时,需要考虑清楚是采用单端控制,还是采用双端控制。由于会计信息系统对会计数据的保密性、完整性、安全性与访问控制要求较高,因此,在互联网环境下,会计信息系统的网络端口控制往往采取双端控制。

4. 周界控制

周界控制是指通过对安全区域的周界实施控制来达到保护区域内部系统的安全性目的,它是预防一切外来攻击的基础,其主要内容包括:

1) 设置外部访问区域,明确企业内部网络的边界,防止黑客通过电话网络进入系统。

2) 建立防火墙,在内部网和外部网之间的界面上构造保护屏障,防止非法入侵、非法使用系统资源,执行安全管理措施,记录所有可疑事件。

5. 大众访问控制

大众访问包括文件传递、电子邮件、网上会计信息查询等,由于互联网络系统是一个全方位开放的系统,对社会大众的网上行为实际上是不可控的。因此,企业应在网络会计系统外部访问区域内采取相应防护措施。外部网络的访问控制主要有:

1) 在网络会计系统中设置多重口令,对用户的登录名和口令的合法性进行检查。

2）合理设置网络资源的属主、属性和访问权限，资源的属主体现不同用户对资源的从属关系，如建立者、修改者等，资源的属性表示资源本身的存取特性，如读、写或执行等，访问权限体现用户对网络资源的可用程度。

3）对网络进行实时监视，找出并解决网络上的安全问题，如定位网络故障点、捉住非法入侵者、控制网络访问范围等。

4）审计与跟踪，包括对网络资源的使用，网络故障、系统记账等方面的记录和分析。

6. 电子商务控制

网络会计是电子商务的基石，是电子商务的重要组成部分，因此也必须对电子商务活动进行管理与控制。其主要措施有：

1）建立与关联方的电子商务联系模式。

2）建立网上交易活动的授权、确认制度，以及相应的电子会计文件的接收、签发验证制度。

3）建立交易日志的记录与审计制度。

7. 远程处理控制

网络会计系统的应用为跨国企业、集团企业实现远程报表、远程报账、远程查账、远程审计以及财务远程监控等远程处理功能创造了条件。这些功能的启用也必须采取相应的控制措施，主要有合理设计网络会计系统各分支系统的安全模式并实施进行远程处理规程控制。

8. 数据通信控制

数据通信控制是企业为了防止数据在传输过程中发生错误、丢失、泄密等事故而采取的内部控制措施，企业应采取各种有效手段来保护数据在传输过程中准确、安全、可靠。其主要措施有：

1）保证良好的物理安全，在埋设地下电缆的位置设立标牌加以防范，尽量采用结构化布线来安装网络。

2）采用虚拟专用网线路传输数据，开辟安全数据通道。

3）对传输的数据进行加密与数字签名,对在系统的客户端和服务器之间传输的所有数据都进行两层加密，以保证数据的安全性，使用数字签名以确保传输数据的保密性和完整性。

9. 防病毒控制

在系统的运行与维护过程中应高度重视计算机病毒的防范及相应的技术手段与措施。可以采用如下控制措施：

1）对不需要本地硬盘和软盘的工作站，尽量采用无盘工作站。

2）采用基于服务器的网络杀毒软件进行实时监控、追踪病毒。

3）在网络服务器上采用防病毒卡或芯片等硬件，能有效防治病毒。

4）财务软件可挂接或捆绑第三方反病毒软件，以加强软件自身的防病毒能力。

5）对外来软件和传输的数据必须经过病毒检查，在业务系统严禁使用游戏软件。

6）及时升级本系统的防病毒产品。

当然，对于会计信息系统的内部控制，不管是在一般的环境下，还是在互联网环境下，除了采取以上的控制措施之外，还必须尽快地颁布与完善各种相应的法律、规章、政策及制度，努力提高会计工作人员的专业素质（包括会计知识、计算机知识等），加强电算化审计的研究与实施，尤其是对付在互联网环境下令人恐惧的黑客攻击，除了采用上述的控制措施及对策之外，还应发挥全社会的力量，从法律上、道德上及技术上加以防范，从而进一步加强与完善企业会计信息系统的内部控制。

五、会计信息系统安全防范分析——以湖南科技学院财务会计系统为例

湖南科技学院是省教育厅直管单位，从1995年开始就进行会计电算化核算，但是手工账还在实行，两种工作同时进行，确保会计电算化的正确实行。经过几年的运行，彻底摆脱了手工账，实行了会计电算化工作。财务处内部建立了一个局域网，会计软件为天大天财财务会计软件，可以进行报账、审核、复核、记账等账务处理，同时还可以进行工资系统的管理、财务预算的计划执行等，这个时期的财务信息系统可以归结为电算化会计信息系统。

2000年以后，随着学校规模的扩大，财务处进行了会计信息系统的整合与扩张。在原有电算化会计信息系统的基础上，通过校园网接入互联网中，实现了财务与业务协同，远程记账，远程报表、报账，远程查账，远程审计等远程处理，能动态进行会计核算。在这样的情况下，会计信息系统的安全性日益成为重点。考虑到学校的具体情况，笔者设计的会计信息系统，其安全体系的结构包含网络的物理安全、访问控制安全、系统安全、用户安全、信息加密等。充分利用各种先进的主机安全技术、身份认证技术、访问控制技术、防火墙技术等，在攻击者和受保护的资源间建立了多道严密的安全防线，增加了恶意攻击的难度，并在此基础上建立了一系列的安全措施对策。

（一）学院对网络会计信息系统安全的内部控制措施

随着网络会计信息系统的逐步应用，学院领导及财务处有关人员结合本院实际情况，对会计信息系统建立了一系列安全管理措施。

1. 在软件功能上施加必要的控制措施来保护会计数据的安全

（1）增加必要的提示功能

如软件执行备份时，存储介质上无存储空间、备份介质未正确插入和安装；执行打印时未连接打印机或未打开打印机电源；用户输入数据时输入了与系统当前数据项不符的数据或未按要求输入等，此时系统应给予必要的提示，并自动中断程序的执行，这些提示功能一般情况下软件均能做到。

（2）增加必要的保护功能

在突然断电、程序运行中用户的突然干扰等偶发事故，如软件执行结账时用户干预等发生时，能自动保护好原有的数据文件，防止数据破坏或丢失，同时对重要数据系统可增加退出系统时的强行备份功能，用户再次进入系统时自动把备份数据与机内数据比较对照，及时发现数据文件的改变。学院具体措施为对财务机器实现双电源，一旦停电应有第二根线路的交流电源或UPS电源保证财务机器的存盘退出和数据备份。

（3）增加必要的检验功能

1）设计适应电算化账务处理的核算组织程序。在网络环境系统中，输入凭证由多人共同分担，凭证数据的输入可以采用一组人员输入，换人复核；或者采用两组人员两次输入，输入的数据分别存放在两个暂存文件中，然后由计算机对两个数据文件中的记录逐条进行比较。对于存在差异的记录进行对照显示或打印，便于找出错误，进行修改。只有完全相同时，系

计算机网络数据保密与安全

统才把录入的数据作为正式的凭证数据进行存储。未经校验的数据，系统应做上标记，不允许进入记账凭证文件。学院财务可按制单、审核、出纳、记账来进行账务处理并相应设立制单岗位、审核岗位、出纳岗位和会计岗位。

2）对输入系统的数据、代码等都要进行检验。实际操作中，对于不合法的凭证或财务数据，软件都会有提示，财务人员应重新检查凭证借贷方或数据的正确性，直到审核通过，对于审核未通过的凭证或数据不要强行保存。

（4）增加必要的限制功能

即增加修改限制。修改功能可以方便用户，提高系统的实用性，但同时也增加了系统的不安全因素。因此在账务处理中有必要对修改功能加以限制：首先，对没记账的凭证，一经修改，必须进行复核，只有正确之后系统才对修改结果予以确认；其次，对已经记账的凭证系统不提供直接修改账目的功能，只能通过编制记账凭证，对错误的凭证进行冲正或补充登记；再次，对修改过的凭证，系统应予以标识，保留更改痕迹，并可以打印输出以作核查依据；输出的财务报表，其数据由系统自动按照用户定义的格式和数据来源的公式生成，不提供对数据的修改功能；最后，基础数据，如科目库、代码库等的修改权限只授予系统维护员。

2. 建立必要的管理制度

（1）实行用户权限分级授权管理

建立起网络化环境下会计信息系统的岗位责任制（即授权表制度），按照网络化会计系统业务的需求设定各会计上机操作岗位，明确岗位职责和权限，并通过为每个用户进行系统功能的授权，落实其责任和权限。结合密码管理措施，使各个用户进入系统时必须输入自己的用户号和口令，进入系统之后也只能执行自己权限范围内的功能，防止非法操作。同时做到不相容职务的分离，比如系统的维护人员和系统管理员不得上机处理日常会计业务，会计业务处理人员不能进行系统维护等。

同时防止单用户系统中利用数据库管理系统篡改数据文件。网络系统中要对会计系统的所有数据文件按照只读数据、修改数据行、增加数据行、建立数据文件的索引文件、删除数据行、修改数据文件结构等使用权限进行授权，并且视需要进行权限的收回。

（2）建立严格的内部牵制制度

对系统的所有岗位要职责范围清楚、同时做到不相容职务的分离，各岗位之间要有一定的内部牵制作保障。如系统的维护人员和系统管理员不得上机处理日常会计业务，系统进行备份数据恢复时必须由具体操作员和主管共同批准等。

（3）建立必要的财务上机操作控制和系统运行记录控制

1）建立严格的硬件操作规程。不得私自拆装计算机，安装计算机硬件系统时，必须由财务网络管理员或技术室专业人员进行；启动计算机时，要按照先开外设再开主机，关机时先关主机再关外设的顺序进行；计算机处于工作（加电）状态时，不得拔插各种外部设备；计算机进行软盘读写操作时，不得强行将软盘取出；网络的布线要避免电磁干扰或人为损坏，不要随意插拔网络线缆的接头，也不要经常移动计算机等。

2）制定《学院会计操作手册》，出纳、制单、审核、记账按标准操作规程进行。具体为：明确规定各个财务岗位进入系统后执行程序的顺序、各硬件设备的使用要求、数据文件和程序文件的使用要求以及处理系统偶发事故的操作要求，如设备突然断电的处理、设备的重新启动要求等，同时要制定数据文件的处置标准，对数据文件的名称、保留时间、存放地点、文件重建等事项做出规定，以便统一管理。

3）通过天大天财软件提供的功能或人工控制记录等措施对各工作站操作系统的所有活动予以记录，并定期由系统主管进行监察和检验，及时了解非法用户和有权用户越权使用系统的情况。

（4）建立严格的硬件管理制度和损害补救措施

比如采用磁盘双工和磁盘镜像可以在一块硬盘失效时，由另一块硬盘替换工作；双机热备份可以在一台计算机（服务器）失效时，由备用的计算机接替继续工作。

建立健全设备管理制度，确保硬件设备的运行环境、电源、温度、静电、尘土、电磁干扰、辐射等处于正常范围，例如为服务器配置稳压电源，不间断电源（UPS），以便在长时间断电的情况下启用备份电源来保证设备的正常运行。设置适应于网络下作业的组织机构并设置相应的工作站点；各系统操作人员应分清责任，各自管理和使用自己职责范围内的硬件设备，不得越权使用，禁止非计算机操作人员使用计算机系统，以免不当的操作损坏硬件设备。多个用户使用同一台设备的，要进行严格的登记，并记录运行情况。合理建立上机管理制度，包括轮流值班制度、上机记录制度、完善的操作手册和上机时间安排，并保存完备的操作日志文件等。

（5）建立严格的档案管理制度

首先，系统投入使用之后，原系统的所有程序文件、软硬件技术资料应作为档案进行保管，并应由专人负责，同时严格限制无权用户、有权用户非正常时间等对程序的不正常接触；在档案调用时也必须经系统主管和程序保管共同批准，并对使用人、程序名称、调出时间、使用原因和目的以及归还时间等进行详细的登记，以便日后核查。对于学院会计信息系统，应详细统计各计算机的硬件配置情况（如 CPU、内存、显示器、打印机型号等）、驱动程序安装盘、计算机 IP 设置、计算机名、工作域等。

其次，所有会计数据文件应做档案保管并严格限制无权用户、有权用户非正常时间等的不正常接触；建立有效的网络数据备份、恢复及灾难补救计划，如数据文件的定期备份、备份数据的存放地点、存放条件要求，系统数据文件损坏后的再生规则等，从管理上严把关。学院财务数据平时每天要做备份，每周要在至少两台机器上备份，月末年终进行结账，凡是要变动财务数据的，在变动前后均要做备份。年末要利用移动硬盘、光盘的形式至少保存两份以上，并标清会计数据的单位、时间、类型，进行归档管理。

（6）建立预防病毒的安全措施

1）除网络管理员外，严禁使用任何光盘。

2）定时备份磁盘的数据和软件。

3）在不能确定计算机是否带有病毒的情况下，要读取软盘的数据，应使软盘处于写保护状态。

4）经常对计算机硬盘和软盘进行病毒检测，采用基于服务器的网络杀毒软件、诺顿软件进行实时监控、追踪病毒；及时升级本系统的防病毒产品，我们可以在学院校园网上开辟防病毒网站，及时公布最新病毒及解决方案，提供补丁下载和专用软件的下载，通过防病毒服务器实时更新网内所有工作站上的诺顿杀毒软件。

5）对外来软件和传输的数据必须经过病毒检查，在业务系统严禁使用游戏软件。

（7）建立对黑客的防护措施

1）设置防火墙，使用入侵检测软件。入侵检测软件可以检测非法入侵的黑客，并将其拒于内部网络之外。

2）抓好网内主机的管理。用户名和密码管理永远是系统安全管理中最重要的环节之一，对网络的任何攻击，都不可能没有合法的用户名和密码（后台网络应用程序开后门例外）。但目前绝大部分系统管理员只注重对特权用户的管理，而忽视对普通用户的管理，主要表现在设置用户时图省事方便，胡乱设置用户的权限、组别和文件权限，为非法用户窃取信息和破坏系统留下了空隙。建议删除 guest 之类的通用用户。

3）设置好的网络环境。

4）加强对重要资料的保密。重要资料主要包括路由器、连接调制解调器的电脑号码及所用的通信软件的种类、网内的用户名等，这些资料都应采取一些保密措施，防止随意扩散。财务网络中服务器密码、IP 地址范围、域名、网络管理员 admin 密码应严格加以保密。

5）加强对重要网络设备的管理。路由器在网络安全计划中是很重要的一环，现在大多数路由器已具备防火墙的一些功能，如禁止 Telnet 的访问、禁止非法的网段访问等。通过网络路由器进行正确的存取过滤是限制外部访问简单而有效的手段。有条件的地方还可设置网关机，将本网和其他网隔离，网关机上不存放任何业务数据，删除除系统正常运行所必需的用户外所有的用户，也能增强网络的安全性。

安全风险是财务信息系统能否正常运行的重要因素，笔者认为，除了上述种种措施之外，还必须提高单位领导对信息系统安全风险的认识，提高系统使用人员的业务素质和思想修养，使其能够自觉遵守各种规章制度和操作规程，减少实际工作中的差错，提高系统安全意识和保护系统安全的自觉性，培养知识结构全面的网络系统管理人员，不仅精通网络系统技术，还能够站在更高的视角上观察问题、思考问题，及时发现系统的安全风险、隐患并及时排除，这对减少系统安全风险是至关重要的。

（8）系统维护控制

学院会计信息系统的维护主要是天大天财软件操作中的问题，涉及软件使用技巧和对数据库的恢复。每次出现问题，操作员应用记事本详细记下提示的错误信息，并及时向网络管理员报告，网络管理员进行处理后要进行维护记录，以便下次出现类似问题时进行处理。

（二）学院对网络会计信息系统安全的外部控制措施

1. 周界安全防范

周界控制是通过对安全区域的周界实施控制来达到保护区域内部系统的安全性目的，它是预防一切外来攻击的基础，其主要内容包括：

1）设置外部访问区域，采用三层式客户机/服务器模式组建学院内部网，利用中间代理服务器隔离客户与数据库服务器的联系，实现数据的一致性。

2）建立防火墙，在内部网和外部网之间的界面上构造保护屏障，防止非法入侵、非法使用系统资源，执行安全管理措施，记录所有可疑事件。

2. 数据通信安全防范

数据通信控制是学院为了防止数据在传输过程中发生错误、丢失、泄密等事故而采取的内部控制措施，学院采取了各种有效手段来保护数据在传输过程中准确、安全、可靠。其主要措施有：

1）保证良好的物理安全，在埋设地下电缆的位置设立标牌加以防范，尽量采用结构化布线来安装网络。

2）采用虚拟专用网（VPN）线路传输数据，开辟安全数据通道。

3）对传输的数据进行加密与数字签名，对在系统的客户端和服务器之间传输的所有数据都进行两层加密，以保证数据的安全性，使用数字签名以确保传输数据的保密性和完整性。

第三节 会议材料保密与安全管理系统的构建

一、相关理论与技术

（一）软件开发的含义

软件开发是指根据用户要求建造出软件系统或者系统中的软件部分的过程。软件开发是一项包括需求捕捉、需求分析、设计、实现和测试的系统工程。软件一般是用某种程序设计语言来实现的。通常采用软件开发工具可以进行开发。软件分为系统软件和应用软件，并不只是包括可以在计算机上运行的程序，与这些程序相关的文件一般也被认为是软件的一部分。软件设计思路和方法的一般过程，包括设计软件的功能和实现的算法和方法、软件的总体结构设计和模块设计、编程和调试、程序联调和测试，以及编写、提交程序。

1. 阶段划分

（1）计划

对所要解决的问题进行总体定义，包括了解用户的要求及现实环境，从技术、经济和社会因素等3个方面研究并论证本软件项目的可行性，编写可行性研究报告，探讨解决问题的方案，并对可供使用的资源（如计算机硬件、系统软件、人力等）成本、可取得的效益和开发进度作出估计，制订完成开发任务的实施计划。

（2）分析

软件需求分析就是对开发什么样的软件的系统进行分析与设想。它是一个对用户的需求进行去粗取精、去伪存真、正确理解，然后把它用软件工程开发语言（形式功能规约，即需求规格说明书）表达出来的过程。本阶段的基本任务是和用户一起确定要解决的问题，建立软件的逻辑模型，编写需求规格说明书文档并最终得到用户的认可。需求分析的主要方法有结构化分析方法、数据流程图和数据字典等方法。本阶段的工作是根据需求说明书的要求，设计建立相应的软件系统的体系结构，并将整个系统分解成若干个子系统或模块，定义子系统或模块间的接口关系，对各子系统进行具体设计定义，编写软件概要设计和详细设计说明书、数据库或数据结构设计说明书和组装测试计划。在任何软件或系统开发的初始阶段必须先完全掌握用户需求，以期能将紧随的系统开发过程中哪些功能应该落实、采取何种规格以及设定哪些限制优先加以定位。系统工程师最终将据此完成设计方案，在此基础上对随后的程序开发、系统功能和性能的描述及限制作出定义。

（3）设计

软件设计可以分为概要设计和详细设计两个阶段。实际上软件设计的主要任务就是将软件分解成模块（是指能实现某个功能的数据和程序说明、可执行程序的程序单元，可以是一个函数、过程、子程序、一段带有程序说明的独立的程序和数据，也可以是可组合、可分解和可更换的功能单元），然后进行模块设计。概要设计就是结构设计，其主要目标就是给出软件的模块结构，用软件结构图表示。详细设计的首要任务就是设计模块的程序流程、算法和数据结构，次要任务就是设计数据库，常用方法还是结构化程序设计方法。

（4）编码

软件编码是指把软件设计转换成计算机可以接受的程序，即写成以某一程序设计语言表示的"源程序清单"。充分了解软件开发语言、工具的特性和编程风格，有助于开发工具的选择以及保证软件产品的开发质量。

当前软件开发中除在专用场合外，已经很少使用 20 世纪 80 年代的高级语言了，取而代之的是面向对象的开发语言。而且面向对象的开发语言和开发环境大都合为一体，大大提高了开发的速度。

（5）测试

软件测试的目的是以较小的代价发现尽可能多的错误。要实现这个目标的关键在于设计一套出色的测试用例（测试数据与功能和预期的输出结果组成了测试用例）。如何才能设计出一套出色的测试用例，关键在于理解测试方法。不同的测试方法有不同的测试用例设计方法。两种常用的测试方法是白盒法和黑盒法。测试对象是源程序，依据程序内部的逻辑结构来发现软件的编程错误、结构错误和数据错误。结构错误包括逻辑、数据流、初始化等错误。用例设计的关键是以较少的用例覆盖尽可能多的内部程序逻辑结果。白盒法和黑盒法依据的是软件的功能或软件行为描述，用以发现软件的接口、功能和结构错误。其中接口错误包括内部/外部接口、资源管理、集成化以及系统错误。黑盒法用例设计的关键同样也是以较少的用例覆盖模块输出和输入接口。

（6）维护

维护是指在已完成对软件的研制（分析、设计、编码和测试）工作并交付使用以后，对软件产品所进行的一些软件工程的活动。即根据软件运行的情况，对软件进行适当修改，以适应新的要求，以及纠正运行中发现的错误；编写软件问题报告、软件修改报告。

一个中等规模的软件，如果研制阶段需要一至两年的时间，在它投入使用以后，其运行或工作时间可能持续五至十年。那么它的维护阶段也是运行的这五至十年期间。在这段时间，人们需要着手解决研制阶段所遇到的各种问题，同时还要解决某些维护工作本身特有的问题。做好软件维护工作，不仅能排除障碍，使软件能正常工作，而且还可以使它扩展功能，提高性能，为用户带来明显的经济效益。然而遗憾的是，对软件维护工作的重视往往远不如对软件研制工作的重视。而事实上，与软件研制工作相比，软件维护的工作量和成本都要大得多。

在实际开发过程中，软件开发并不是从第一步进行到最后一步，而是在任何阶段，在进入下一阶段前一般都有一步或几步的回溯。例如，在测试过程中的问题可能涉及修改设计；用户可能会提出一些需要来修改需求说明书等。

2. 设施需求

（1）开发平台

软件开发平台源于烦琐的实践开发过程中。开发人员在实践中将常用的函数、类、抽象、接口等进行总结、封装，成为可以重复使用的"中间件"，而随着"中间件"的成熟和通用，功能更强大、更能满足企业级客户需求的软件开发平台应运而生。

平台是一段时间内科研成果的汇聚，也是阶段性平台期的标志，为行业进入新的研发领域提供了基础。由于平台对企业核心竞争力的提升非常明显，在目前国内的管理软件市场，软件开发平台的应用已经成为一种趋势。

由于开发环境、开发人员、功能定位、行业背景等的不同，不同品牌的平台存在较大差别。

（2）开发环境

软件开发环境在欧洲又叫集成式项目支持环境（Integrated Project Support Environment，IPSE）。软件开发环境的主要组成成分是软件工具。人机界面是软件开发环境与用户之间的一个统一的交互式对话系统，它是软件开发环境的重要质量标志。存储各种软件工具加工所产生的软件产品或半成品（如源代码、测试数据和各种文档资料等）的软件环境数据库是软件开发环境的核心。工具间的联系和相互理解都是通过存储在信息库中的共享数据实现的。

软件开发环境数据库是面向软件工作者的知识型信息数据库，其数据对象是多元化、带有智能性质的。软件开发数据库用来支撑各种软件工具，尤其是自动设计工具、编译程序等的主动或被动的工作。

较初级的 SDE 数据库一般包含通用子程序库、可重组的程序加工信息库、模块描述与接口信息库、软件测试与纠错依据信息库等；较完整的 SDE 数据库还应包括可行性与需求信息档案、阶段设计详细档案、测试驱动数据库、软件维护档案等，更进一步的要求是面向软件规划到实现、维护全过程自动进行，这要求 SDE 数据库系统是具有智能的，其中比较基本的智能结果是软件编码的自动实现和优化、软件工程项目的多方面不同角度的自我分析与总结。这种智能结果还应主动地被重新改造、学习，以丰富 SDE 数据库的知识、信息和软件积累。这时候，软件开发环境在软件工程人员的恰当的外部控制或帮助下逐步向高度智能与自动化迈进。

软件实现的根据是计算机语言。时至今日，计算机语言发展为算法语言、数据库语言、智能模拟语言等多种门类，在几十种重要的算法语言中，C&C++语言日益成为广大计算机软件工作人员的亲密伙伴，这不仅因为它功能强大、构造灵活，更在于它提供了高度结构化的语法、简单而统一的软件构造方式，使得以它为主构造的 SDE 数据库的基础成分——子程序库的设计与建设显得异常方便。

（二）软件开发模式

软件开发模式是软件工程学提出的重要概念。从软件开发模式的提出到现在，软件开发模式包含的模型越来越多，如瀑布模型、螺旋模型、增量模型、敏捷开发等。在实际开发中，开发团队需要根据具体的用户需求特点选择不同的开发模型。

敏捷开发是以用户为中心，主张变化，采用迭代、不断优化的方式进行软件开发，在开发过程中，项目被开发成多个既相互独立又有联系的子项目，使整个软件一直处于可使用的状态。相比传统的开发模型，敏捷开发模型有以下优点。

1. 注重用户参与

用户是获取项目需求的主要来源，是软件的主要使用者，要想交付用户满意的软件产品，需要至少做到获取的需求与用户的需求一致，做出的软件是用户想要的。增加用户的参与度能够有效降低软件的失败率。敏捷开发模型正是一种重视用户参与，接受用户意见的开发模式。

2. 拥抱变化

一般情况下，软件项目的用户并不是一开始就清楚自己想要的产品，而是随着产品模型的不断清晰而修正自己的想法，导致软件需求的变化。不断变化的需求经常是软件开发失败的重要原因。敏捷开发模型能够拥抱需求的变化，主张简单构建模型，轻装简行，递增地变化，能有效应对用户需求的变化。

3. 可持续地交付

敏捷开发方法提倡尽早和不断地向客户提供有价值的软件系统。这样不仅可以减少系统和用户需求之间的差异，也可以增加客户对软件的信心。而且，软件的交付应该是可持续的，这就要求交付的软件应该有足够的鲁棒性，能够适应以后的扩展。

会议材料安全保密管理系统具有用户需求不确定，流程反复修改等特点，针对该特点，开发人员决定采用敏捷开发模式。在系统需求获取阶段，把用户要求实现的功能进行优先级划分，将优先级高的功能进行需求细化，进而设计、实现和测试，并向客户展示阶段性的成果，根据用户的反馈修改需求并细化未实现的需求功能，如此反复进行，增量、快速、可持续地交付对客户有价值的系统，而且有效应对了用户需求的变更。

（三）Java EE

Java EE（Java Platform, Enterprise Edition），是一套包含很多组件的技术架构，由 Sun 设计而成，旨在简化并规范应用程序的开发，提高程序的安全性、可移植性和再用价值，并降低对程序员和编程的要求。J2EE 使用四层分布式应用模型，即客户层、Web 层、业务层和信息系统层，解决了两层模式的弊端，体现了 MVC 思想。在本系统中应用到的 J2EE 技术主要有 JDBC 技术、JSP 和 Java Servlet 技术。

JDBC 技术是由用 Java 开发语言编写成的类和接口组成，为访问关系型数据库提供了统一的方法。Java 语言和 JDBC 结合起来使程序员不必担心平台的变化，只关心与数据库有关的开发，进而提高了程序的编写效率和跨平台性。

JSP（Java Server Pages）中文名称叫 Java 服务器页面，是由 HTML 代码和嵌入其中的 Java 代码组成的。JSP 的特点之一是具有跨平台型，可以在任何平台的任意环境中进行开发和部署，一次编写处处运行。同时 JSP 也支持服务器端组件，可以使用成熟的 Java Beans 组件来实现负责的商务功能。在本系统中，用 JSP 充当 MVC 中的 View 层。

Java Servlet 是一种小型的 Java 程序，作为一种服务器应用，主要功能在于交互式地浏览和修改数据，生成动态的 Web 内容，这个过程为：

1）客户端发送请求到服务器端；
2）服务器将请求信息发送至 Servlet；
3）Servlet 生成响应内容并传给服务器；
4）服务器把响应返回给客户端。

在本系统中，用 Servlet 充当 MVC 中的 Controller 层。

（四）MySQL

MySQL 是一种关联数据库的管理系统，具有速度快、体积小、成本低、开放源码等优点，被广泛地应用在 Internet 的中小型网站中。MySQL 将数据保存在不同的表中，而不是将所有数据放在一个仓库中，这样能增加存取速度并提高灵活性。

（五）信息安全技术

会议材料安全保密管理系统重点强调安全性和保密性，在研究了现在流行的安全方法和技术后，为本系统量身打造了一套安全保密管理方法。这一套方法中主要包含四种技术，即信息摘要算法、UKey 认证、DES 加解密和数字水印技术。

1. MD5 信息摘要算法

信息摘要算法第五版简称 MD5，是计算机安全领域最常使用的一种用来保护消息完整性的散列函数。

MD5 的作用是在用数字签名软件签署私人密钥前将大容量信息"压缩"成一种保密的格式，即把一个任意长度的字节串转换成一具有定长的十六进制数字串。本系统中，用户的密码经过 MD5 加密后进行存储，因此在数据库中的密码是一串 MD5 值，当用户忘记密码或丢失密码时，不能通过管理员进行找回，只能重新设置。用户密码经过 MD5 加密后，能够防止某些不法手段窃取用户信息的行为，提高用户账户信息的安全性。

2. UKey 认证

UKey 是一种通过通用串行总线接口（USB）与计算机相连，具有密码验证功能且可靠高速的小型存储设备。UKey 最大的特点就是操作系统兼容性好，技术规范一致性强，安全性高，携带使用灵活。在本系统中，笔者选用了新一代无驱型 U Key 产品——IA300 身份认证锁，它采用银行安全级别的高性能智能卡芯片设计，硬件使用 SHA1 和 3DES 算法，保证了数据的安全性。

IA300 登录使用一次一密冲击响应双因子认证，开发者只要将用户信息与 IA300 硬件信息绑定，并且在网站中添加相关的处理即可，绑定用户时需通过 IA300 设号工具设置用户信息数据中登记 IA300 硬件的唯一 ID、SHA1 种子码及 3DES 秘钥信息。

在系统中，管理员在添加用户时对高级用户分配了唯一的 UKey，并将 UKey 的 ID 和用户信息进行绑定，而普通用户则没有 UKey。用户在登录阶段，高级用户和管理员使用 UKey 认证和密码认证两种方式，只有当用户的 Ukey 信息和账户名、密码完全一致时，才可以进入系统，由此提供了系统信息和账户安全的双重保证。

同时，UKey 中可以写入系统的登录地址，只要将 UKey 插入电脑，即可在浏览器中打开写入的地址页面，方便用户的试用和操作。浏览器对 IA300 的识别需要一个插件，系统会自动检测浏览器是否有插件，如果没有安装插件，会直接弹出下载提示框，提示用户下载插件，下载安装成功后，才可以登录系统。

3. DES 加解密

DES（Data Encryption Standard），即数据加密标准，是一种使用密钥加密的块算法。DES 算法的参数有三个：Key、Data、Mode。其中 Key 为 7 个字节共 56 位，是 DES 算法的工作密钥；Data 为 8 个字节 64 位，是要被加密或被解密的数据；Mode 为 DES 的工作方式，有两种：加密或解密。

在本系统中，为了提高会议材料的安全性和保密性，需要对密级性较高的文件进行加密。用户将文档上传到系统后，管理员会对密级性较高的文件进行加密，加密算法即 DES 加密算法。之后，当用户下载加密的文档后，需要通过专门的解密程序进行解密，其中解密程序使用的算法即 DES 解密算法。

4. 数字水印

数字水印技术是为了达到文件真伪鉴别、版权保护等功能而通过一定的算法向数据多媒体中添加某些特定数字信息的技术。嵌入的数字水印信息不影响原始文件的质量和使用价值，并且不能被人察觉到其中的隐藏信息。

在本系统中，为了跟踪和保护公司文件，在用户下载会议文件时，系统自动在文件中添加数字水印信息。添加的水印信息包含用户的姓名、手机号和部门，水印颜色较浅且半透明，不会影响文档的可观性。由于水印信息有文件格式的限制，因此在本系统中主要针对 MS-Office 软件的格式、图片和 PDF 格式的文件添加水印信息。

二、需求分析

（一）项目介绍

某公司多次发现个别部门的一手资料被竞争对手所窃取，这给公司制定方针政策、应对竞争造成极大被动。为有效做好会议材料安全和保密工作，同时方便公司内部实现资源共享，推动公司信息化办公进程，现要求开发一个会议材料安全保密管理系统，该系统要将安全、保密工作放在首位，防止公司的商业秘密被竞争对手偷窃。该会议材料安全保密管理系统的主要实现目标是：

1）规范公司会议材料的管理流程，方便会议材料的分类管理，加快办公效率。

2）确保会议材料的安全性和保密性，防止商业机密泄露，确保会议材料的流向可跟踪性，责任到人。

（二）系统用户分析

会议材料管理的业务流程参与者主要有三类：普通员工、部门领导和会议材料负责人。下面分别描述不同参与者在会议材料管理中的业务需求。

1. 会议材料负责人

会议材料负责人在公司中负责会议材料的相关事宜，在传统的流程中，会议材料负责人的主要工作内容有：会前资料的整理，会上资料的发放，会议后对新提交资料的整理。

在系统中，会议材料负责人拥有对会议材料最大的权限。其主要拥有如下功能：

1）作为会议材料的主要管理者，会议材料负责人的账户安全十分重要，因此，会议材料负责人只有通过 UKey 身份验证才能登录系统。

2）在会议召开前，会议材料负责人需要增加一个新的会议信息，方便在会议中添加会议材料文档。

3）在会议召开后，部门领导或普通员工向该会议信息中上传会议材料。会议材料负责人收到提交的文档后，需要对这些文档进行审核、归档，如果材料属于机密材料，还需要进行加密处理。会议材料负责人对提交的文档做出处理后，相应的员工会看到自己提交文档的结果。

4）另外，会议材料负责人也是系统的管理员，需要对系统的各种信息进行管理，包括用户基本信息管理和部门信息管理。其中用户基本信息管理主要是管理用户的基本信息、权限信息和 UKey 信息。部门信息管理主要是对部门信息的增加、删除、修改和查询。

5）由于会议材料负责人需要查看保密性较高的材料，因此，会议材料负责人也拥有解密文档材料的功能。

2. 部门领导

部门领导在公司中主要包括公司管理层、部门经理、部门副经理。部门领导在公司管理中有较高的级别，同时对文档的操作也有更高的权限。在本系统中，部门领导主要有以下功能：

1）通过 UKey 验证登录系统，UKey 身份验证能够保护用户的账户安全和系统安全。

2）会议材料负责人建立会议信息之后，部门领导就可以向该会议信息中上传会议材料。

3）查看自己已经上传的材料的状态，上传的材料状态包括审核通过、审核未通过和待审核状态。

4）检索和查看会议信息，并下载会议中的文档。

5）删除审核未通过的文档。

6）通过解密程序，查看已经加密的文档，程序在文档中会添加个人信息水印，来防止恶意传播机密材料。

7）登录系统后可以修改密码。

3. 普通员工

普通员工在公司中一般不涉及机密材料。因此，在系统中，普通员工对会议材料的操作级别较低。会议材料负责人建立会议信息之后，普通员工可以向该会议信息中添加会议材料，查看自己已经提交的文档的状态，可以查看该会议信息下的不涉密文档。由于普通员工等级较低，故普通员工不能查看涉密文档。

（三）系统功能需求分析

通过对系统用户的调查，得出会议材料安全保密管理系统的主要功能，并使用业务建模、状态建模、数据建模的方式对系统功能进行详细分析，以下将详细介绍该系统的主要功能。

1. 系统登录

系统登录是指用户通过登录验证身份后进入系统，不同身份的用户在系统中拥有不同的操作权限。为了保证系统的保密性和安全性，系统对用户的账户采取了两种安全保证措施，一种是普通密码验证方式，另一种是 UKey 身份认证方式。普通用户登录只需要进行密码验证即可，高级用户和管理员登录则需要进行两种验证方式。下面分别介绍普通用户、高级用户和管理员的登录过程。

（1）普通用户登录

过程描述：普通员工登录系统时，在登录页面输入用户名和密码，经验证如果用户名和密码匹配，则可以成功登录系统。另外，为了保证密码的安全性，需要对密码进行加密保存，防止不良人员恶意盗取或修改密码。

（2）部门领导登录

过程描述：部门领导登录系统时，除了需要进行密码验证，还要进行 UKey 身份认证。

UKey 是专门针对账户安全性要求较高的用户而设置的一种安全屏障，在系统中由管理员通过管理端进行分配和添加，每一个用户只有唯一的 UKeyID。

在高级用户登录页面，系统会验证 UKey 是否存在，并验证用户名、密码和 UKeyID 三者是否匹配，如果验证通过，则可以成功登录系统。

（3）会议材料负责人登录

会议材料负责人登录系统时要进行 UKey 身份验证和密码验证两种方式。系统检测 UKey 是否存在，如果存在则输入 UKey 密码、用户名和普通密码，验证通过后则可以成功进入系统。

2. 文档管理

文档材料是会议材料安全保密管理系统的重点，在本系统中，文档管理包括对文档的新增、修改、删除、下载、查询、审核、加密、归档、解密操作。在系统中，不同角色对文档具有不同的操作权限，下面依次对操作进行详细描述。

（1）上传文档

上传文档即新增文档，通过该功能，普通用户和高级用户可以为相应的会议主题添加新的文档。新增文档时需要选择会议类型和该类型下的主题，然后在该主题下添加文档，支持批量添加文档。考虑到系统的处理时间和用户的等待时间，将文件上传的大小控制在 50 MB 内，如果超过 50 MB 则不能上传。

其中，上传文档时需要填写文档的基本信息，文档的格式一般主要是基本的 MS-Office 的文件格式，也可以包括图片、音视频、压缩文件等其他类型的格式。

（2）查询文档

根据文档状态不同，将查询功能分成了四种类型，包括：我上传的文档查询、我的待审核文档查询、我的审核通过文档查询、我的审核未通过文档查询。虽然查询结果不同，但查询条件和展示方式都相同。

文档可按照主题名称、文档标题、关键字、作者、上传的时间中的一项或多项来检索，即检索支持精确检索或模糊检索。检索结果显示文档的基本信息列表，包括标题、关键字、上传日期、主题标题、作者、备注、下载次数和文档操作。针对不同的查询类型，对查询结果的操作也稍有不同。

（3）下载文档

文档下载操作有两种情形，一是下载我上传的文档，二是在会议信息中，下载其他用户已经归档的文档。在下载文档时，系统需要对文档添加数字水印信息，标注下载者的部门和手机号。这样，当公司保密信息泄露时，可以有效追踪文档的传播者。

下载的文档如果是加密文档，则需要有系统提供的解密程序进行解密才能打开，非加密文档在下载到本地后，可自行用本地的环境打开。

（4）审核文档

文档的审核操作是由会议材料管理员进行的，用户上传文档后，会议材料管理员会在待审核文档列表中看到。会议材料管理员在审核前需要先下载文档并阅读，审查上传的文档是否满足要求。如果满足要求，则审核通过，审核通过后，文档状态由待审核状态变成审核通过状态，如果不满足要求，则文档状态会变成审核不通过状态。

（5）加密文档

文档的审核操作是由会议材料管理员进行的，一般文档审核通过后，才能进行加密操作。对文档加密意味着此文档材料属于机密材料，加密的文档只有指定部门和用户角色才可以查看，并且需要有专门的解密程序才能打开。加密后文档的加密状态由未加密变成了加密。一般情况下，加密的文档要将阅读角色设置为非普通员工，因为普通员工没有解密程序，即时能够下载也不能打开。

（6）归档文档

文档的归档操作是由会议材料管理员进行的，一般审核通过的文档才可以进行归档，而是否加密都不影响归档。归档意味着该文档已经审核加密通过，不是该文档的上传者也可以在会议信息中看到该文档。归档时首先查看文档的阅读者角色和阅读部门是否正确，如不正确，先进行修改，之后再单击"进行归档"命令。归档后该文档的归档状态由未归档变成了归档。

（7）解密文档

文档解密功能是由部门领导或会议材料管理员等有 UKey 的高级用户使用的。为了提高文档的可跟踪性，防止用户的恶意传播，系统对保密性要求较高的材料会进行加密。当用户下载了加密文档后，需要通过专门的解密程序进行解密并打开查看。当然打开的文档也是添加了用户水印信息的文档。

（8）删除文档

所有用户都可以删除自己上传的审核未通过或待审核的文档，删除之后的文档不再出现在文档查询中。

3. 会议管理

会议管理包括新建会议信息、查询会议信息、修改会议信息和删除会议信息。

（1）新建会议信息

会议信息由会议材料管理员进行管理，在公司召开会议后，由会议材料管理员通过系统添加新的会议信息，添加会议后，其他人员才可以在系统添加和本次会议有关的材料。

（2）查询会议信息

所有用户都可以查询会议信息，并查看会议详细内容。会议信息的查询条件有会议召开的起止日期、会议主题、会议类型、主持人、参与人。用户选择一项或多项条件进行查询后，系统以列表的形式展示查询结果，会议信息列表包括的信息有主题标题、上传人、上传时间、主持人和会议类型。点击会议列表项，可以查看会议的详细信息。会议详细信息包括：主题标题、上传人、支持人、上传时间、参与者、会议内容和会议文档列表。

此时查到的会议文档列表是指已经归档的文档。用户查看到的文档需满足以下至少一个条件：

1）文档的阅读者是该用户角色。
2）文档的所属部门包括用户所在的部门。
3）用户是该文档的上传者。用户可以对文档进行下载操作。

（3）删除会议信息

在系统中所有的会议材料文档都和会议信息有关系，当删除会议信息时，会把该会议信息下的所有材料文档全部删除掉，所以应谨慎进行删除会议信息的操作，在管理员要做出删除操作时，系统应该提醒操作的后果。

（4）修改会议信息

当会议信息填写不正确时，可以通过此操作对会议信息进行修改。

4. 用户管理

用户管理包括用户基本信息管理、角色管理和权限管理。

（1）用户基本信息管理

用户基本信息管理包括增加、修改、删除用户信息和重置用户密码。

为了保证系统的安全保密性，系统为权限较高的用户增加了UKey认证，经过认证成功的用户才可以进入系统，因此，用户信息需要增加UKey信息。每个UKey都由唯一的UKeyID来标识，故在用户信息中加入对应的UKeyID即可识别UKey信息。

除UKey信息外，添加用户信息时还需要选择用户角色和部门信息，并填写用户真实姓名、用户名。当用户信息有变动时，管理员可以通过系统调整用户信息。

（2）角色管理

角色管理包括对角色信息的增加、修改和删除操作。在本系统中，用户有5种角色，分别为管理员、公司管理层、部门经理、部门副经理和普通员工。其中公司管理层、部门经理、部门副经理属于高级用户，拥有唯一的UKey，能下载和解密加密文档，而普通员工属于普通用户，没有UKey，不能下载加密文档。管理员拥有最大权限，有UKey，能够下载和解密加密文档。

（3）权限管理

权限管理是指对用户和所属角色进行关联的操作。一个用户只能有一个角色，在添加用户时可以直接选择用户角色，也可以之后更改或删除用户的角色。

5. 部门管理

部门管理是对部门信息进行增加、删除、修改和查询的管理。在会议材料安全保密管理系统中，对文档的归档操作是依据文档的阅读角色和文档所属部门进行的，因此，部门信息对文档管理也是非常重要的。

6. 日志管理

为了跟踪文档的流向，防止机密泄露时无法责任到人，系统对关键的文档操作进行日志记录，如上传、修改、下载文档。记录信息包括用户名、操作、文档名、操作时间、文档所属会议。

三、概要设计

（一）系统用户角色

笔者将系统用户分为三类角色：管理员、高级用户和普通用户。

1. 管理员

管理员对应现实工作中的会议材料负责人。该角色的用户拥有系统中最大的权限。在会议材料管理事务中，管理员不仅需要参与到会议管理、文档管理过程中，还要负责对系统用户信息、角色信息和UKey信息等其他一些基本信息进行管理。以下详细描述该角色的权限功能。

在会议召开前，管理员需要添加一个新的会议信息，在会议召开后，部门领导或普通员工通过系统向该会议信息中上传相关的会议材料。管理员收到提交的材料后，需要依次对这些材料进行审核、归档，如果材料属于机密材料，还需要进行加密处理。管理员在对会议材料进行审核时会选择该材料的阅读角色，归档后的材料可以在系统中被对应的阅读角色看到。管理员对提交的材料做出处理后，部门领导或普通员工会看到自己提交文档的结果。

2. 高级用户

高级用户对应现实工作中的部门领导或某些普通员工。该角色的用户在公司中有较高的级别，同时对文档的操作也有较高的级别。管理员建立会议信息后，高级用户可以通过系统向该会议信息添加会议材料，查看自己已经提交的文档的状态：审核通过、审核未通过、待审核，并且可以查看并下载该会议信息下的所有已经审核通过的文档。通过专门的解密程序，高级用户可以查看已经加密的文档，并且解密程序在文档中添加个人信息水印，来防止恶意传播机密材料。

3. 普通用户

普通用户对应现实工作中的普通员工。在工作中，该角色一般不涉及机密材料，在系统中，普通员工对会议材料的操作级别较低。管理员建立会议信息之后，普通用户可以向该会议信息中添加会议材料，可以查看自己已经提交的文档的状态，修改审核不通过的文档，可以查看该会议信息下已经归档的普通用户可以阅读的不涉密文档。

高级用户与普通用户的区别在于：

1）高级用户的账户安全级别高于普通用户，需要通过UKey验证账户的正确性。

2）可以通过解密程序查看加密文档。

普通用户和高级用户都具有如下功能：上传会议文档，查询会议主题，查看会议文档，管理"我上传的文档"，管理"我的待审核文档"，管理"我的审核通过文档"，管理"我的审核未通过文档"。

管理员负责管理系统的基本信息，主要功能有：会议管理，权限管理，UKey信息管理，并可以使用解密程序查看加密文档。

（二）系统体系结构设计

1）管理员管理子系统：主要由管理员管理系统的基础信息和会议材料信息，具体包含会议管理、文档管理、用户管理、部门管理、角色管理。

2）Web端子系统：主要由普通用户和高级用户管理自己上传的会议材料信息和检索会议材料信息的功能，具体包含上传文档、查询所有文档、我的文档管理。

3）文件解密子系统：由高级用户和管理员解密加密文档，并阅读。

三个子系统拥有不同的特点：管理员管理子系统需要特定的人进行管理，不需要太多人访问，并且需要及时处理用户提交的信息；由于高级用户和普通用户人数较多，Web端子系统需要访问方便；文件解密子系统涉及密级性较高的文档，只能特定的人员使用。因此，会议材料安全保密管理系统采用C/S（Client/Sever，客户机/服务器）模式和B/S（Browser/Sever，浏览器/服务器）模式结合的方式进行开发。

B/S结构的基本原理是将一个应用分解为Web浏览器和Web服务器，浏览器是服务器的客户端程序；两者之间通过HTTP协议进行通信连接。浏览器通过发送URL来请求服务器网页，服务器则使用URL信息来定位和显示网页。这样客户端的实现就更加容易，只需要一个可以访问Internet的浏览器，无须将一些程序放在客户端，可以从Web服务器上下载下来，客户端执行就足够了。

计算机网络数据保密与安全

C/S 结构的优点是很多工作可以在客户端处理后再提交给服务器，能充分发挥客户端的处理能力，响应速度快。

这样，普通用户和高级用户可通过网络基础服务来实现对系统的访问，而管理员只需要下载管理员管理端即可实现对系统的访问，文件解密子系统是针对高级用户和管理员设计的用于解密的系统，只需要安装到客户端即可使用。

（三）网络体系结构设计

会议材料安全保密管理系统采用 C/S 模式和 B/S 模式结合的方式进行开发，系统的运行环境有两部分：管理员管理子系统和文件解密子系统运行在客户端，Web 端子系统运行在 Web 端。

管理员管理子系统、数据库服务器和 Web 服务器通过公司内网相连，保证系统安全稳定地运行，Web 端子系统可以通过一般的网络访问系统服务器，保证系统访问的便捷性。

（四）系统结构

会议材料安全保密管理系统的结构分为四个层次。第一层是系统的客户端层。系统由管理员管理子系统，文档解密子系统和 Web 端子系统组成，采用 B/S、C/S 模式结合的开发方式，因此系统的客户端不仅包括浏览器，还包括管理员管理客户端和文档解密客户端，浏览器包括常见的 IE 浏览器、Firefox 浏览器或 Google 浏览器。而且，由于系统提供对文档添加水印的功能，因此在查看这些文档材料时，需要用到 Office、WPS、图片阅读器等办公软件。

第二层为登录验证层。本层是进入系统的唯一入口，为保证系统的安全性和可靠性，必须加强登录验证层的安全性。在本系统中，采用 UKey 身份验证和 MD5 密码加密来保证用户的账户安全。有 UKey 的用户登录系统时，系统首先识别是否有 UKey，如果有则判断 UKeyID、用户名和密码是否一致，只有三者一致才能进入系统，加强了系统的安全性。对用户的密码采用 MD5 加密，形成系统的第二层保护层，可以有效防止恶意程序窃取用户的密码，进一步保证用户账户和系统的安全性。

第三层为系统应用层，系统应用层包括应用层、应用支撑层和应用服务器层。应用层提供系统的核心功能，包括会议管理、文档管理、用户管理和部门管理等。应用支撑层主要用于方便用户的使用，如导航菜单、流程引擎、记录项目在流转时用户的所有操作记录。目前进行 Web 开发的主流应用服务器主要有 tomcat、weblogic 等，在本系统中使用 tomcat 作为服务器。

系统的第四层是数据库层，数据库是信息系统的核心，为系统提供数据支撑。常见的数据库有 Oracle、SQL Sever、MySQL。本系统使用 MySQL 数据库，用来存储系统所需要的所有数据。

（五）系统顺序图

系统顺序图用来快速、简单地描述系统相关的输入和输出事件，展示直接与系统交互的外部参与者、系统以及由参与者发起的系统事件。在图中，时间顺序是自上而下的，并且事件的顺序应该遵循其在场景中发生的顺序。

系统的主要参与者包括普通用户、高级用户和管理员用户。首先管理员通过管理员管理子系统建立会议信息，之后用户在 Web 端子系统可以看到管理员添加的会议信息，普通用户和高级用户在该会议信息下上传文档。之后，管理员会在管理员管理子系统看到用户上传的文档信息，管理员可打开文档，审核文档内容，如果文档信息不符合要求，则判定为审核不通过，审核不通过的文档会出现在用户的审核不通过文档管理中，用户可以对审核不通过的文档进行修改或者删除，修改之后管理员重新进行审核，重复这个过程，直到审核通过或删除文档；如果文档审核通过，则用户可以在我的审核通过文档管理中进行查看。

文档审核通过后，管理员根据文档的保密级别选择文档是否加密，如果加密则选择文档的可查看用户角色为高级用户，否则用户角色为普通用户。文档加密之后，管理员判断文档是否可以归档，归档意味着该文档可以被所有用户访问，并且不能再变动。如果可以归档，则用户在 Web 端子系统中可以在查看所有文档的相应会议列表中看到该文档。

在 Web 端子系统，用户查看会议信息后可以下载其他用户上传的已归档文档，如果是加密文档，则高级用户下载之后，需通过文件解密子系统解密文档，添加用户信息数字水印后，用户可以阅读文档。以上就是整个系统的主要输入和操作。

（六）数据库逻辑结构设计

在了解系统需求后，根据获取的需求进行数据库设计。数据库设计的第一步是分析系统的实体和实体间的关系，即数据库的逻辑结构，一般用 E-R 图来表示，其中实体间的关系包括 1 对 1、1 对 N 和 N 对 M。系统主要涉及角色、部门、文档、用户、会议和日志实体。实体间的关系包括：一个用户只能有一个角色，属于一个部门；一个部门可以拥有多个用户；一个文档只能属于一个用户，包含于一个会议信息下；一个用户的日志有多条，但是一条日志只能用于记录一个用户的操作信息。

四、系统详细设计

（一）数据库设计

数据库设计是系统实现的前提，在概要设计中对数据库的逻辑结构进行了设计，下面根据数据库逻辑结构进行物理结构设计和实体结构设计。

1. 数据库物理结构设计

根据系统需求分析和数据库的逻辑结构，可以设计出会议材料安全保密管理系统的数据库物理结构。该结构描述了实体的属性和实体间的关系，实体间的关系主要由外键实现。

2. 数据库实体结构设计

会议材料安全保密管理系统共定义了 10 张数据库表，主要描述了数据库表的物理存储结构。

（二）系统功能设计

本部分将按照面向对象的设计思想将系统分成小的模块，并使用 UML 表示方法描述具体的实现。

1. 系统功能划分

根据需求分析和系统顺序图，将系统划分成 5 个大的功能，包括系统登录、文档管理、会议信息管理、日志管理、用户管理和部门管理。其中对文档的核心操作包括上传、查询、

计算机网络数据保密与安全

下载、审核、加密、归档和解密。该系统的核心功能包括系统登录、文档管理和会议信息管理，下面对主要功能进行详细设计。

2. 系统登录

会议材料安全保密管理系统是将安全性和保密性作为重点的系统，系统的安全性和保密性主要体现在三个方面：UKey 身份认证、用户密码加密、文档加密。其中 UKey 身份认证和用户密码加密都需要在登录模块进行设计。

不同的用户角色尽管具有不同的登录方式，但在设计实现时却不尽相同。下面以 Web 端用户登录为例进行设计和描述。

（1）系统登录功能流程

高级用户和普通用户通过 Web 端子系统登录系统。用户首先打开浏览器输入系统登录地址，打开用户登录页面，这时系统会检测是否有 UKey 插入电脑，根据是否有 UKey，系统将跳转到不同的登录页面。如果有 UKey，则系统跳转到高级用户登录页面，高级用户输入用户名和用户密码后，系统会通过服务器连接数据库判断用户的 UKey 信息，用户名和用户密码是否正确，如果不正确则重新输入，如果正确则进入高级用户的系统主页面。如果没有 UKey，则系统跳转到普通用户登录页面，用户只需输入用户名和用户密码，系统验证用户名和用户密码是否正确，如果正确则进入普通用户系统主页面，如果不正确，则用户重新输入。

（2）系统登录类图

根据系统登录的顺序图和设计的数据库，设计出系统登录的类图。系统登录模块涉及如下类：LoginService、UkInfoDAOImpl 和 UserDAOImpl，其中 UkInfoDAOImpl 对象拥有 checkUk 方法，UserDAOImpl 对象拥有 findUser 方法。除此之外还拥有基本数据类型 User，User 中包含对用户基本信息的 get 和 set 方法。

3. 文档管理

文档管理是整个系统的核心模块，用户对文档的操作包括上传、删除、修改、查询、下载、归档、加密、审核。由于篇幅限制，下面对文档管理中的上传、查询、下载、添加水印等核心功能做详细设计。

（1）上传文档

从需求分析上可以得出，上传文档功能有如下要点：上传的文档格式包括图片格式、MS-Office 的文件格式、压缩文件格式等，上传的文档格式多样化；上传方式包括一次上传一个或者一次上传多个，即支持批量上传方式；对上传的文件大小有一定的限制，如果文件太大，会使用户等待时间过长，用户体验不好。

1）上传文档流程。

根据需求分析和以上注意事项，上传文档模块的实现流程过程如下：用户打开上传文档界面，首先选择要上传的会议类型和会议主题，之后分成两种情况：一次上传一个和一次上传多个。

一次上传一个文件时，用户只需要选择要上传的文档，并添加文档的必要信息，之后单击"提交"按钮，系统便判断上传的文档是否超过限定大小，若没有超过限定大小，则加入到数据库中，并返回成功提示；如果超过限定大小，则提示文件太大，重新上传，表示上传失败。

一次上传多个文件时，用户先选择一个文档，填写文档信息，之后单击"添加"按钮，可以增加另一个文档，如果用户要删除多个文件中的一个，则可以单击"删除"按钮。填写完后，单击"提交"按钮，系统便判断上传的多个文档的总大小是否超过限定大小，如果没超过则添加到数据库中，并返回成功提示；如果超过限定大小，则提示文件太大，请重新上传，表示上传失败。

在上传文档的过程中，系统还要对文档操作进行记录，记录方式为某用户在某时间对某个文档进行的上传操作。

2）上传文档功能的顺序。

前台用户添加文档后，系统调用 DocService 类的 addNewDoc 方法执行添加文档操作，addNewDoc 方法调用具体的 DocumentDAOImpl 对象的 addDocument 方法来添加文档信息，之后调用 Conf_DocDAOImpl 对象的 addConfere_document 方法增加文档和会议关系信息，然后调用 LogDAOImpl 对象的 uploadLogRecord 方法来添加上传文档的日志信息。addDocument 方法、addConfere_document 方法和 uploadLogRecord 方法都需要进行数据库操作，而数据库类 DB 对象提供了连接数据库操作和增删改查操作。

3）上传文档功能的类图。

按照需求用例描述和顺序图，可以得出上传文档功能的类图。如顺序图中所述，该模块用到了业务类 DocService、文档操作类 DocumentDAOImpl、会议文档关系类 DocDAOImpl、日志类 LogDAOImpl 和数据库操作类 DB，根据顺序图的描述，可以得出类中拥有的方法。其中业务类 DocService 的 addNewDoc 方法是上传业务的核心，直接和控制类交互；文档操作类 DocumentDAOImpl 的 addDocument 方法用来添加文档信息；会议文档关系类 DocDAOImpl 的 addConfere_document 方法用来增加文档和会议关系信息；日志类 LogDAOImpl 的 uploadLogRecord 方法用来添加上传文档的日志信息。除此之外，还需要数据库基本模型 Document、Conf_Doc 和 Log，它们都拥有对基本信息的 get 和 set 方法。

（2）查询文档

1）查询文档的基本流程。

按照用户的需求，在会议材料安全保密管理系统中，共有五类文档查询方式：查询所有文档，查询我上传的文档，查询我的审核通过文档，查询我的待审核文档，查询我的审核未通过文档。这些查询的查询条件、显示方式基本相同，在设计时，可以归为一类。

2）查询文档功能顺序。

将不同的查询内容设置成不同的参数，这样可以使用一个方法就可以完成不同的查询内容，如将"我的审核"通过设置 flag=1，那么查询我的审核通过文档时首先调用 DocService 业务类的 searchDoc 方法，并传递一个 type 参数来区分是哪种查询内容，然后调用 DocDAOImpl 类的 findDoc 方法，将查询结果返回，返回的是一个文档列表。

3）查询文档的类图。

根据查询文档的顺序图可得出该功能的类图。由顺序图可知，查询文档功能涉及业务类 DocService、文档操作类 DocDAOImpl 和数据库类 DB。根据顺序图的描述，可以得出每个类拥有的属性和方法。业务类 DocService 的 searchDoc 方法是查询文档的核心，负责和控制类交互，文档操作类 DocDAOImpl 的 findDoc 方法用来查询文档信息，该方法有参数 type，用于判断查询方式，返回值为 DocList，是文档列表。在数据库操作中，涉及的数据库模型有 Document，该模型中有对文档信息的 get 和 set 方法。

(3) 文档下载

1) 文档下载功能基本流程。

用户查询文档后,在检索的文档列表中有下载操作。用户单击"下载"按钮后,系统检测是否有该文件,如果有则对文件添加水印信息后下载到本地。下载操作针对文档是否加密,有不同的处理:

如果文档没有加密,则用户单击"下载"按钮时,首先系统会把文档下载到服务器目录下,之后添加水印,最后,再把加过水印的文档下载到客户本地目录。

对于加过密的文档,用户在下载时,Web 端会把自定义的头部加到加密文档的首部,之后把该文档下载到客户本地。

2) 文档下载功能顺序。

根据文档下载的用例描述,可以得出该功能的顺序。业务类 DocService 的 download 方法负责该模块的功能,DocDAOImpl 类的 downloadFile 方法进行文档的下载,下载文档首先要给文档添加水印信息,故使用 Watermark 类的 addWatermark 方法添加水印,添加水印信息需要用户基本信息,故需要通过 UserDAOImpl 类的 getUserInfo 方法得到用户信息,完成水印的添加。之后,系统需要为此操作添加日志信息,故调用了 LogDAOImpl 类的 downloadLogRecord 方法添加日志。至此,整个文档下载过程结束。

3) 文档下载功能类图。

该功能涉及的类有:下载文档业务类 DocService,文档操作类 DocDAOImpl,添加水印类 WaterMark,用户操作类 UserDAOImpl,日志控制类 LogDAOImpl 和数据库操作类 DB。根据顺序图中的操作,可以得出每个类中拥有的属性和操作,DocService 有 download 方法负责和控制类交互,DocDAOImpl 有 downloadFile 方法,Watermark 有添加水印的 addWatermark 方法,UserDAOImpl 有获得用户信息方法 getUserInfo,LogDAOImpl 有添加日志方法 downloadLogRecord。在数据库操作中,涉及的数据库模型有文档 Document、日志 Log 和用户 User,这些模型中有对文档信息的 get 和 set 方法。

(4) 添加水印

不论文档加密与否,在用户通过系统下载文档时,都会对文档添加数字水印信息,数字水印信息包含下载者的真实姓名、部门和手机号。根据文档是否加密,有两种添加水印的方式:

如果文档未加密,则系统会先把文档下载到服务器目录下,给文档添加水印后,再下载到本地目录;如果文档已经加密,则用户解密文档时添加水印信息。

不同的文件格式添加水印的方式也不同。常用的文档、幻灯片格式的文档可以直接进行加密,而图片格式的文件则需要先转换成 PDF 格式,再进行加密。而对于有些文件,则暂时无法添加水印,如视频、音频或压缩文件。

4. 会议信息管理

在系统中,会议信息管理包括增加、删除、修改和查询会议信息。现对会议信息管理的核心功能——查询会议信息的设计进行详细描述。

(1) 会议信息查询功能基本流程

会议信息查询功能首先按照查询条件查询出会议列表,单击会议信息列表查看具体的会议内容。会议信息详细内容包括会议基本信息和文档信息,文档信息是指该会议信息下的所有已经归档过的文档信息。

（2）会议信息查询功能顺序

系统通过 ConfService 的 search 方法来执行查询会议信息功能，search 方法调用系统的 ConfDAOImpl 对象的 findConf 方法来查询会议列表，且返回会议列表查询结果，并显示在浏览器中。数据库对象 DB 用来连接数据库和实现查询。

（3）会议信息查询功能类图

由会议查询功能顺序图可知，会议信息查询涉及的类有：ConfService、ConfDAOImpl 和 DB。ConfDAOImpl 类中包含查询会议列表的 findConf 方法。在数据库操作中，涉及的数据库模型有文档 Conference，该模型中有对文档信息的 get 和 set 方法。

5. 工厂模式

在系统详细设计阶段，一般都会考虑一个重要的问题：如何设计才能应对功能的变化。开放–封闭原则是面向对象设计中处理变化的常用设计原则。开放–封闭原则即一个系统对扩展是开放的，对修改是封闭的。满足开放–封闭原则的系统有明显的优点：通过扩展系统提供新的行为，灵活地应对变化；抽象层次的模块不能更改，使系统具有延续性和稳定性。在设计时要做到开放–封闭原则，关键是抽象化。抽象类中定义的接口为可能的扩展提供了解决方法，该扩展不可以改变，而实现方式可以有多种。

在设计本系统时为了应对变化的需求功能，在数据访问层使用了工厂模式，使用工厂模式有如下优势：

1）能够对系统进行很好的分层，例如在业务逻辑层中只需要知道数据访问接口就行，不用知道具体是如何实现的。

2）遵循开放–封闭原则，使系统同时具有灵活性和稳定性，很好地适应变化。

五、软件测试

（一）测试目的和原则

软件测试是衡量软件质量，发现程序错误，并评估系统能否满足需求的过程。测试并不只是为了找出错误，通过分析错误原因和发生趋势，可以让管理者及时发现开发过程中的错误并改进。因此，越早开始进行测试，项目的开发风险会越小。测试也需要制订有指导性的测试计划，并妥善保存相关的测试文档。在本系统中，从项目开始起，测试人员已经对项目制订了测试计划，并随着项目的开展不断进行修正，对项目的每个开发阶段都进行了测试，帮助设计人员发现问题，以尽可能地减少开发风险。

在本系统中，测试人员主要对项目进行了两方面的测试。

1. 文档测试

文档测试的测试对象是一个项目的所有文档，主要包括需求规格说明书、设计说明书和测试说明书。测试的主要标准是检验文档的规范性、准确性和无二义性。

对于需求规格说明书，测试人员测试了文档是否按照客户的真实需求进行描述，有无错误；文档图表是否准确清晰；文档描述是否有遗漏，是否规范。项目中设计说明书包含概要设计说明书、详细设计说明书和数据库设计说明书。对于设计说明书，测试人员测试了：设计文档是否能够清晰描述项目的设计方法和过程；设计文档是否与需求有冲突，是否一致；

设计文档的图表描述是否清晰准确；设计文档是否有遗漏，是否符合规范。

对于测试说明书，测试人员主要测试了：测试文档是否清楚准确地描述测试的过程；测试条目是否有缺陷；测试文档的图表是否清晰准确；测试文档是否符合规范，是否有遗漏。

2. 代码测试

代码测试是软件测试的主题。按照开发阶段，测试方法可分为单元测试、集成测试、系统测试和验收测试，按照代码是否可见分为黑盒测试和白盒测试。测试的结束条件为系统是否满足用户的基本需求。在本系统中，用 JUnit 对代码进行白盒测试，按照需求功能点对系统进行黑盒测试。

（二）测试环境

会议材料安全保密管理系统的数据库测试环境为 MySQL5.0 及以上版本，服务器为 Tomcat5.0 及以上版本，操作系统为 Windows7、Windows8、Windows10 版本，浏览器为 IE8.0 及以上版本。

（三）测试过程

会议材料安全保密管理系统测试可分为功能测试和性能测试。功能测试主要是测试系统的基本功能点、系统界面和数据库的完整性。性能测试主要测试系统在各种工作负载、压力条件下的系统性能。

1. 功能测试

系统的功能测试是按照测试用例进行的，在此给出系统中重点模块的功能测试的测试用例。

（1）高级用户系统登录测试用例

高级用户在电脑插入 UKey 后，浏览器验证是否安装 UKey 插件，如有则显示系统的登录页面，用户输入用户名和密码后，系统验证是正确的后便进入系统主页面。

（2）上传文档测试用例

用户单击"上传文档"按钮，进入上传文档界面。用户选择上传文档所属的会议类型和主题名称，填写关键字、备注和作者信息。用户单击"添加"按钮，可批量上传文档，单击"删除"按钮，可删除要删除的文档信息。用户选择文档后，单击"确定"按钮，页面便进行上传文档。上传过程会显示进度条，当上传完成后，系统提示上传成功。

（3）我上传的文档管理测试用例

用户单击"我上传的文档"按钮，浏览器显示查询我上传的文档界面。查询条件包含主题名称、文档标题、关键字、作者、开始时间、结束时间。用户选择查询条件后，会显示出文档信息列表，文档信息列表包含文档标题、关键字、上传日期、主题标题、作者、备注、下载次数和下载操作。然后用户单击"下载"按钮，页面提示用户保存或打开文件。

（4）查看会议信息测试用例

用户单击"查看会议"按钮，系统显示会议信息查询页面，查询条件包括会议类型、主题名称、开始时间、结束时间，结果列表信息包括主题标题、上传人、上传时间、主持人、会议类型，并有分页信息。用户单击会议列表的某一列，显示会议详细信息。详细信息包括基本信息和文档信息，基本信息展示主题标题、上传人、主持人、上传时间、参与人和内容。

文档信息是该会议信息下所有已归档的文档信息。文档信息包含文档标题、上传人、上传时间、作者、备注、下载次数和下载操作。用户单击"下载文档"按钮，浏览器便会弹出下载提示框。

2. 性能测试

系统使用 loadrunner 进行性能测试，经过测试表明，当系统的并发用户量为 50 时，页面的响应时间为 0.000 5 秒，上传页面的页面响应时间随着一次上传的文档大小和数量的增加而变大。

（四）实现效果

主要展示系统经过功能测试、性能测试后的实现效果。

1. 系统登录

登录是系统的入口，按照需求将 Web 端的登录做成了两个页面，即高级用户登录页面和普通用户登录页面。两种登录页面的区别为：高级用户有 UKey，因此登录页面有 UKey 标识，标识已经插入并识别 UKey。

2. 系统主页面

用户登录系统后，进入系统主页面。主页面左侧显示系统的主要功能，包括上传文档、查看会议信息、我上传的文档、我的审核通过文档、我的审核未通过文档和我的待审核文档。单击左侧信息，会在右侧显示该功能具体内容。除了主功能外，在主页面右上角有系统的辅助功能，包括修改个人密码、下载用户手册、开启全屏、关闭本页等，方便用户操作。

3. 查看会议信息

查看会议信息页面包含两部分：上面显示查询条件，查询条件包含会议类型、主题名称、起止时间；下面显示查询结果，并以分页方式进行显示。

单击查询结果列表，进入会议信息详细页面，详细页面也包含两部分：上部分显示会议基本信息，有主题标题、上传人、主持人、上传时间、参与人和内容；下部分显示该会议信息下的文档信息，以分页形式进行展示。单击文档的"下载"按钮，可下载文档。

4. 上传文档

上传文档模块首先选择要上传的文档所属的会议信息，之后填写文档的必要信息后即可上传，上传方式有一次上传一个或一次上传多个两种方式。上传的文档大小不得超过 50 MB，文档不能有必要信息不填写，否则不能上传。上传通过验证后，会显示上传的进度条，上传完成后会提示上传成功。

5. 我上传的文档管理

我上传的文档管理模块能够查询我上传的所有文档，查看已经下载的次数并下载文档。我的审核通过文档管理、我的待审核文档管理和我的审核未通过文档管理功能的展示方式与此类似，不再一一赘述。

第四章
基于教育信息的网络数据保密与安全探索

第一节 校园网络信息数据保密分析

高等教育和科研机构是互联网诞生的摇篮，也是最早的应用环境。各国的高等教育都是最早建设和应用互联网技术的行业之一，中国的高校校园网一般都最先应用最先进的网络技术，网络应用普及，用户群密集而且活跃。然而，校园网由于自身的特点也是安全问题比较突出的地方，安全管理也更为复杂、困难。校园网络作为高校重要的基础设施，担当着学校教学、科研、管理和对外交流等许多角色。

网络加快了信息传递速度，为教师和科研人员提供了一个宽广的信息环境，从根本上改变并促进了他们之间的信息交流、资源共享、科学研究和对外合作。但校园网络同时也处于互联网的洪流之中，加上广大师生的信息安全防护意识不足，使计算机中存储的保密信息资料存在着一定的安全隐患，如果因为保护不足造成保密信息的丢失或者被篡改、破坏与窃用，都将带来难以弥补的损失，所以更应重视校园网络中的信息安全问题。

一、校园网络的特点

与政府或企业网相比，校园网络速度快、规模大，目前普遍使用了百兆到桌面，千兆甚至万兆实现园区主干互联，用户群体少则数千人，多则数万人，网络安全问题一般蔓延快，对网络的影响比较严重。由于教学和科研的特点决定了校园网络环境应该是开放的，因而管理也较为宽松。

（一）开放导致漏洞隐患多

学校网络需要给教师和学生提供全方位的校园网应用服务，如 Web、E-mail、DataServer 与 FTP 等。同时各种应用程序都在校园网上广泛使用，如 P2P 应用和即时通信。一般来说，学校不做严格的限制和要求。各种应用种类复杂，内容繁多，不同的应用可能存在着不同的安全隐患。应用服务越多，安全隐患也就越多，也就越容易被攻击者利用。

（二）分散导致防护性弱

校园网内的各种科研成果、论文、教材、成绩和资料，都引起了外界入侵者的极大兴趣，并且这些信息分散在校园网的各个服务器甚至教职工或研究生的计算机上，但普通教师与学生的防范意识较差，对信息的保护意识不足，平时又经常访问其他网站，中木马病毒的概率非常高，容易导致宝贵资料和数据信息的失窃。

（三）信息量导致负荷过载

因学校的某些工作需要，在某一时刻或者时段，网络数据的交换量频繁、超大。例如在

第四章 基于教育信息的网络数据保密与安全探索

研究生入学的网上信息录入或毕业时论文的上传,这些工作往往要集中在几天之内完成,大量的学生将信息集中传送,致使网络要承受非常大的负荷,这对网络设备性能是个严峻的考验。

(四) 内网隐患防不胜防

有时候,来自校园网内部的安全隐患比来自校园网外部的各种不安全因素威胁更大。美国教育界80%的数据破坏是由防火墙内的人造成的,入侵检测系统或防火墙软件对此却无能为力。高校部分学生对网络知识很感兴趣,而且具有相当高的专业知识水平,有的研究生甚至研究方向就是网络安全,对网络新技术充满好奇,勇于尝试。如果没有意识到后果的严重性,有些学生会尝试使用网上学到的甚至自己研究的各种攻击技术,这可能对网络造成一定的影响和破坏。

(五) 用户流动频繁导致信息保护难

校园网的使用者流动性非常大,学生升学、毕业和访问交流学者,都经常引起使用者群体的流动和改变。学生的保密意识有时不够,毕业后容易将自己参与的科研项目的相关资料带走,因保存不当使之流失在社会。

二、校园网络泄密主要途径分析

在一个开放的校园网络环境中有大量的涉密信息,如试卷、科研成果和论文等,这为不法分子提供了攻击目标。他们利用不同的攻击手段,获得访问或修改在网络中流动的敏感信息,闯入用户的计算机系统,进行窥视、窃取和篡改数据。

(一) 涉密电脑上网泄密

互联网是个开放的空间,黑客技术的发展日新月异,如果使用含有涉密信息的电脑上网,就等于将其中的涉密资料直接放在网上,任一互联网终端通过简单的黑客软件都可以浏览,即使把电脑里的涉密资料删掉再上网,也不能确保不泄密。在许多计算机操作系统中,用DEL命令删除一个文件,仅仅是删除该文件的文件指针,并没有真正将该文件删除或覆盖。在该文件的存储空间未被其他文件覆盖之前,该文件仍然原封不动地保留在磁盘上。计算机删除磁盘文件的这种方式,可提高文件处理的速度和效率,但给窃密者留下了可乘之机,只要通过简单的技术操作,就可以轻而易举地找到和恢复对他有价值的信息。在任何情况下,"涉密不上网,上网不涉密"这是最基本的保密原则。

(二) 涉密存储介质上网泄密

知道涉密电脑不能上网,有些人就用一台不上网的办公电脑专门处理涉密信息,与网络进行物理隔离,使其变成信息孤岛,数据的更新通过移动存储介质(例如U盘和移动硬盘)来实现。在传统理念下,一般认为这种离线交换方式可以保证涉密信息的安全。其实并不是这样。某杀毒软件厂商在网络上捕获了一种专门针对移动存储介质的信息"摆渡"木马,该"摆渡"木马病毒存在于U盘等移动存储介质中,当感染病毒的U盘接入其他办公计算机后,就向被接入的计算机植入木马,木马对计算机内的信息进行收集并存入U盘,当下次U盘接

计算机网络数据保密与安全

入到外网时，木马将收集到的信息通过互联网向外界发送。整个过程是自动隐蔽完成的，根本不会被察觉。鉴于具有"摆渡"功能的木马病毒存在的严重泄密隐患，窃密功能强大，因此必须严格执行保密规定，采取措施加强管理。

（三）电磁辐射泄密

计算机主机及其附属电子设备，如视频显示终端与打印机等在工作时不可避免地会产生电磁波辐射，这些辐射中携带有计算机正在进行处理的数据信息。尤其是显示器，由于显示的信息是给人阅读的，是不加任何保密措施的，所以其产生的辐射是最容易造成泄密的。使用专门的接收设备将这些电磁辐射接收下来，经过处理，就可恢复还原出原信息。1985 年，荷兰学者艾克在第三届计算机通信安全防护大会上，公开发表了他的有关计算机视频显示单元电磁辐射的研究报告，同时在现场做了用一台黑白电视机接收计算机辐射泄露信号的演示。据有关报道，国外已研制出能在一公里之外接收还原计算机电磁辐射信息的设备，这种信息泄露的途径使敌对者能及时、准确、广泛、连续而且隐蔽地获取情报。要防止这些信息在空中传播，必须采取防护和抑制电磁辐射泄密的专门技术措施。

（四）网上电子邮件泄密

电子邮件与普通纸质邮件的传送机制类似，虽然电子邮件的传送速度快，但不是直接送达到目的邮箱，而是可能经过多个服务器（类似中继邮局）的中转后抵达。纸质邮件会选择一条中转最少、最近的路线走，但电子邮件接近以光速运行，所以距离的远近可以忽略，但是每条线路的繁忙程度不一样，电子邮件宁肯走远路，也不愿等待，它只会挑选空闲的线路，这就增加了它经过中转服务器的次数。一种电子邮件监视系统可以快至每秒监视处理数以百万计的电子邮件，并从中分析筛选出有价值的信息。你也许会对邮件进行加密后再发，但对一般网民而言，所用的加密工具永远不够强。

第二节　校园网络数据安全防范路径

随着信息化建设的不断深入，教育信息系统的应用也越来越广泛。学校各种信息的网络化、共享化，也为其安全带来了一定程度的挑战。教育信息系统是一个复杂庞大的计算机网络系统，其以教育的局域网为基础依托、以教职工为信息采集对象、以教学管理为运转中心，对教学相关对象进行全面覆盖。对信息的网络安全进行保护，保证其信息的完整性和可靠性，是教育信息系统正常运转的根本条件。因此有必要对教育信息系统的网络数据进行安全管理，避免各种自然和人为因素导致的安全问题，保证整个系统的安全有效。因此在网络建设过程中，必须未雨绸缪，及时采取有效的安全措施，防范和清除各种安全隐患和威胁。

一、教育信息网络的安全威胁类别

（一）技术脆弱性因素

目前教育信息网络中局域网之间远程互连线路混杂，有电信、广电、联通、移动等多家，因此缺乏相应的统一安全机制，在安全可靠、服务质量、带宽和方便性等方面存在着不适应性。此外，随着软件交流规模的不断增大，系统中的安全漏洞或"后门"也不可避免地存在。

（二）操作人员的失误因素

教育网络是以用户为中心的系统，一个合法的用户在系统内可以执行各种操作。管理人员可以通过对用户的权限分配限定用户的某些行为，以免故意或非故意地破坏。更多的安全措施必须由使用者来完成。使用者安全意识淡薄，操作不规范是威胁网络安全的主要因素。

（三）人为管理因素

严格的管理是保证网络安全的重要措施。事实上，很多网管都疏于这方面的管理，对网络的管理思想麻痹，网络管理员配置不当或者网络应用升级不及时造成的安全漏洞，使用脆弱的用户口令，随意使用普通网络站点下载软件，在防火墙内部架设拨号服务器却没有对账号认证等严格限制，舍不得投入必要的人力、财力、物力来加强网络的安全管理等，都将带来网络安全隐患。一般来说，安全与方便通常是互相矛盾的。有些网管虽然知道自己网络中存在的安全漏洞以及可能招致的攻击，但是出于管理协调方面的问题，却无法去更正。因为是大家一起在管理使用一个网络，包括用户数据更新管理、路由政策管理、数据流量统计管理、新服务开发管理、域名和地址管理等。网络安全管理只是其中的一部分，并且在服务层次上，处于对其他管理提供服务的地位上。这样，在与其他管理服务存在冲突的时候，网络安全往往需要作出让步。

二、防范措施及其优化对策

网络安全是一个系统工程和复杂体系，不同属性的网络具有不同的安全需求。对于教育信息网络，受投资规模等方面的限制，不可能全部最高强度地实施，但是正确的做法是分析网络中最为脆弱的部分而着重解决，将有限的资金用在最为关键的地方。实现整体网络安全需要依靠完备适当的网络安全策略和严格的管理来落实。

网络的安全策略就是针对网络的实际情况（被保护信息价值、被攻击危险性、可投入的资金），在网络管理的整个过程，具体对各种网络安全措施进行取舍。网络的安全策略可以说是在一定条件下的成本和效率的平衡。

教育信息网络包括各级教育数据中心和信息系统运行的局域网，连接各级教育内部局域网的广域网，提供信息发布和社会化服务的国际互联网。它具有访问方式多样，用户群庞大，网络行为突发性较高等特点。网络的安全问题需要从网络规划设计阶段就仔细考虑，并在实际运行中严格管理。为保证网络的安全性，一般采用以下解决方案。

（一）物理安全及其保障

物理安全的目的是保护路由器、交换机、工作站、各种网络服务器、打印机等硬件实体和通信链路免受自然灾害、人为破坏和搭线窃听攻击。网络规划设计阶段就应该充分考虑到设备的安全问题，将一些重要的设备建立完备的机房安全管理制度，妥善保管备份磁带和文档资料，防止非法人员进入机房进行偷窃和破坏活动。

抑制和防止电磁泄漏是物理安全的一个主要问题。目前主要防护措施有两类：一类是对传导发射的防护，主要采取对电源线和信号线加装性能良好的滤波器，减小传输阻抗和导线间的交叉。另一类是对辐射的防护，这类防护措施又可分为以下两种：一是采用各种电磁屏蔽措施，如对设备的金属屏蔽和各种接插件的屏蔽，同时对机房的下水管、暖气管和金属门窗进行屏蔽和隔离；二是干扰的防护措施，即在计算机系统工作的同时，利用干扰装置产生一种与计算机系统辐射相关的伪噪声向空间辐射来掩盖计算机系统的工作频率和信息特征。

（二）安全技术策略

目前，网络安全的技术主要包括杀毒软件、加密技术、身份验证、存取控制、数据的完整性控制和安全协议等内容。对教育信息网络来说，主要应该采取以下一些技术措施。

1. 加密机

加密机可以对广域网上传输的数据和信息进行加解密，保护网内的数据、文件、口令和控制信息，保护网络会话的完整性，并可防止非授权用户的搭线窃听和入网。

2. 网络隔离 VLAN 技术应用

采用交换式局域网技术的网络，可以用 VLAN 技术来加强内部网络管理。

3. 杀毒软件

选择合适的网络杀毒软件可以有效地防止病毒在网络上传播。

4. 入侵检测

入侵检测是对入侵行为的发觉，通过对网络或计算机系统中的若干关键点进行收集和分析，从中发现网络或系统中是否有违反安全策略的行为和被攻击的迹象。

5. 网络安全漏洞扫描

安全扫描是网络安全防御中的一项重要技术，其原理是采用模拟攻击的形式对目标可能存在的已知安全漏洞进行逐项检查。目标可以是工作站、服务器、交换机、数据库应用等各种对象。然后根据扫描结果向系统管理员提供周密可靠的安全性分析报告，为提高网络安全整体水平产生重要依据。

（三）网络安全管理

即使是一个完美的安全策略，如果得不到很好的实施，也是空纸一张。网络安全管理除了建立起一套严格的安全管理制度外，还必须培养一支具有安全管理意识的网络队伍。网络管理人员通过对所有用户设置资源使用权限和口令，对用户名和口令进行加密、存储、传输、提供完整的用户使用记录和分析等方式可以有效地保证系统的安全。网管人员还需要建立并维护完整的网络用户数据库，严格对系统日志进行管理。定时对网络系统的安全状况做出评估和审核，关注网络安全动态，调整相关安全设置，进行入侵防范，发出安全公告，紧急修复系统。同时需要责任明确化、具体化，将网络的安全维护、系统和数据备份、软件配置和升级等责任具体到网管人员，实行包机制度和机历本制度等，保证责任人之间的备份和替换关系。

（四）应急处理与恢复

为保证网络系统发生灾难后做到有的放矢，必须制订一套完整可行的事件救援、灾难恢复计划及方案。备份磁带是在网络系统由于各种原因出现灾难事件时最为重要的恢复和分析的手段及依据。网络运行部门应该制订完整的系统备份计划，并严格实施。备份计划中应包括网络系统和用户数据备份、完全和增量备份的频度和责任人。备份数据磁带的物理安全是整个网络安全体系中最重要的环节之一。通过备份磁带，一方面可以恢复被破坏的系统和数据；另一方面需要定期地检验备份磁带的有效性。可以通过定期地恢复演习对备份数据有效性的鉴定，同时培养网管人员在数据恢复技术操作的演练中做到遇问题不慌，从容应付，以保障网络服务的提供。

众所周知，教育信息网络的安全问题是一个较为复杂的系统工程，从严格意义上来讲，没有绝对安全的网络系统。提高网络的安全系数是要以降低网络效率和增加投入为代价的。随着计算机技术的飞速发展，网络的安全有待于在实践中进一步研究和探索。在目前的情况下，我们应当全面考虑综合运用防火墙、加密技术、防毒软件等多项措施，互相配合，加强管理，从中寻找到确保网络安全与网络效率的平衡点，综合提高网络的安全性，从而建立起一套真正适合教育信息网络的安全体系，给教育系统编制一道安全稳定的大门和防护网。

第三节　通用网络考试平台的数据保密与安全研究

一、相关研究综述

随着互联网的发展，网络教育技术迅速、广泛地发展开来。现代网络教育是以现代通信技术、计算机技术、网络技术和多媒体技术为基础，使计算机的交互性、多媒体的信息综合性和网络的分布性相结合，为人们提供网络教育信息服务。网络教育发展战略日益成为一个亟待探讨的重大课题。在《面向21世纪中国网络教育发展战略的构想》中，国家大力强调了网络教学资源的建设，把发展网络教育作为国家信息化的一项基本国策，加大对网络教育的投入，同时借鉴网络教育发达国家地区的成功经验，为网络教育营造宽松环境。在国家信息产业化、教育现代化政策中，突出网络教育的地位和作用。网络考试是网络教育的重要组成部分，网络考试作为网络教育和学习的评估手段，成为当前教育测量界中一个重要的热点问题。

（一）网络考试概述

考试是教学效果测量的重要手段。传统的做法是：印刷试卷、学生考试、评阅试卷和试卷分析。随着计算机技术和网络技术的发展，利用计算机和通信网络开展考试已经成为令人注目的研究课题。事实上，网络考试具有很多优势：减少了试卷的印刷、保密、运输等大量的人力物力花费；能丰富考题的样式，使教学和考试的手段多样化；计算机帮助完成部分题目的评卷、核分、打印成绩单等工作，减轻教师的负担和减少人为失误。利用计算机和通信网络实现高效、准确和科学的网络考试已成为现代教育的一种趋势。

相比于传统的纸笔考试，网络考试具有如下优点。

1. 保密性强

通常卷面考试从出题到印刷、下发试卷等环节需要较长的时间，接触的人员相对较多，给保密带来一定的困难。网络考试中大大减少了不必要接触试题的人员，降低人为泄密的概率；若采用试题库方式来提供试题，考前无任何成套试卷，考试前考卷随机生成，从而增强保密性。

2. 客观性较强

采用卷面考试时，试卷整体覆盖面有限，容易形成小范围复习或猜题等倾向，影响了测试的客观性。网络考试可利用计算机和多媒体技术增加考试内容，丰富考题样式，更全面地反映考生的实际水平。考试手段的丰富，同样也能推进教学上突破传统，更好地利用现代化技术为学生传授知识。

3. 便于组织大规模的异地实时考试

以网络技术为支撑的现代计算机应用，已经具备较大的规模并相当普及，利用计算机网络组织实施大规模异地实时网络考试将成为现代考试中一种重要方式。

当然，网络考试并不是不存在问题。比如通信网络本身的安全问题就会在网络考试中暴露、放大，直接影响网络考试的有效性和安全性。因此，对于网络考试中存在的安全问题必须加以解决。

在信息高速公路迅猛发展的今天，如何利用 Internet 和校园网改革传统考试方式正倍受人们的普遍关注。网络考试系统正是在这种形式下发展起来的。目前虽然有不少的考试系统正在使用，但仅从外在的某些功能上得以完善，而内部性能却被忽视，考试过程中不同程度地会出现一些异常情况，比如网络考试缺乏有效管理的问题、网络通信如何保障以及网络信息安全等问题。如何解决这些问题，这正是笔者所研究的重点。从保障通信与安全这个角度全面研究网络考试系统的重点和难点，在总结前人技术经验的基础上作了一定的改进和创新。通过这些研究可以对网络考试系统及网络教育的发展和完善作出一定的贡献，具有一定的理论价值和社会经济效益。

（二）网络考试在国内外的发展现状

21 世纪是信息时代，Internet、E-mail、Virtual Reality 已不再是一些充满想象的新名词，逐渐成为现实生活的有力补充。随着网络的高速发展，如何通过网络开展教育并进行网络考试已成为人们密切关注的焦点问题之一。在国外，远程教育和网络考试已得到突飞猛进的发展。最出名的网络考试案例，当属美国政府举办的 TOFEL 考试，目前在全球范围内，均可以通过国际互联网进行 TOFEL 培训与考试，大大减少了美国政府对于此项考试的开支，并能更快速、准确地为期望进入美国学习的学生服务。

在国内，教育部已投资 1.8 亿元用于中国教育和科研计算机网（CERNET）、卫星网和地面网络的扩建改造。绝大多数高校都建设了技术水平比较先进的校园网，而且接入了 CERNET。校园网的建设不仅为高校科研、管理工作提供了快捷方便的信息服务，而且实现了教育时间和空间、教学内容、手段和形式的进一步开放，使高等教育以现代化手段加快满足国家经济建设和社会发展对高层次人才的增长需求。随着网络教育的发展，接受网络教育和网络考试认证的人越来越多，同时对网络考试的需求也越来越高。一些政府职能部门、部分公司以及知名大学也都积极推进网络教育和网络考试的发展，比如人事部和电子工业部组织的"中国计算机软件专业技术资格和水平考试"、教育部组织的"全国计算机等级考试"、全国电大的网络考试；教育部从剑桥引进的"剑桥信息技术（CIT）证书考试"以及 CISCO 认证考试、微软认证考试、IBM 认证考试等。

考试系统网络化的同时，带来了相关的安全问题，如果这些问题得不到解决，考试所要求的公正性、客观性就无法保证，考试也就失去了意义。网络考试的安全性是一个十分复杂的问题。按照国际标准化组织定义的网络安全体系结构，可描述为七类安全服务，包括对等实体认证、访问控制、数据保密、数据完整性、信息流安全、信源确认和防止否认。以上安全服务对应到具体的网络考试领域中，主要是保证试题的安全性与考生答卷的保密性，在考试管理部门和考生通信双方间相互认证，以及在现有的网络通信环境中有效可靠地传输考试所需数据。只有保证网络考试中的每一个环节的安全性，才能真正地保证考试的有效性。国外在网络教育安全性的研究和实践方面发展比较迅速，许多大学已经开发出了网络教育使用的安全方案。这些方案大多采用电子商务技术，使用证书技术来进行身份认证，实现网上支付考试费用和通信保密。如美国的教育科研网络服务公司（CERN）专门为各教育和研究机构开设了证书服务。CERN 是一个非营利性的会员制机构，主要为教育和科研机构提供 IT 咨询服务和通信工具。CERN 的网络教育安全方案采用 PKI 技术，它建立了一个自己的证书颁发中心作为一个可信的第三方，来为这些大学的在线资源服务提供安全服务。

目前国外大的考试机构（如 ETS）都在世界各地建立了自己的考试网点，提供一整套的咨询、报名、举办、评分和结果处理等服务。但因其成本较高，很多考试如技术资格认证、专业证书考试以及学术考试等没有实力建立自己的考试网点，一般都委托代理机构来为它们进行考试的组织工作。随着 PKI 技术一些自身缺陷的暴露，完全基于 PKI 技术来保障网络考试安全的方案也暴露出一些不可克服的问题。比如组织大规模的网络考试，就必须通过第三方信任机构给数以万计的考生颁发数字证书，往往这些数字证书的使用次数有限，只有考试的时候才使用，这无疑浪费了大量的数字证书资源并增加了组织考试的成本和费用。而且数字证书采用的是在线联机验证，给已经不可靠的通信网络又增添了额外的负担，提高了 Internet 网络通信的风险度。

通过上面的分析不难发现，现有的网络考试系统大多是追求某一方面的性能而牺牲其他功能，这样开发出来的网络考试系统应用空间就变得很狭小。网络考试的通信载体——通信网络的安全问题也日渐凸显，随之而来的网络考试安全问题就成为制约其发展的严重障碍。作为网络教育的一个最重要环节——网络考试成为网络教育广泛推广的一个瓶颈。因此，针对网络考试安全问题的研究也就变得十分重要和迫切。

二、网络考试的安全问题分析

网络考试中面临的安全问题主要有以下几方面。

1. 试题的保密性

在任何类型的考试中，开考之前，考题试卷要有相应的保密措施。应当尽量减少接触试题的人数。在开考前，任何人不能接触到试题内容。网络考试也必须保证这一基本要求。

2. 试卷集中发放的网络通信问题

网络考试需要异地同时展开，考生数量庞大。如果考试开始才允许考生从考试管理部门（简称考管中心）的服务器下载试题，必然面临着网络通信拥塞的问题。这样会导致部分考生不能及时下载试题，势必会影响到考试的公平，这也是网络考试形式不能大范围应用的原因之一。

3. 身份鉴别和管理问题

如何有效地管理和识别身份也是网络考试一个重要的问题，其中包括考生的身份鉴别、考管中心和监考人员的身份认证，防止别有用心的恶意攻击。

4. 考生提交答卷时的网络通信问题

考试结束,每个考生都希望尽可能快地提交自己的答卷,避免被认为在考试规定时间后违规答题。所有考生同时向考管中心服务器提交答卷会带来网络通信拥塞或考管中心服务器负载过大而拒绝访问的问题,解决瞬时大量答卷提交和试题安全有效的发放是同等重要的问题。

5. 网络考试中答卷合法性的判定问题

考试结束,考生答卷必须在规定的时间内提交给考管中心。提交后就需要采取一定安全措施来保证答卷在评阅前和评阅过程中不被替换、伪造、修改等舞弊行为。传统考试中,这一系列的安全措施均需要人工的规定、实施来保证。在网络化后,这些安全操作也是需要解决的问题。即试卷在网络提交直到最后的阅卷结束,如何防止答卷被恶意篡改,保证考试的公平性这也是一个重要的问题。

简而言之,网络考试所面临的安全问题有:保密性,如何保证考试试卷和考生答卷等大量秘密信息在公开网络的传输过程中不被窃取;完整性,如何保证网络考试中所传输的考试信息不被中途篡改;身份认证与授权,在网络考试过程中,考试管理部门与考生双方如何进行认证,以保证考试信息交互时双方身份的正确性;抗抵赖性,在网络考试结束后,如何保证考生和考试管理部门的任何一方无法否认自己的行为,为各方所要承担的责任做出电子证明;通信保障,如何保障在网络考试过程中通信网络畅通,防止因网络拥塞造成部分考生无法正常考试。

三、网络考试安全机制的研究设计

(一)网络考试流程设计

任何考试都会有一套相应的考试流程和组织策略,网络考试也不例外。网络考试的流程设计分为三大步骤,即考前准备工作、考试、后续事宜。

1. 考前准备工作

网络考试准备阶段需要完成大量的前期工作。考试管理部门需要完成准备考题、组织考试场地、征集验证考生信息、分发考试通知等工作。被授权的考点也需要做相应的准备工作,包括考场和监考人员的安排,对考场内考试所用的计算机和通信网络进行维护保障。考生在报名验证信息无误后收到准考证等相关考试证件和信息。

2. 考试

考试的过程中,考生在监考人员的监督指导下利用计算机和通信网络进行考试答题,最后利用通信网络提交电子答卷。

3. 后续事宜

监考人员处理考场内相关事宜,汇报本试场的考试情况。考试管理部门组织审阅答卷,最后公布考试结果。

为网络考试设计配套的考试流程有助于在考试流程中运用相应的策略把握考试安全风险,将策略安全保障和技术安全保障的职能划分开,为分析研究网络考试整体系统的体系结构提供依据。

（二）网络考试系统结构设计

从网络考试的流程设计中发现网络考试有其独特的场景特点。网络考试流程设计中包括三个角色：考试管理部门（简称考管中心）E_A，监考人员 T_A 和考生 S_E。在考试准备阶段，考管中心主要有与考生进行有关考试信息的交互工作和安排考试、考场事宜两部分准备工作。考管中心发布考试报名信息和法规，考生通过报名点将自己的真实信息提交给考管中心。考管中心和报名点验证考生信息的真实性。验证无误后，考管中心通过报名点向考生分发准考证等考试证件和相关信息。通常情况下，报名点是由高校相关负责部门和各地区的考试管理分支机构承担的，这与目前传统考试的报名方法类似。在考管中心安排考试事宜的过程中，被授权的考点必须具备能够承担网络考试的硬件条件和相关资质。根据我国网络教育的实际情况，大多是由各高校机房和培训机构的实验室承担考场任务。监考人员主要来自高校教师和各地区考试机构工作人员。考试过程中，考生在监考人员的监督指导下完成答题，最后将电子答卷提交给考管中心。监考人员在考试结束后需要向考管中心提交本考场考试记录。这些考试场景中，通信网络要提供相应服务功能，但也必须进行一定的限制来保障网络考试的安全。考管中心不仅要有支撑网络考试平台系统的安全通信，还应提供 Web 服务与公众进行信息交流和考试通知的发布。为了能够应对大量考生异地同时考试，并且能担负起正规考试的需要，考场应采取封闭式的考试环境。考生不能上网使用 Internet 资源，只有监考人员的计算机可以连接公共的 Internet 网直接访问考管中心的服务器。针对这两种不同的网络应用场景，网络结构被分为两类：公网和内网。这样不仅符合真实考试的场景特点，还具有以下优点：

1）依托我国现有的网络环境和各高校校园网，不需要进行网络设备的重新建设，节约资金。

2）监考人员 T_A 这个角色在考试中可以担当传统考试的监考职责，那么网络考试的形式同样能够承担正规、严格的考试。

3）监考人员 T_A 是考管中心 E_A 和考生 S_E 通信的桥梁，对外直接和考管中心 E_A 通信，对内可以管理考场内的网络通信。每个考生不需要和考管中心 E_A 直接通信，对于考生而言，考场内的网络就是封闭的，避免了考生违规利用网络查询信息。

4）考管中心 E_A 和考生 S_E 间所有的考试信息都是通过监考人员 T_A 转达，可以大大缩减公网上的通信量，降低了由于网络通信不稳定给网络考试带来的风险。假设这个考场有一百名考生，那么考管中心 E_A 只需发送一次信息就等于同时通知了一百名考生，在公网上大大减少了通信次数和通信量。

网络考试系统的体系结构一般分为两大类：一类是采用 C/S 架构；另一类是 B/S 架构。采用 B/S 架构来设计网络考试系统，其优点是借助现有的 Internet 网络平台和个人计算机简单实用地实现了网络考试的功能，但网络通信保障和安全性是 B/S 架构考试系统开发和应用的两大瓶颈。因此，基于 B/S 架构的考试系统较适合非正式场合的在线学习、在线测试等情形。以 C/S 架构开发的网络考试系统，试卷等信息都置于服务器端，操作界面在客户端。其优点是减少了客户端与服务器端频繁的通信连接和数据交互，减轻了网络负载。采用 C/S 架构设计的网络考试系统能将考试安全策略和技术很好地融进系统开发中去，从而提升网络考试的安全性和可信度，比较适合正式考试场合采用。对于需要手工配置相应系统参数的工作可以交付给考场的监考人员或网络管理员负责。所以，结合网络考试的网络结构特点，确定网络考试系统的体系结构采用 C/S 架构。为了能使考管中心便于发布通知和更新信息，考管中心可以另外设立 WWW 服务器提供 Web 服务。

（三）通用网络考试平台（GNEP）的安全机制

直接依托 PKI 技术来解决网络考试安全问题是不可取的，但对 PKI 框架研究分析的同时也为研究网络考试安全机制提供了很好的借鉴思想。根据网络考试系统体系架构的特点和角色功能的特性，选择适合的密码技术来提供安全服务。

考生和监考人员身份的注册、验证集中在考管中心处管理。为了减轻考管中心对密钥存储管理的开销，采用支持基于身份的 Guillou–Quisquater 签名算法。该算法可以使用用户的 Hash 值作为签名公钥，由考管中心统一为每位考生和监考人员计算生成签名私钥。考管中心的数据库不需要存储该用户的签名公私钥，验证签名时只需使用相同的 Hash 算法对该用户 ID 再计算一次 Hash 值便可得到用户的签名公钥，所以考管中心只需提前选定一个公开的 Hash 算法即可。为了方便短信息的加密通信，可采用 RSA 公钥加密算法。用户双方使用相同参数的加密系统，各自随机生成 RSA 公私钥存储，需要时用自己的签名私钥对 RSA 公钥信息签名与对方先进行身份认证，使通信双方互通 RSA 公钥，然后再使用对方的 RSA 公钥加密短信息，即可在网络通信时保证传输的机密性。

对于考试试题的保密和试题发放的网络通信问题，考管中心可以提前将考试试题用 AES 对称加密算法加密，将试题密文提前上传到考管中心的 FTP 服务器上，供各考场监考人员在考试前 1~2 天下载。考试即将开始时，考管中心在网上公布解密密钥，密钥的数据量非常的小，只有 256 比特。这时监考人员上网获取密钥，再分发给本考场的考生，考生使用密钥在本地考试用机上解密，就可以按时得到考试试题。由于监考人员提前下载的试题是密文，在考试开始时才能得到密钥解密获得试题明文，保证了考试前试题的安全性。考前分发试题密文，考试时再公布密钥解密试题的策略帮助解决了同一时间集中下载试题的网络拥塞问题。因为解密密钥远远比试题文件小，瞬时的通信量被大大缩减，有助于提高公网网络通信质量。

数字签名和数字时间戳技术既可以为网络考试提供考试有效性保障，也可以有效缓解考试结束时考生提交答卷过程中的网络拥塞问题。以往的网络考试系统是把考生答卷直接上传到考试管理部门的服务器上，大量考生争相上传答卷必然又会遇到网络通信阻塞或是服务器因服务请求过多产生拒绝服务的问题。为了尽可能避免上述问题的发生，保证每位考生能够在规定的时间里把答卷提交到考管中心服务器，采用先提交答卷签名再提交答卷的方法：考生首先使用哈希算法（SHA1）计算自己答卷的信息摘要，再用自己的签名私钥对答卷的信息摘要签名。考场里的每位考生将自己答卷的数字签名上交给考场的监考人员，监考人员将试场里每位考生答卷的数字签名合并，再提交到考管中心的时间戳服务器，由时间戳服务器加盖时间戳保存并返回给监考人员。完成了这项工作后，监考人员可以避开网络通信的高峰（在考试结束数小时内）将本考场内所有考生的答卷文件上传到考管中心的 FTP 服务器上。在网络考试通信高峰时段，考场内所有考生答卷的数字签名由考场监考人员汇总一并提交给考管中心。监考人员与考管中心服务器只需要交互一次便能完成交卷的验证工作。交互信息的内容是考生答卷的数字签名，其信息量非常小，大大缓解网络通信的压力。这样的设计既缓解了答卷提交时的网络拥塞问题，又能为以后检验答卷的真实性、合法性提供技术依据。

采用数字信封技术加密考生答卷进一步加强了考试的安全性。考生在计算自己答卷的数字签名后，用 AES 对称加密算法随机产生的密钥加密答卷文件，并将该密钥用考管中心的

RSA 公钥加密合并到答卷密文中生成答卷的数字信封。这样只有考管中心能用自己的 RSA 私钥拆解信封取得答卷加密密钥解密答卷。考管中心得到考生的答卷明文后用 Guillou-Quisquater 签名算法与考生答卷的数字签名比对，验证考生答卷是否存在超时答题等舞弊行为。监考人员还可以用考场记录的形式向考管中心汇报考场秩序情况，为考管中心提供违规考生名单。

在解决了网络考试安全问题的基础上，还需考虑网络考试在实际应用中面临的一个问题——通用性差。解决这个问题的方法就是在网络考试系统设计时，不要采用固定的试题文件格式。根据不同的学科、不同的考试内容，采用适合的文件格式作为考卷的电子载体，这样就可以让大多数科目的考试都使用同一个网络考试系统，通用性强。

四、通用网络考试平台原型系统的分析与设计

（一）原型系统功能需求概述

在 GNEP 安全机制方案里，角色端的硬件设备和软件系统配置比较复杂，为了便于原型系统的开发，对考管中心端的 Web 服务器和 FTP 服务器进行单独部署。针对 GNEP 安全机制中三个角色的职能来设计原型系统应用程序。系统开发环境的选择对于系统的建立至关重要，良好的开发环境有助于减轻系统开发工作量、提高系统性能、降低系统开发的困难。原型系统软件开发平台选择为：Microsoft Visual Studio.NET2005，此开发平台可以根据开发人员的需要调整软件开发体验。开发环境和.NET Framework 类库提供了丰富的功能，可以在最少时间内克服最为紧迫的困难。通过新的控件和设计器功能，大大简化 Windows 应用程序的开发。

GNEP 安全机制主要体现的是网络考试系统提供的安全性、时效性的服务，注重安全、顺利地完成一次考试流程。因此，原型系统要包含 GNEP 安全机制中三个角色所需的三套 Windows 桌面应用程序子系统：考管中心应用服务程序、监考客户端、考生客户端。这三个子系统共同完成考试流程中的相应职责。

1）考管中心 E_A 能使用 Guillou-Quisquater 签名算法为监考人员和考生计算其签名公私钥；对考试试题明文用 AES 对称加密算法加密；通过网络与监考人员通信，进行身份认证和对通信的短信息进行 RSA 算法加密；对监考人员的时间戳请求完成时间戳签名；对考生答卷的数字信封能够拆封，并验证其答卷的有效性。

2）监考人员 T_A 通过 Guillou-Quisquater 签名算法和考管中心 E_A 给其下发的签名私钥对信息签名；能完成监考人员与考管中心的身份认证功能；T_A 使用与考管中心 E_A 相同的 RSA 算法系统为自己随机生成 RSA 公私钥，用 RSA 加密算法与考管中心 E_A 在公网中进行敏感信息的保密通信；能够从考管中心 E_A 的 FTP 服务器下载试题和上传答卷，浏览考管中心 E_A 的 Web 网站；监考人员 T_A 能向局域网中所有考生发送考试信息和收集考生的答卷。

3）考生 S_E 使用对称密钥解密试题；答题后对自己的答卷进行数字签名以及将答卷加密封装成数字信封，并将其提交给监考人员 T_A。

（二）基于 UML 的系统需求分析

UML（Unified Modeling Language，统一建模语言）是使用面向对象概念进行系统建模的一组图形化的表示法，是一种通用的建模语言，它适用于各种软件开发方法、软件生命周

期的各个阶段、各种应用领域以及各种开发工具。可创建系统的静态结构和动态行为等多种结构模型，具有可扩展性和通用性。

1. 基于 UML 的系统分析

采用 UML 方法对 GNEP 原型系统进行分析设计，用以识别系统的外部参与者建立系统语境；分别考虑参与者期望的行为或需要系统提供的行为。在用例图中对用例、参与者和他们之间的关系进行建模。

识别参与者：系统的参与者是代表与系统交互的人、硬件设备或另一系统。参与者并不是软件系统的组成部分，它存在于系统的外部。因此，可以确定 GNEP 原型系统主要有三个参与者：考生、监考人员和考管中心工作人员。

识别用例：用例是规定系统或部分系统的行为，它描述系统所执行的动作序列集，并为执行者产生一个可供观察的结果。通过分析，可以确定三个子系统中分别有如下主要用例。

2. 主要用例描述

（1）分发 FTP 登录密钥

1）直接执行者：考管中心管理人员；涉及执行者：监考人员；涉及系统：监考人员客户端系统；协作用例：申请 FTP 密钥。

2）目的：向监考人员分发 FTP 服务器登录密码。

3）前置条件：收到监考人员申请 FTP 密码请求。

4）异常事件流处理。

（2）申请 FTP 密钥

1）直接执行者：监考人员；涉及执行者：考管中心；涉及系统：考管中心应用程序客户端系统；协作用例：分发 FTP 登录密钥。

2）目的：向考管中心申请得到 FTP 服务器登录密码。

分发 FTP 登录密钥和申请 FTP 密钥这两个用例协作完成考管中心向每个监考人员分发 FTP 服务器登录密钥的过程。类似地，监考人员申请时间戳用例与考管中心管理人员回复时间戳用例也是共同协作完成答卷签名的收交工作。

（3）试题加密

1）直接执行者：考管中心管理人员。

2）目的：用 AES 对称加密算法对本次考试试题加密，生成试题密文文件。

（4）初始化系统

1）直接执行者：考管中心管理人员。

2）目的：考管中心工作人员运行 NetExamSer 应用服务程序对签名系统参数初始化，确定本次考试 IBE 签名系统的系统参数。

（5）提交答卷数字签名

1）直接执行者：考生；涉及执行者：监考人员；涉及系统：监考客户端。

2）目的：考生对已经完成的答卷生成数字签名，将签名信息保存并发送给考场内的监考人员。

（三）原型系统建模

通用网络考试平台原型系统由三个子系统构成，每个子系统都采用相同的软件逻辑结构进行设计。

每个子系统结构上由用户接口界面层和业务功能层组成。用户接口界面层基于 Windows XP 运行环境连接用户窗口，用户界面需要提供菜单项、按钮、复选框、文本框等控件，让用户告诉程序做什么。用户选择其中一个控件后，程序收到一个单击事件，放在用户接口的一个专门例程中处理。采用命令模式来设计界面把每个申请特定操作的请求封装到一个对象中，并给该对象一个众所周知的公共接口，使程序不用了解实际执行的操作就能产生请求。业务功能层根据用户窗口与具体服务请求实现系统的业务功能。该层由业务控制管理、安全算法以及实际业务三部分构成。

依据用例分析对考管中心应用服务程序（NetExamSer）、监考客户端（NetExamClient）和考生客户端（NetExamStu）进行软件设计建模。三个桌面应用程序中大多功能相近，设计也相似。

下面以监考客户端为例描绘其软件建模过程。监考客户端系统类图描绘了其软件模型的静态结构：

（1）Form 类和 UserControl 类是 Visual Studio.NET2005 类库中提供的窗体类和控件类，Form 类主要帮助开发者制定 Windows 窗口应用程序，UserControl 类可以让用户自定义开发各种类型控件。Maintain 继承 Form 类为应用程序给用户提供界面主窗口，是所有功能操作界面的容器和接口。

（2）LogIn，通过用户输入身份信息记录并保存当前登录用户的信息，为其他操作提供当前用户的信息。

（3）Combin，主要提供对文件进行的读、写及存储操作，为监考人员提供考生签名文件的合并功能。

（4）RSA，为客户端提供 RSA 算法所需的全部服务，包括公私钥的随机生成和存储，用 RSA 公私钥对数据进行加解密服务。

（5）BigInteger，支持大整数数据类型的基础类，提供大整数类型运算符重载和常用的数学运算方法，为 G-Q 类提供大整数运算服务。SHA1 类提供 SHA1 算法计算消息摘要的功能，为 Guillou-Quisquater 签名算法提供计算哈希值服务。

（6）G-Q，提供 Guillou-Quisquater 签名算法的应用服务，包括算法系统加载参数初始化、数字签名及签名验证等功能。

（7）FtpKeyReq，提供基于 TCP 协议通信的客户端功能，通过它将 RSA 公钥及其签名信息发送考管中心服务器端；再从考管中心服务器端接收回复消息，再调用 G-Q 对象和 RSA 对象分别完成验证签名和解密功能，帮助监考人员得到所需的 FTP 登录密码。

（8）UDPSer，使用基于 UDP 通信协议在局域网通信中提供服务器端功能，向局域网内的考生广播考试信息。

（9）TimeReq，利用 G-Q 类中的签名和验证签名服务向考管中心申请时间戳。

监考客户端与考管中心应用服务程序和考生客户端都有交互通信，其中监考客户端与考管中心的两次交互流程较为重要。一次是监考人员向考管中心申请 FTP 服务器登录密码，另一次是监考人员向考管中心申请时间戳。

第五章
基于医疗信息的网络数据保密与安全探究

第一节 医疗数据安全机制的设计与实现

随着"互联网+"时代的到来,医疗信息系统的应用拓展到互联网上成为必然趋势。我国医疗机构的传统网络架构基本遵循内、外网两套网络独立运行的模式,采用这种模式的主要原因是没有一种足够可信的安全保障机制来避免外部网络的非法攻击。当前以掌上医院为代表的移动互联网医疗建设正在全国大范围迅速展开,患者需要通过互联网接入医院信息系统进行预约挂号、查询报告、缴费等操作,从而导致大量患者隐私和医疗信息在医院内网与互联网之间进行交互,医院信息系统也将直接面对互联网上频发的网络攻击和入侵事件。传统的医院信息系统对于这方面的应对能力较差,其系统一旦被非法侵入,大量数据甚至一些接入网络的医疗设备也将全部处于危险之中。因此,建立基于移动互联网和医院业务网络的安全保障机制,解决数据在医院业务网络及互联网之间传输的安全保密问题,以及用户身份识别问题,是移动互联网医疗建设的基础和关键。

医院为保证患者信息安全,大多建立了物理隔离的内、外网络。掌上医院的预约挂号、费用缴纳、报告查询等功能都需要读写医院内网业务系统数据库,笔者利用网闸+Web 防火墙建立内、外网络数据安全传输通道,采用 Web Service 和数据加密技术对传输数据进行加密,利用双因子认证机制保证用户的合法性,三位一体,建立起基于移动互联网医疗的数据安全保障体系。

一、数据传输通道设计

网闸(GAP)全称为安全隔离网闸,是一种由带有多种控制功能专用硬件在电路上切断网络之间的链路层连接,并能够在网络间安全适度地应用数据交换的网络安全设备。Web 防火墙一般具备审计、访问控制、架构/网络设计、Web 应用加固等功能。

传输通道需配置网闸、Web 防火墙和两台 Web 服务器,一台 Web 服务器部署在互联网上,由 Web 防火墙映射局域网的 IP 端口,以防止网络攻击。利用该 Web 服务器的双网卡接入网闸内的虚拟网络,网闸内的虚拟网络与内网的真实地址相对应。为此,医院内网也要部署一台 Web 服务器作为数据中转,从而使来自互联网的用户无法直接访问业务系统,以此提高业务网络的安全性。

二、基于 Web Service 的后台消息处理机制的设计

Web Service 是一个平台独立的、低耦合的、自包含的、基于可编程的 Web 应用程序,使用开放的 XML(标准通用标记语言下的一个子集)标准来描述、发布、发现、协调和配置应用程序,用于开发分布式的互操作的应用程序。跨编程语言和跨操作平台服务端采用 Java

计算机网络数据保密与安全

第五章 基于医疗信息的网络数据保密与安全探究

或 C#编写，客户端则可以采用其他编程语言编写（例如 android 或 ios）。跨操作系统平台则是指服务端程序和客户端程序可在不同的操作系统上运行。JSON（Java Script Object Notation）是一种轻量级的数据交换格式，它是基于 ECMAScript 的一个子集。JSON 采用完全独立于语言的文本格式，但是也使用了类似于 C 语言家族的习惯（包括 C++、C#、Java、JavaScript、Perl、Python 等）。

笔者通过 Web Service 实现了跨编程语言和跨操作系统平台的远程调用，很好地解决了 android 和 ios 等多种操作系统的数据交换问题，同时也整合了微信、支付宝弹窗及百度直达号的数据交换。将 Web Service 后台应用服务部署在 Https 通道的服务器上，采用 JSON 数据交换格式，同时在传输时对传输数据进行特有的对称性加密，这样则可确保数据传输过程中的安全性。

笔者利用互联网信息服务（Internet Information Services，IIS）对移动医疗应用软件按模块分别建立对应功能模块的网站，并组成具有 API 接口功能的 Web Service 应用程序服务端，用编程的方法通过网站来访问 Web Service。每一个功能模块网站管理自己的功能区域。客户端运用 HTTP POST 方法向对应的功能模块网站发出请求，网站根据请求的内容从对应的业务系统获取相应的数据，将数据组成 JSON 字符串的形式后进行加密并返回给请求客户端，客户端解密并解析 JSON 字符串获得相对应的信息。

三、双因子认证机制

来自互联网的移动客户端采用登录密码加绑定手机串码的认证机制。用户在第一次注册的同时，系统便将手机串码与登录号做唯一绑定。这样，如果用户密码不慎泄露，由于登录设备不是注册时绑定的串码，系统便会认为是非法用户，则无法查看个人信息。

基于移动互联网医疗的数据安全机制的建立，能够解决数据在医院业务网络和因特网之间传输的安全保密问题，可保障患者的隐私和数据安全。掌上医院的安全应用，能够拓展预约诊疗的途径，增加查询与支付的渠道，缩短就医等待时间，可给患者带来良好的就医体验。

第二节　远程医疗系统中数据加密与安全研究

一、相关知识综述

在 21 世纪的今天，世界科学技术已经进入了信息革命的新纪元。医学的进步，计算机及高速通信工具的应用使远程医疗会诊、远程医学教育、建立多媒体医疗保健资讯系统等医学计算机信息应用成为现实，远程医疗会诊在医学专家和病人之间建立起全新的联系，使病人在原地、原医院即可接受远地专家的会诊及其指导下的治疗与护理，从而节约医生和病人大量的时间和金钱。

中国地幅辽阔，人口众多，医疗水平发展不平衡，三级医院基本分布在大、中城市，高、精、尖的医疗设备也以分布在大城市为多。病人，特别是边远地区的病人，由于当地的医疗条件比较落后，危重、疑难病人往往要被送到上级医院进行专家会诊。到远地就诊的交通费、家属陪同费、住院医疗费等给病人增加了经济上的负担。同时，路途的颠簸也给病人本已脆弱的病体造成了伤害，而许多没有条件到大医院就诊的病人则耽误了诊疗，给病人和家属造

计算机网络数据保密与安全

成了身心上的痛苦。即使在大城市，病人也希望能到三级医院接受专家的治疗，造成基层医院病人纷纷流入市级医院，加重了市级医院的负担，造成床位紧张，而基层床位闲置，结果使医疗资源分布不均和浪费。

远程医疗会诊不仅可以节约医生和病人大量的时间和金钱，而且在一定程度上也遏制了持续上涨的医疗费用。

现代医学的发展越来越快，医疗卫生人员对各类医学信息的需求越来越大，实现医学文献资源的共享成为一项非常迫切的任务，而且各类医疗卫生人员需要接受医学的继续教育，才能跟上现代医学发展的步伐。人民群众的生活水平也越来越高，对自我保健提出了更高的要求，急需建立一个为市民服务的保健咨询系统。

自 1988 年国外提出远程医疗会诊的设想后，目前已进入实施阶段。据报道，美国至少有 20 个州实施该项目。在美国，"远程医疗"系统的主题构架是以横跨全美的计算机网络为基础，通过高质量的摄像机和处理能力较高的计算机、工作站等设施把大的医疗中心和开业医生诊室及病人的家庭联系起来，形成一些各具规模的远程医疗会诊网络。

我国在这方面的起步较晚，很多的工作只是在建立计算机网络的基础上开展一些应用项目，针对国外基础条件好，如美国信息高速公路的主干线速率可达 45 Mb/s，而我国经济技术条件比较落后，我们充分吸取了国内外成功的经验和教训，在国内首家提出了较为完善妥帖的远程医疗系统模型，医学计算机信息应用虽然在我国刚刚起步，但已显出勃勃生机，它将进一步促进我国医疗卫生事业的发展。

二、国外远程医学发展历程

远程医学（Telemedicine）从广义上讲是使用远程通信技术和计算机多媒体技术提供医学信息和服务。它包括远程诊断、远程会诊及护理、远程教育、远程医学信息服务等所有医学活动。从狭义上讲，是指远程医疗，包括远程影像学、远程诊断及会诊、远程护理等医疗活动。国外这一领域的发展已有近 60 年的历史。20 世纪 50 年代末，美国学者 Wittson 首先将双向电视系统用于医疗；同年，Jutra 等人创立了远程放射医学。此后，美国相继不断有人利用通信和电子技术进行医学活动，并出现了 Telemedicine 这一词，现在国内专家统一将其译为"远程医学"。美国未来学家阿尔文·托夫功多年以前曾经预言："未来医疗活动中，医生将面对计算机，根据屏幕显示的从远方传来的病人的各种信息对病人进行诊断和治疗"，这种局面已经到来。预计全球远程医学将在今后不太长时间里，取得更大进展。

（一）第一代远程医学

在早期的远程医学活动中，美国国家宇航局（NASA）充当了重要角色。20 世纪 60 年代初，人类开始了太空飞行。为调查失重状态下宇航员的健康及生理状况，提供了技术及资金，在亚利桑那州建立了远程医学试验台，为太空中的宇航员以及亚利桑那州 Papago 印第安人居住区提供远程医疗服务，其通信手段是卫星和微波技术，传递包括心电图和 X 光片在内的医学信息。1964 年，美国国家精神卫生研究所提供 48 万美元，支持 Nebraska 心理研究所与 112 英里外一家州立精神病医院之间通过双向闭路微波电视进行远程心理咨询。1967 年麻省总医院与波士顿 logan 国际机场医学中心通过双向视听系统为机场的工作人员及乘客提供医疗服务。美国阿拉斯加州是美国偏远地区，地广人稀，许多地区没有医生，为提高州内医疗服务水平，1972—1975 年该州利用空中 AST—1 卫星，使州内其他地区通过卫星地面接收装置，直接获得州立医院的医疗服务。参与这项工作的斯坦福大学通信研究所的专家认为，卫星系统可为处于任何地域的人群提供有效的医疗服务。其他早期的远程医学活动还有 1974 年 NASA 与休斯敦 SCI 系统的远程医疗会诊试验。除了美国，加拿大于 1977 年的太空计划中通过 NEWFOUNDLAND 纪念大学实施了西北远程教育和医疗活动；1984 年澳大利亚开展了西北远程医学计划。

20 世纪 60 年代初到 80 年代中期的远程医学活动被美国人视为第一代远程医学。这一阶段的远程医学发展较缓慢。从客观上分析，当时的信息技术还不够发达，信息高速公路正处于新生阶段，信息传送量极为有限，远程医学受到了通信条件的制约。

（二）第二代远程医学

自 20 世纪 80 年代后期，随着现代通信技术水平的不断提高，一大批有价值的项目相继启动，它代表了第二代远程医学，其声势和影响远远超过了第一代技术。从 Medline 中所收录的文献数量看，1988—1997 年的 10 年间，远程医学方面的文献数量呈几何级数增长。在远程医学系统的实施过程中，美国和西欧国家发展速度最快，联系方式多是通过卫星和综合业务数据网（ISDN），在远程咨询、远程会诊、医学图像的远距离传输、远程会议和军事医学方面取得了较大进展。

1988 年美国提出远程医学系统应作为一个开放的分布式系统的概念，即从广义上讲，远程医学应包括现代信息技术，特别是双向视听通信技术、计算机及遥感技术，向远方病人传送医学服务或医生之间的信息交流。同时美国学者还对远程医学系统的概念作了如下定义：远程医学系统是一个整体，它通过通信和计算机技术给特定人群提供医学服务。这一系统包括远程诊断、信息服务、远程教育等多种功能，它是以计算机和网络通信为基础，针对医学资料（包括数据、文本、图片和声像资料）的多媒体技术，进行远距离视频、音频信息传输、存储、查询及显示。乔治亚州教育医学系统（CSAMS）是目前世界上规模最大、覆盖面最广的远程教育和医学网络，可进行有线、无线和卫星通信活动，远程医学网是其中的一部分。乔治亚州医学院远程医学中心于 1991 年成立，到 1995 年该州远程医学系统已包括 2 个三级医学中心、9 个综合性二级医学中心和 41 个远端站点；州内的乡村医院、诊所可与大的医学中心相联系，使病人不必远离家乡，只要通过双向交互式声像通道，就可接受专门治疗。

美国的远程医学虽然起步早，但其司法制度曾一度阻碍了远程医学的全面开展。所谓远程仅限于某一州内，因为美国要求行医需取得所在州的行医执照，跨州行医涉及法律问题。得克萨斯州的跨州行医就曾引起国内的争论。现在这种法规政策有所改善。而在军队，这种情况就不存在。

1991 年，美军在海湾战争中成功运用了远程医学技术。1992 年，美军医科大学召开了第七届军事医学大会，会议深入讨论了现代军事医学所面临的问题，特别讨论了远程医学在现代军事医学中的作用。1993 年 3 月在索马里维和行动中，美军对全球远程医学活动进行了尝试，初步确定了前线部队远程医学系统的基本组成，即包括空中卫星、一台高分辨力数字相机、一台便携电脑及附加软件、可移动的全球卫星接收装置。整个维和行动中，美军共向后方传送了 74 份病历、248 份医学图像，其中多数资料具有诊断意义，减少了不必要的伤员护送，提高了后勤保障能力。美军还在波黑等军事行动中成功实施了远程医疗。多所美军医院

计算机网络数据保密与安全

参与了远程医疗活动，如华特里德（Walter Reed）陆军医学中心，从 1993 年 2 月到 1996 年 2 月的 3 年间，共进行了 240 例海外远程会诊，范围包括索马里、克罗地亚、波黑、德国、海地、象牙海岸、埃及、巴拿马、科威特、意大利、肯尼亚、维京岛。为实现建设信息化军队的目标，1994 年，美国国防部建立了远程医学试验台，启动了多种远程医学项目，其目标是实现数字化技术在医学中的应用，将远程医学纳入军队医学服务系统（MHSS），此外根据工作需要，还成立了医学管理技术办公室（MTAMO）负责具体实施。

远程医学在欧洲及欧盟组织了 3 个生物医学工程实验室、10 个大公司、20 个病理学实验室和 120 个终端用户参加的大规模远程医疗系统推广实验，推动了远程医学的普及。1990 年，南美国家仅有四个远程医学工程，利用 IATV 给病人服务；1994 年即增加到 50 个 IATV 中心。澳大利亚、南非、日本、中国香港等国家和地区也相继开展了各种形式的远程医学活动。1988 年 12 月，苏联亚美尼亚共和国发生强烈地震，在美苏太空生理联合工作组的支持下，美国国家宇航局首次进行了国际间远程医疗，使亚美尼亚的一家医院与美国四家医院联通会诊。不久这套系统在俄罗斯 Ufa 的一次火车事故中再次得到应用。这表明：远程医学能够跨越国际间政治、文化、社会以及经济的界限。

一项数据表明，1993 年，美国和加拿大约有 2 250 例病人通过远程医学系统就诊，其中 1 000 人是由得克萨斯州的定点医生进行的仅 3~5 分钟的肾透析会诊；其余病种的平均会诊时间约 35 分钟。仅 1994 年前半年，美国就约有 500 人次向医师进行心理咨询。美国的远程医学工程拥有专款，部分是由各州和联邦资金委员会提供。1994 年的财政年度中，至少有 13 个不同的联邦拨款计划为远程医学拨款 8 500 万美元，仅佐治亚州就拨款 800 万元，用以建立 6 个地区的远程医学网络。

三、我国远程医学的开展及现状

广州远洋航运公司自 1986 年对远洋货轮船员急症患者进行了电报跨海会诊，有人认为这是我国最早的远程医学活动。伴随计算机及通信技术的发展，我国现代意义的远程医学活动开始于 20 世纪 80 年代。1988 年解放军总医院通过卫星与德国一家医院进行了神经外科远程病例讨论。1994 年上海医科大学华山医院开展，并于同年 9 月与上海交通大学用电话线进行了会诊演示。1995 年上海教育科研网、上海医大远程会诊项目启动，并成立了远程医疗会诊研究室。该系统在网络上运行，具有较强的逼真的交互动态图像。1995 年 3 月，山东姑娘杨晓霞因手臂不明原因腐烂，来北京求医。会诊医生遇到困难，通过 Internet 向国际社会求援，很快 200 余条信息从世界各地传到北京，病因最终被确诊为一种噬肌肉的病菌，有效地缩短了病程。同年 4 月 10 日，一封紧急求助（SOS）的电子邮件通过 Internet 从北京大学发往全球，希望挽救一位患有非常严重而又不明病因的年青女大学生的生命。10 日内，收到来自世界各地的 E-mail 近 1 000 封，相当多的意见认为是重金属中毒，并被以后的临床检验所证实（铊中毒）。这两例远程会诊，在国内引起巨大反响，并使更多的中国人从此认识了 Internet 和远程医疗。1996 年 10 月上海华山医院开通了卫星远程会诊。1997 年 11 月上海医大儿童医院利用 ISDN 与香港大学玛丽医院进行了疑难病的讨论。

在直接领导和有关部委的支持下，中国金卫医疗网络于 1997 年 7 月正式开通。金卫医疗网络全国网络管理中心在北京成立并投入运营。经过验收合格并投入正式运营的网站包括：中国医学科学院北京协和医院、中国医学科学院阜外心血管病医院、中国医学科学院肿瘤医院、北京医科大学第一医院等全国二十多个省市的数十家医院。网络开通以来，已经为数百例各地疑难急重症患者进行了远程、异地、实时、动态电视直播会诊，成功地进行大型国际会议全程转播、组织国内外专题讲座、学术交流和手术观摩数十次，极大地促进了我国远程医学事业的发展，标志着我国医疗卫生信息化事业跨入了世界先进水平。

根据国家卫生信息化的总体规划，解放军总后勤部卫生部提出了军队卫生系统信息化建设"三大工程"，并分别被列为国家"金卫工程"军字1、2、3号工程，其中军字2号工程即为建设全军医药卫生信息网络和远程医疗会诊系统。"三大工程"目前已取得阶段性成果，有力推动了军队卫生工作的现代化进程。1995年底，北京国防科工委514医院利用卫星系统与美国开通的跨越太平洋的脊柱外科进行了远程病例讨论；1996年5月解放军总医院通过电子邮件方式与济南军区150医院进行了远程医疗会诊，并于1997年8月正式成立了"远程医学中心"，开展以电子邮件、可视电话、ISDN为主要技术手段的各种形式的远程医学活动；1996年8月南京军区总医院成立了远程医学会诊中心，经过1年多的努力，现已建成"1个中心、4个工作站、30多个会诊终端站"。该中心于1996年8月至1997年第一季度，为老红军和边远地区的军人以及地方病人远程会诊90多人次。空军总医院也利用可视电话系统开展了远程病理会诊服务。

1997年9月，中国医学基金会成立了国际医学中国互联网委员会（IMNC）。该组织准备经过十年三个阶段，即电话线阶段，DDN、光缆、ISDN通信联网阶段，卫星通信阶段，逐步在我国开展医学信息及远程医疗工作，目前已开展了可视电话系统的远程医疗。

我国是一个幅员辽阔的国家，医疗水平有明显的区域性差别，特别是广大农村和边远地区，因此远程医学在我国更有发展的必要。尽管我国的远程医学已取得了初步的成果，应看到我国的远程医学起步较晚，距离发达国家的水平还有很大差距，在技术、政策、法规、实际应用方面还需不断完善；在提高国民对远程医学的认识方面也还有待努力。

四、远程医疗系统的设计

（一）系统功能

本系统是以Internet作为传输媒体，借助其空间的异地性、系统的异构性以及各种基于Internet的规范和协议的通用性，以此来支持远程医疗会诊平台的搭建。

网络体系结构采用Internet/Intranet架构，由网上医师或专家、会诊请求方和网上中心三大部分构成。在该技术中主要利用了最基本的TCP/IP协议的HTTP（超文本传输协议）、FTP（文件传输协议）和实时交互式多媒体传输协议。会诊服务方上搭建两个基本服务模块，即一个负责通过WWW万维网发布会诊双方用于通信的文本、较小图片等信息，以及用来实时传输声音视频等多媒体信息的Web Server；另一个则负责通过文件传输协议，会诊服务方下载会诊请求方的病历文件（包括较大图片、影视信息）、会诊请求方下载会诊服务方最终的诊断报告的FTP Server。此外，网上中心用来管理当前会诊服务方医师情况，巡诊病人队列，及负责会诊服务方与请求方之间逻辑上的协调和统一。

1. Web Server

负责提供给网上医师及寻诊病人一个友好的交互式Web页，它以Web方式来进行信息交互，同时，Web Serve还提供给会诊双方友好的视频接入及启动FTP服务的接口界面。

基于 Microsoft Window 系列操作系统的 Web Server 的用户页面常见的生成方法有以下几种：

1）静态 HTML 页面的制作方法。

2）动态 DHTML 页面的制作方案（包括使用 CSS/JScript 语言//Java Applet/Active X 控件/VBScript 语言等开发工具）。

3）交互式页面建设（包括使用 CGI 标准下的各类开发工具）。

Web Server 还应利用所属平台的系统资源，为服务方和会诊方提供友好的视频接入以及启动 FTP 服务的接口，以方便会诊双方。例如：在 Windows 系统下，可通过调用 NetMeeting 的可执行文件来启动视频会议系统。

2. FTP Server

FTP Server 的主要作用是传输医师诊断后做出的最终病理报告，较大规模的图片、影视等多媒体信息。它的功能相对比较简单，基本上只是用于文件的上传、下载。在平台的设计上占的比重不大，设计上应集中精力于将文件准确无误地存放到会诊双方指定的 FTP 文件夹中，至于如何存放上述报告和多媒体文件以及如何管理这些文件，则应由 FTP Server 中的传输管理程序来自动完成。

（二）数据存储

由于远程医疗系统中需要存储的信息多种多样，包括文本、静态图像、音频、视频等多种媒体数据，如何对这些数据进行合理管理使其能够协调工具就是一个很重要的问题。

首先要存储会诊信息，如会诊号、会诊时间、会诊请求方、会诊医师、会诊结果（包括病理报告，较大规模的图片、影视等多媒体信息）等信息。其次要存储会诊请求方的各类病历信息，包括高分辨率的静态和动态图像、声音、文字、生理参数和辅助信息，并提供良好的查询界面，以使得会诊双方可随时调用信息。再次要存储网上专家的信息。

另外，在平台的数据库建设中还应有一个支持患者方自助医疗的健康常识库，该库中存放着一些常见病的病症、治疗方法、建议、服药种类、疗程等，同时库内还应有就医指导（其间包括学科的专家资料、该专家的专场、请求会诊的联系方式等多方面的资料），卫生保健咨询等各种就医信息数据，并在 Web Server 中提供一个支持浏览者模糊查询的界面，即只需患者提供大概的病理状况，程序便可从数据库中自动地为其调取相关的各类病因及症状，供患者选择并进行自助医疗。

我们在远程医疗系统中采用 Oracle 数据库作为组织多种媒体数据的主要形式，采用 ASP/ADO 对数据库进行访问，分别在关系数据库和面向对象数据库的基础上构造了医学多媒体数据库。

（三）数据压缩

由于在远程医疗系统中包括各种媒体的信息，其中图像、视频、音频等信号的信息量之大是传统的面向文字的应用所不能想象的。为了使这些信息能够协调有效地工作，就必须对这些数据进行有效的表达和适当的处理，我们采用 JPEG 压缩算法处理静态图像，采用 H.264 压缩算法处理视频图像。

（四）身份验证

由于该系统的体系结构采用 Internet/Intranet 架构，作为一个开放式网络，不可避免地需要解决网络安全问题。本系统除了利用 NT.SQL Server 的安全机制和可靠性机制以及极少的一些简单口令检查外，整个系统还通过身份认证等手段来防止非授权人员的读写、传输过程的正确性和一致性。

针对该系统的特性，提出了一种适合远程医疗系统的基于 SSL 协议的身份认证体系，并对其设计进行了详细的分析和讨论。后续工作是如何运用 SSL 协议，如何将其嵌入操作系统内核，使安全机制对所有上层应用软件透明。

（五）系统的软件硬件配置方案

1. 软件配置

远程医疗平台的系统平台应选择一个强交互式的网络操作系统，如 Windows XP、Windows 2000 或 RedHat Linux 等，同时配置 Microsoft NetMeeting 视频会议系统、IE 或 Netscape Navigate 等浏览器软件。Oracle 或 SQL Server 等大型的数据库软件。

这里强调 Microsoft NetMeeting 软件，它提供的实时功能不仅是会诊双方的实时交流，而且可提供多方实时交流功能，也就是说可以提供多方实时会诊，在会诊服务进行中，一个会诊服务方可能解决不了问题，这便可能通过 NetMeeting 的呼叫功能呼叫多方专家参与以文字、图像、语音在内的多种交流。

2. 硬件配置

医疗专家咨询系统是建立会诊专家资源的 Web 服务器，它的硬件配置应较为高档，2 GB 的内存，160 GB 的硬盘。

远程会诊系统具有一个强大的双向多媒体交互的系统平台，这里推荐使用 Microsoft NetMeeting 服务系统并配以专线接入服务端及拨号接入客户端组成。NetMeeting 服务系统的专线接入服务端也应采用上档次的主机，而拨号接入的客户端微机，除调制解调器外，还应有投射式扫描仪以及声卡、话筒、音箱等。

五、数字图像加密技术探究

（一）数字图像加密技术的发展及现状

数字图像应用的广泛性引起了国内外研究其加密技术的热潮。许多大学、研究机构和公司已纷纷展开了这方面的研究，在有关密码学和信息安全的国际会议或刊物上也经常见到相关的报告和论文。此外，一些信息安全、密码学、网络安全和信息处理领域的国际会议上也都有关于图像加密技术的专题或文章。这些专题研讨会的召开极大地促进了各研究团体在图像加密领域内的交流与合作，众多学者已经掀起了对数字图像加密技术研究的热潮。

图像加密研究最多的技术是在同一空间内对图像重新编码，也就是图像的置乱加密技术。一般采用增长密钥长度和进行多次循环加密的方式来提高抗破译能力。另外一种加密方式是，将明图、密图和密钥分别存放在不同的空间中，即基于秘密分割和秘密共享的图像加密技术。从目前的研究来看，这样的加密算法是有效和难于破译的。

（二）数字图像加密技术的一些应用

目前，数字图像处理技术得到了普遍的研究和应用，与此同时网络的日益普及和发展，使数字图像加密技术的应用领域也得到了空前的扩大。日常生活中可以进行数字图像邮件的保密传输、数字建筑图纸的安全传输、办公自动化系统图像的传输等。国家军事上可用于军用设施图纸、新型武器图、军事图像资料的安全传输，航空及卫星侦察图像，导弹制导、雷达、声呐的图像，军事仿真的图像都必须进行加密传输。还有些图像信息，如远程医疗系统中，医院患者的病例（其中包括患者的图像）根据法律必须要在网络上加密后方可传输。甚至在考古方面，都离不开珍贵的文物图片、名画、壁画的图像加密技术。现在关注较多的是加密后的图像在信息隐藏中的应用。比如，我们可以把一幅军事机密图像先进行加密，然后隐藏于一些不易引起怀疑的载体（图像、声音、视频）中，使其可以顺利通过不安全网络进行传输。通过对图像进行加密预处理，即使通过一些算法检测到隐藏的图像信息，又因无法破解加密图像，从而保证了图像的安全传输。还有加密后的图像在数字水印中的应用也很重要，如广播电视网中，在不影响画质的情况下，我们可以在传输的视频中嵌入一些可视或不可视的标识，用以表明身份或进行追踪，如果将这些标识进行加密预处理或后处理，将更好地达到版权保护等目的。

另外，图像加密技术在图像通信中、有线电视技术领域中都有重要的应用。现代信息技术的发展，对图像加密方法也提出了越来越高的要求。可以预见，数字图像加密技术有着广阔的应用前景。

（三）数字图像加密技术的分类

近年来，随着国际互联网络与多媒体技术的迅速发展，数字图像已经逐渐克服了往日因存储量巨大而带来的种种问题，成为信息表达方式的主流，数字图像信息的安全问题成为国际上研究的焦点问题。数字图像具有信息量大、信息表达直观的特点，它的安全保密显然与以往在计算机上所面对的文本数据截然不同。数字图像信息安全保密是结合数学、密码学、信息论、计算机视觉以及其他计算机应用技术的多学科交叉的研究课题。

在目前的相关文献中，数字图像加密的方法有很多种。按照加密手段不同，可分为：基于现代密码体制的加密方法；基于混沌理论的加密方法；基于矩阵变换的加密方法等。按照加密对象的不同，可分为：对空间域像素值的加密方法；对变换域系数的加密方法等。按照加密时结合的技术，可分为：结合图像编码技术的加密方法；结合图像压缩技术的加密方法；结合神经网络的加密方法等。这些方法相互独立又相互关联，甚至一些方法的结合使用更能达到意想不到的加密效果。在不同的应用场合、不同的加密要求下，可以选择适当的加密方法。下面着重简述其中几种加密方法的原理和优缺点。

1. 基于现代密码体制的加密方法

现代密码体制对一维数字信号的安全保密提供了良好的基础，许多经典算法都取得了巨大的成功。事实上，数字图像在最终的传输信道上不可避免地转化为一维二进制数据流的传输，从这个意义上说，现代密码体制的加密方法原则上适用于图像文件的加密。基于这一考虑，深入探讨现代密码体制在数字图像加密中的应用是十分值得的。

相关学者通过对现代密码体制中椭圆曲线在图像加密中的应用研究，提出了在图像加密时椭圆曲线的选定和图像数据明文嵌入的算法。该算法依据图像加密的要求，给出图像特征提取和数字化处理的一般方法及其与加密的关系，算法密钥长度大大缩减。作为图像加密的一种安全快速的公钥体制，它的重要性是显然的。但是，椭圆曲线的优化选择嵌入算法在优化方面还有很多要做的工作。

分组密码体制中的国际数据加密算法（IDEA）类似三重 DES，具有分组足够长（64 位）、密钥足够长（128 位）、密文难破译等优点，普遍用于商业密码中。因此有关学者对其在数字图像上的保密作了研究：将密钥复制后作为明文，利用 IDEA 算法进行加密，得到的密文与原图像和由密文产生的随机数进行两次异或运算处理。解密时用 IDEA 对密钥串进行加密，用密文数据来处理图像，提高了速度。该算法是基于位运算的，软硬件实现简单，运算速度快；IDEA 与随机数保证了算法的复杂性，不易被攻击。

除上面提到的现代密码体制中的加密算法在图像加密中得到探讨之外，还有诸如 m 序列的加密方法等。基于现代密码体制的图像加密技术随着密码的发展，其保密部分按照保密通信本身→保密密码算法和密钥→保密密钥→保密解密密钥的顺序逐渐缩小。但总的发展方向是基于 Kerckhoffs 准则的现代密码体制，并且根据不同的应用场合选择不同的加密算法。可以预见，现代密码体制对数字图像的加密打下了良好的基础，也起到了不可忽视的推动作用。但是，由于图像的大数据量，如何改善加密算法的效率是基于现代密码体制的图像加密方法需要解决的关键问题。总之，深入研究现代密码体制在图像加密中的应用是十分有意义的。

2. 基于混沌理论的加密方法

混沌现象是 1963 年美国气象学家 Lorenz 在研究模拟天气预报时发现的。当时他发现了 Lorenz 吸引子，得出著名的"蝴蝶效应"。后来美国生物学家 Robert May 在研究 Logistic 方程时也发现了对初始条件极端敏感的"蝴蝶效应"特性。混沌是自然界中客观存在的复杂的运动形式，具有以下一些特征：

1）长期运动对初值的极端敏感依赖性。
2）运动轨迹的无规则性。
3）是一种有限范围的运动，即具有吸引域。
4）具有宽的 Fourier 功率谱，其功率谱与白噪声功率谱具有相似之处。
5）具有分数维的奇怪点集，对耗散系统有分数维的奇怪吸引子出现，对于保守系统也具有奇怪的混沌区。

混沌系统用于数据加密最早是由英国数学家 Matthews 提出的，从此开始了混沌密码的研究。之所以对这种方法感兴趣，是因为某些确定而简单的动力学系统产生的混沌信号能表现出非常复杂的难以预测的伪随机性，任何微小的初始偏差都会随时间被指数式放大（这符合 Shannon 所提出的密码设计应遵循的扩散原则）。混沌信号具有的非周期性、连续宽带频谱、类似噪声的特性，使得它具有天然的隐蔽性；对初始条件和微小扰动的高度敏感性，又使混沌信号具有长期不可预见性。混沌信号的隐蔽性和不可预见性使得混沌适宜保密通信。混沌系统本身是非线性确定性系统，因而方便于保密通信系统的构造与研究。混沌在二维平面上的不规则性，使得混沌系统非常适合于图像数据的加密。

基于混沌系统的图像加密技术是近些年才发展起来的一种加密技术。它把待加密的图像信息看作是按照某种编码方式的二进制数据流，利用混沌信号来对图像数据流进行加密。

混沌密码的基本设计思路之一是将加密系统的密钥设置为混沌系统的参数，而将明文设置为混沌系统的初始条件,或者不改变混沌系统的参数,而将加密系统的密钥设置为混沌系统的部分初始条件,之后经过密码学中类似于 Feistel 网络的多次迭代来实现对明文和密钥的充分混合和扩散。现在已知的基于混沌的图像加密算法加密速度很快,而且只经过少数的几次迭代就能使原图完全不可识别,但没有考虑图像数据压缩,加密后的数据量没有减少,这对网络中的图像通信会造成一定的压力。

另一种基本设计思路是将混沌系统作为伪随机序列发生器,其中混沌系统由离散混沌系统或经过离散化的连续混沌系统构成,根据不同的需求再作不同的加密处理。目前,人们正在寻找具有长周期的"准混沌序列"及其测试,如利用多个混沌系统的复合,产生统计性能良好的伪随机序列等。国内外学者结合其他保密技术提出了众多的基于混沌系统的图像加密算法,若能产生随机性好的伪随机序列,设计一种实用性的混沌加密方法是非常有前途的。值得一提的是最近由 Jin Fridrich 等人发展起来的一种基于二维混沌的分组密码加密体制,其思路是:应用二维混沌系统,如 Baker 映射、标准映射等实现明文置换操作,再应用某种简单的替代操作,经过多轮迭代来实现对数据的有效加密,这种图像加密技术可获得可变的密钥长度(进而获得不同级别的安全性)、相对大的分组尺寸(几 KB 或更大)。这对大数据量的图像特别适用,此外加密速度很高,适于网络的实时需求。

研究学者们发现混沌系统与现代密码体制有许多相似之处。但混沌毕竟不等于密码学,其最大的不同点在于密码学是工作在有限集上的,而混沌系统则是定义在无限集上的。因而,应用混沌系统来设计密码加密系统的最大困难在于如何把定义在无限集上的混沌变换到特性良好的、定义在有限集的密码系统上,这方面的研究正在进行中。但可以预见,由于密码学设计中十分强调引入非线性变换,因而混沌等非线性科学的深入研究将极大地促进密码学的发展。

3. 基于压缩编码技术的加密方法

数字图像的大数据量是图像的一个显著特点,在多年的数字图像处理研究中,图像的压缩编码技术格外引人注目。近年来,随着图像加密技术研究的兴起,许多学者有机地将二者结合在一起,取得了令人瞩目的成绩,同时丰富了图像加密技术。作为一种图像编码的数据结构,四叉树是针对二维数据的,且具有与平面四个方向一致的特点,被广泛用于图像的分割和压缩编码中。结合四叉树编码理论,研究学者给出了多种新颖的图像加密方案——同父节点间置乱加密和同高节点间置乱加密。为达到良好的加密效果,一般而言大都结合其他加密方法,不过这为图像加密与压缩编码找到了良好的切入点,加密速度也基本满足图像传输中的实时性要求,具有一定的应用前景。

SCAN 语言是一种有效的二维空间数据访问技术,它可以方便地产生大量的扫描路径或空间填充曲线,进而将二维的图像数据变为一维的数据序列,并应用不同的扫描字代表不同的扫描次序,而组合不同的扫描字将产生不同的图像密文。这种基于 SCAN 语言的加密技术对原始的图像数据无压缩操作,但对扫描字可以利用无损压缩编码。总的来说,这种方法即使对扫描字应用了无损压缩编码但仍需要处理大量数据,它只采用了 SCAN 语言将二维数据转化为一维数据的便利性,需要一定的预处理时间,解密后的数据还要重排,效率不高。

4. 基于变换域的加密方法

针对数字图像数据的特点,人们对其加密方法的思想不单单限制在图像的像素空间域上,而将更多的目光投向了图像的变换域。利用传统的加密方法对图像文件加密时,不需要事先区分其格式或形式，只是对图像全部数据进行加密，但对大数据量的图像数据进行加密，显然是不太现实的。图像的变换域是相对于图像的像素空间域而言的，一般地可以利用离散余弦变换、快速傅立叶变换以及小波变换等变换算法来实现图像空间域和变换域之间的转换。基于变换域的加密方法主要是将图像作变换后，对变换系数进行保密处理，这样大大减少了保密数据，提高了加密效率，但同时增加了转化时间。

　　这里一种不得不提的变换是数字图像的全息变换，即从数字图像文件出发，将其计算全息图作为图像文件保存起来。全息变换的目的是得到数字图像的另外一种存储形式，然后通过适当的逆变换还原出原始图像。根据这一思想，图像加密的学者们对变换过程加以考虑，选择一定的变换参数作为逆变换的密钥来实现图像加密。黄奇忠等人将需加密的图像信息根据相干原理随机分解成两部分，分别记录在两张计算全息图上，只有对准这两张全息图并且同时照明才能再现原有信息，因此具有较高的安全性。但仍采用了光学方法来再现，未能实现全过程的计算机化。后来有人重新开发了新的算法，将图像的分解利用全息变换和逆变换再合成一幅图像，变换中的一组计算参数用作密钥，实现了黑白、彩色图像的加密，具有相当高的安全性。利用信息光学原理以及数字图像全息变换的概念实现图像的加密，是加密数字图像的一种新方法。

　　5. 基于置乱技术的加密方法

　　现有的加密技术大多数是针对文本形式而未考虑图像数据自身特点。图像数据通常要比文本数据大得多；另外，图像数据在计算机上的存储一般是用二维数组完成的。鉴于此，对于图像信息的加密需要设计一类适合数字图像数据特点的加密算法。置乱技术是数字图像加密的又一种方法。数字图像置乱与传统的密码学加密又有一定的区别，它根据数字图像的特点，采取一定的算法，借助密钥，给攻击者的破译增加难度。同时图像置乱加密技术也是图像信息安全的基础性工作，在图像置乱加密算法上加以改进，就可以实现图像分存、数字水印等比较复杂的信息安全算法。

　　数字图像置乱加密的方法多种多样，如 Arnold 变换、Tangram 算法、生命游戏、grey 码、Fibonacci 变换等。

　　以上是对目前存在的数字图像加密方法作了简单的归类和比较，可以说这些方法在一定程度和场合中起到了图像保密的作用，多种方法的结合使用也获得了令人满意的加密效果，但是一个各方面性能良好的数字图像加密算法还有待继续研究。

六、数据在网络中的传输

（一）网络传输协议简介

1. WWW 信息资源

　　WWW（World Wide Web，简称 WWW 或 Web）信息资源是建立在超文本、超媒体技术以及超文本传输协议 HTTP 的基础上，集文本、图形、图像、声音为一体，并以直观的图形用户截面展现和提供信息的网络资源形式。

　　WWW 其实是 Internet 中一个特殊的网络区域，这个区域是由网上所有超文本格式的文档（网页）集合而成。超文本文档里既有数据又有包含指向其他文档的链（Links）。链使得不同文档里的相关信息连接在一起，这些相互链接的文档可以在一个 WWW 服务器里，也可以分布在网络上的不同地点。通过这些链,用户在 WWW 上查找信息时可以从一个文档跳到另一个文档,而不必考虑这些文档在网络上的具体地点。

2. Telnet 信息资源

Telnet 信息资源是指借助远程登录,在网络通信协议的支持下,可以访问共享的远程计算机中的资源。Telnet 使用户可以在本地计算机上注册到远程计算机中的资源。使用 Telnet,用户可以与全世界许多信息中心、图书馆及其他信息资源联系。

Telnet 远程登录的使用主要有两种情况:第一种是用户在远程主机上有自己的账号,即用户拥有注册的用户名和口令;第二种是许多 Internet 主机为用户提供了某种形式的公共 Telnet 信息资源,这种资源对于每一个 Internet 用户都是开放的。

3. FTP 信息资源

FTP 信息资源是指利用文件传输协议 FTP 可以获取的信息资源。FTP 使用户可以在本地计算机和远程计算机之间发送和接收文件,FTP 不仅允许从远程计算机上获取、下载文件(Download),也可以将文件从本地计算机复制后传输到远程计算机(Upload)。FTP 是目前 Internet 上获取免费软件和共享软件资源不可缺少的工具。

4. 用户服务组信息资源

Internet 上各种各样的用户通信或服务组是最受欢迎的信息交流形式,包括:新闻组(Usenet News Group)、邮件列表(Mailinglist)、专题讨论组(Discussion Group)、兴趣组(Interest Group)等。这些讨论组都是由一组对某一特定主题有共同兴趣的网络用户组成的电子论坛,在电子论坛中所传递与交流的信息就构成了 Internet 上最流行的一种信息资源。

5. Gopher 信息资源

Gopher 是一种基于菜单的网络服务,它为用户提供了丰富的信息,并允许用户以一种简单的、一致的方法快速找到并访问所需的网络资源。全部操作是在一级级菜单的指引下,用户只需在菜单中选择项目和浏览相关内容,就可完成对 Internet 上远程联机信息系统的访问,不需要知道信息的存放位置和掌握有关的操作命令。

(二)文件传输协议 FTP 简介

FTP 是文件传输协议的简称。FTP 的主要作用就是让用户连接上一个远程计算机(这些计算机上运行着 FTP 服务器程序),察看远程计算机有哪些文件,然后把文件从远程计算机上复制到本地计算机,或把本地计算机的文件送到远程计算机去。

FTP 的工作原理:拿下传文件为例,当你启动 FTP 从远程计算机复制文件时,你事实上启动了两个程序:一个本地机上的 FTP 客户程序,它向 FTP 服务器提出复制文件的请求;另一个是启动在远程计算机上的 FTP 服务器程序,它响应你的请求把你指定的文件传送到你的计算机中。FTP 采用客户机/服务器方式,用户端要在自己的本地计算机上安装 FTP 客户程序。FTP 客户程序有字符界面和图形界面两种。字符界面的 FTP 的命令复杂、繁多。图形界面的 FTP 客户程序,操作上要简洁方便得多。

简单地说,支持 FTP 协议的服务器就是 FTP 服务器,下面介绍一下什么是 FTP 协议。

一般来说,用户联网的首要目的就是实现信息共享,文件传输是信息共享非常重要的内容之一。Internet 上早期实现传输文件,并不是一件容易的事。我们知道,Internet 是一个非常复杂的计算机环境,有 PC,有工作站,有 MAC,有大型机,据统计连接在 Internet 上的

第五章 基于医疗信息的网络数据保密与安全探究

计算机已有上千万台,而这些计算机可能运行不同的操作系统,有运行 UNIX 的服务器,也有运行 Dos、Windows 的 PC 机和运行 MacOS 的苹果机等,而各种操作系统之间的文件交流问题,需要建立一个统一的文件传输协议,这就是所谓的 FTP。基于不同的操作系统有不同的 FTP 应用程序,而所有这些应用程序都遵守同一种协议,这样用户就可以把自己的文件传送给别人,或者从其他的用户环境中获得文件。

与大多数 Internet 服务一样,FTP 也是一个客户机/服务器系统。用户通过一个支持 FTP 协议的客户机程序,连接到在远程主机上的 FTP 服务器程序。用户通过客户机程序向服务器程序发出命令,服务器程序执行用户所发出的命令,并将执行的结果返回到客户机。比如说,用户发出一条命令,要求服务器向用户传送某一个文件的一份复制,服务器会响应这条命令,将指定文件送至用户的机器上。客户机程序代表用户接收到这个文件,将其存放在用户目录中。

在 FTP 的使用中,用户经常遇到两个概念:下载(Download)和上传(Upload)。下载文件就是从远程主机复制文件至自己的计算机上;上传文件就是将文件从自己的计算机中复制至远程主机上。用 Internet 语言来说,用户可通过客户机程序向(从)远程主机上传(下载)文件。

使用 FTP 时必须首先登录,在远程主机上获得相应的权限以后,方可上载或下载文件。也就是说,要想同哪一台计算机传送文件,就必须具有哪一台计算机的适当授权。换言之,除非有用户 ID 和口令,否则便无法传送文件。这种情况违背了 Internet 的开放性,Internet 上的 FTP 主机何止千万,不可能要求每个用户在每一台主机上都拥有账号。匿名 FTP 就是为解决这个问题而产生的。

匿名 FTP 是这样一种机制,用户可通过它连接到远程主机上,并从其下载文件,而不需要成为其注册用户。系统管理员建立了一个特殊的用户 ID,名为 anonymous,Internet 上的任何人在任何地方都可使用该用户 ID。

通过 FTP 程序连接匿名 FTP 主机的方式同连接普通 FTP 主机的方式差不多,只是在要求提供用户标识 ID 时必须输入 anonymous,该用户 ID 的口令可以是任意的字符串。习惯上,用自己的 E-mail 地址作为口令,使系统维护程序能够记录下来谁在存取这些文件。

值得注意的是,匿名 FTP 不适用于所有 Internet 主机,它只适用于那些提供了这项服务的主机。

当远程主机提供匿名 FTP 服务时,会指定某些目录向公众开放,允许匿名存取。系统中的其余目录则处于隐匿状态。作为一种安全措施,大多数匿名 FTP 主机都允许用户从其下载文件,而不允许用户向其上载文件,也就是说,用户可将匿名 FTP 主机上的所有文件全部复制到自己的机器上,但不能将自己机器上的任何一个文件复制至匿名 FTP 主机上。即使有些匿名 FTP 主机确实允许用户上载文件,用户也只能将文件上载至某一指定上载目录中。随后,系统管理员会去检查这些文件,他会将这些文件移至另一个公共下载目录中,供其他用户下载,利用这种方式,远程主机的用户得到了保护,避免了有人上载有问题的文件,如带病毒的文件。

作为一个 Internet 用户,可通过 FTP 在任何两台 Internet 主机之间复制文件。但是,实际上大多数人只有一个 Internet 账户,FTP 主要用于下载公共文件,例如共享软件、各公司技术支持文件等。Internet 上有成千上万台匿名 FTP 主机,这些主机上存放着数不清的文件,供用

计算机网络数据保密与安全

户免费复制。实际上,几乎所有类型的信息、所有类型的计算机程序都可以在 Internet 上找到。这是 Internet 吸引我们的重要原因之一。

匿名 FTP 使用户有机会存取到世界上最大的信息库,这个信息库是日积月累起来的,并且还在不断增长,永不关闭,涉及几乎所有主题。而且,这一切是免费的。

匿名 FTP 是 Internet 网上发布软件的常用途径。Internet 之所以能延续到今天,是因为人们使用的程序是通过标准协议提供标准服务的程序。像这样的程序,有许多就是通过匿名 FTP 发布的,任何人都可以存取它们。

参考文献

[1] 吴彧. 浅析计算机的数据保密与安全[J]. 通讯世界, 2017(2): 45-46.

[2] 刘凤娟. 论新形势下计算机信息保密与安全防范措施[J]. 中国科教创新导刊, 2014(1): 169.

[3] 孙志峰, 屈雷. 数据加密技术在计算机安全中的应用分析[J]. 计算机光盘软件与应用, 2014(2): 189-190.

[4] 刘桂阳, 付国瑜. 商品包装RFID技术的数据安全研究[J]. 包装工程, 2009(5): 79-81.

[5] 李国龙, 黄超, 刘飞, 等. 基于信息终端的复杂零件外协加工数据保密系统[J]. 计算机集成制造系统, 2011, 17(8): 1812-1820.

[6] 张文华. 网络环境下计算机信息安全与保密工作探析[J]. 无线互联科技, 2013(11): 105.

[7] 张延承. 数据加密技术在计算机安全中的应用[J]. 科技风, 2016(12): 113.

[8] 杜小勇, 王洁萍. 数据库服务模式下的数据安全管理研究[J]. 计算机科学与探索, 2010, 4(6): 481-499.

[9] 黄仁书. 计算机网络安全中的防火墙技术及应用实践分析[J]. 信息与电脑(理论版), 2017(15): 219-220.

[10] 王治. 计算机网络安全探讨[J]. 科技创新导报, 2008(21): 23-24.

[11] 李志勇, 易灿, 刘彦姝. 云计算数据保密与安全问题研究综述[J]. 硅谷, 2014(19): 52.

[12] 蒋辉芹. 云计算数据保密与安全问题研究[J]. 长沙大学学报, 2015(5): 47-49.

[13] 张文科, 刘桂芬. 云计算数据安全和隐私保护研究[J]. 信息安全与通信保密, 2012(11): 38-40.

[14] 张建华. 云计算的安全威胁分析及多层次安全机制的建立[J]. 西南民族大学学报(自然科学版), 2012, 38(4): 634-637.

[15] 杨育斌, 程丽明. 一种细粒度的移动数据安全保护模型[J]. 电信科学, 2014, 30(1): 15-23.

[16] 刘羽, 蔡妍, 牛茜欣. 云计算数据保护系统设计[J]. 科技创新与应用, 2015(23): 98.

[17] 李顺东, 周素芳, 郭奕旻, 等. 云环境下集合隐私计算[J]. 软件学报, 2016, 27(6): 1549-1565.

[18] 高扬. 城市基础地理信息中心安全保密系统的设计[J]. 城市勘测, 2009(1): 49-51.

[19] 汪淼, 迟鹏, 陈昕. 网络环境下的地理信息数据保密与安全[J]. 测绘与空间地理信息, 2012(s1): 72-73.

[20] 王思斯. 浅析涉密测绘地理信息档案资料安全保密管理[J]. 办公室业务, 2017(17): 5-6.

[21] 孙志华. 测绘地理信息成果安全保密工作解析 [J]. 管理工程师, 2016, 21（2）：55-58.

[22] 张伟, 薛文星, 段英, 等. 信息化测绘安全保密体系构建浅析 [J]. 测绘标准化, 2017（3）：39-41.

[23] 范琰, 柴志阳, 董淼. 浅谈地理空间数据的安全管理 [J]. 低碳世界, 2015（3）：130-131.

[24] 林海. 基于 GIS 的测绘地理数据脱密方法及应用 [J]. 中国水运月刊, 2014, 14（7）：336-337.

[25] 王芳颐, 范兰, 李发红. 测绘生产中地理空间数据管理的探讨 [J]. 测绘技术装备, 2009（3）：18-19.

[26] 赵红. 测绘电子档案的安全保密工作 [J]. 兰台世界, 2008（11）：37.

[27] 马润霞. 如何做好大地测量档案管理的保密工作 [J]. 陕西档案, 2013（5）：45-46.

[28] 王志兰. 医院信息系统的安全与保密 [J]. 经营管理者, 2010, 25（7）：308.

[29] 乔鹏程, 冀梦晅. 区块链技术视角的会计信息大数据安全防护 [J]. 江苏商论, 2017（22）：164-165.

[30] 樊爱玲. 会计信息系统安全防范方法探究 [J]. 山西经济管理干部学院学报, 2013, 21（4）：57-59.

[31] 刘艳玲. 关于会计信息化数据安全的几点思考 [J]. 科学中国人, 2014（22）：57.

[32] 谷增军. 基于数据加密技术的会计电子数据安全对策 [J]. 财会通讯, 2008（2）：92.

[33] 陈力. 浅析涉密无纸化会议系统技术应用 [J]. 中国高新技术企业, 2016（30）：56-57.

[34] 朱秀丽, 张栋梁. 校园无线网络的安全机制研究与设计 [J]. 周口师范学院学报, 2013, 30（2）：92-95.

[35] 迟丽萍. 校园数据库服务器安全问题分析 [J]. 时代教育, 2015（20）：142.

[36] 宋晓飞. 基于 VPN 技术的校园网络安全建设研究 [J]. 电子世界, 2014（6）：138.

[37] 许伦彰. 虚拟蜜罐技术在校园网安全中的应用 [J]. 保密科学技术, 2012（6）：73-75.

[38] 刘志明. 校园网搭建及网络安全设计 [J]. 产业与科技论坛, 2011, 10（16）：72-73.

[39] 孟涛. 校园网基本网络搭建及网络安全设计分析 [J]. 华章, 2012, 07（16）：155.

[40] 郭立娟. 浅谈医院档案管理中的利用和保密 [J]. 中国实用医药, 2013, 8（25）：268-269.

[41] 何磊. 医院信息系统数据安全防范及策略探讨 [J]. 中国卫生产业, 2015, 12（34）：25-27.

[42] 李振昌. 医院信息化建设的信息数据保密模型应用 [J]. 中国数字医学, 2013（11）：8-13.